21世纪建筑范例

刘古岷 编著

U0396651

东南大学出版社
SOUTHEAST UNIVERSITY PRESS

图书在版编目（CIP）数据

21世纪建筑范例 / 刘古岷编著 . -- 南京：东南大学出
版社，2016.8
  ISBN 978-7-5641-5939-9

Ⅰ . ① 2… Ⅱ . ①刘… Ⅲ . ①建筑设计—作品集—世
界—现代 Ⅳ . ① TU206

  中国版本图书馆 CIP 数据核字（2015）第 167766 号

出版发行：东南大学出版社
社　　址：南京市四牌楼 2 号　　邮编：210096
出 版 人：江建中
网　　址：http://www.seupress.com
电子邮箱：press@seupress.com
责任编辑：魏晓平
印　　刷：南京精艺印刷有限公司
开　　本：787mm×1092mm　　1/16
印　　张：23.5
字　　数：532 千
版　　次：2016 年 8 月第 1 版
印　　次：2016 年 8 月第 1 次印刷
书　　号：ISBN 978-7-5641-5939-9
定　　价：148.00 元

经　　销：全国各地新华书店
发行热线：025-83790519　83791830

前　言

　　20世纪是一个伟大的世纪，科学技术得到的巨大进步是世纪之初的科学家们所无法想象的，科学在迅速发展的同时也改变着科学家、工程师以及其他人对世界的认识。对于"建筑学"来说也随着时代的前进而不断创新。新概念不断涌现，很快又被修正或否定。一切都来得太快，人们还没有消化吸收，新思想又像潮水般涌来。到了世纪末，各种用于建筑的材料：钢、玻璃、混凝土及膜材料都达到了相当高的水平。由于计算机的出现与3D CAD等计算机技术的使用，设计手段发生了质的变化，现在只要能够想到的建筑形式，都可以做出来。文丘里否定国际主义的新思潮与阿格拉基姆"非建筑"的思想相互交融，逐渐产生了"后现代主义"，到20世纪80年代，后现代主义中的解构主义建筑思潮在世界各地风靡起来。随后解构主义又和新结构主义、新地域主义、可持续发展等思想发生碰撞，给世界建筑带来了新的变化。新世纪到来后，人们已经很难见到"中规中矩"的建筑了。

　　为了适应这种变化，并能够从变化中学到有利于国人的东西，本书收集了大约160位国际顶级建筑师（或建筑师事务所）最近15年来在世界各地已建成的（或在建的）有影响的建筑作品，并对其背景情况做简要的说明。全书共介绍了这些建筑师设计的300多个21世纪建成的建筑，共附图片约570张，以供建筑行业的从业人员和在校学生参考。本书第2节重点介绍了21世纪（2000—2015）的前卫建筑302例。这些建筑设计留给人们的感觉是复杂的：建筑形式五花八门，让人目不暇接、瞠目结舌，多元化成了当代世界建筑潮流的主旋律；随着中国城镇化的深入发展，中国建筑业将达到空前规模，中国建筑师的队伍正在崛起壮大；中国250 m以上的超高层建筑数量位居世界第一。本书就是在这样的背景下编写的，若读者能够从该书中得到某些启发，给大家的设计工作带来些许好处，作者就十分满足了。

　　由于当前中国城市化进程已经成为改革的重要内容之一，为了使读者对于城市改造和城市规划有所了解，本书第4节介绍了3个欧洲著名的城市规划和发展的例子，它们分别代表了大、中、小3种规模的城市改造和城市规划设计，供读者参考。

　　由于作者水平有限，尽管对每一个建筑都尽可能将其主要特征介绍给读者，苦于图片和文字资料收集艰难，书中定有不妥之处，也恳请读者批评指正！

刘古岷 2014.10.10

目　录

1 当代建筑的理论基础

　　罗伯特·文丘里（Robert Venturi）的小册子《建筑的复杂性与矛盾性》和《向拉斯维加斯学习》是后现代主义的纲领性文件，从此建筑摆脱了国际主义风格的束缚，走向了多元化的广阔天地。与此同时，英国阿基格拉姆学派（Archigram，亦译为"建筑电讯团"或"阿基格拉姆集团"）极大地扩展了建筑的思想与对建筑的表达，颠覆了原先约定俗成的概念和边界。这两种建筑理论互为补充，构成了当代建筑的理论基础。

当代建筑给人们留下的印象是"形形色色、五花八门"，可是在第二次世界大战后至今的60多年里，却走过了曲折的历程。第二次世界大战后，一方面是大面积的破坏有待建设，另一方面是资金的严重短缺，使人们根本没有时间和精力去考虑"美"的建筑。于是国际主义设计理论便自然成为当时建筑师的主导理论。

最早对国际主义提出质疑的是美国建筑理论家文丘里，他不赞成密斯·凡·德·罗（Ludwig Mies van der Rohe）的"少就是多"的指导思想，认为"少是厌烦"（Less is a bore），他主张用历史风格和通俗文化风格来丰富建筑的审美性和娱乐性，他的小册子《建筑的复杂性与矛盾性》（1966）提出了一套与现代主义建筑针锋相对的建筑理论和主张，在建筑界特别是年轻的建筑师和建筑系学生中，引起了震动和响应。耶鲁大学的建筑史教授斯卡里说："这本书是自1923年勒·柯布西耶（Le Corbusier）的《走向新建筑》以来影响建筑发展的最重要的著作，它的论点像是拉开了幕布，打开了人的眼界。"到20世纪70年代，建筑界中反对和背离现代主义的倾向更加强烈。对于这种倾向，曾经有过不同的称呼，如"反现代主义""现代主义之后"和"后现代主义"，现在普遍采用"后现代主义"的称谓。

1972年，文丘里与夫人丹尼斯·斯科特·布朗（Denise Scott Brown）及史蒂文·艾泽努尔合写了《向拉斯维加斯学习》的小册子。书中说，过去搞建筑的人都向罗马学习，而现在应向赌城拉斯维加斯学习。书中说，过去人们都崇尚"英雄性和原创性的建筑作品"，其实建筑师也可以"创作丑的和平庸的建筑"，该书的一句名言是"大街上的东西几乎都不错"，提出了建筑应当更加接近通俗文化。文丘里概括说："对艺术家来说，创新可能就意味着从旧的现存的东西中挑挑拣拣"。实际上，这就是后现代主义建筑师的基本创作方法。文丘里的这两本书可以说是后现代主义的纲领性文件，从此建筑摆脱了国际主义风格的束缚，走向了多元化的广阔天地。

20世纪50年代以英国建筑师史密森夫妇（Alison & Peter Smithson，1928—1993 & 1923—2003）和詹姆斯·斯特林（James Stirling）为代表的新粗野主义和60年代以彼得·库克（Peter Cook）为代表的阿基格拉姆派提出的未来的乌托邦城市的设想，对当时英国的青年学生影响很大。库克提出了所谓的插入式城市，即在已有的城市交通和建筑的基础上用钢架建成一个网状托架，再将预制好的房子用起重机插入其中，20年后再进行更换。1964年罗恩·赫隆（Ron Herron）提出了"行走城市"，在房子下面有像望远镜似的"腿"（其实这不完全是"腿"，还是水管、煤气管、电线等管线通道）。这样的设想在当时看似乎荒诞不经，但这种大体量的建筑形式却对后来建筑师的思想起着巨大的影响。

阿基格拉姆学派，是1960年伦敦以年青建筑师和建筑专业学生为主体成立的建筑集团。阿基格拉姆的成员都拥有艺术和建筑双重的学术背景，以库克和赫隆为代表人物，此后得到时任《建筑设计》（Architectural Design）编辑的西奥·克罗斯比（Theo Crosby）的支持，将他们的作品登上了杂志封面。他们以机器和科技作为问题的出发点，相信机器和科技才是解决问题的手段。阿基格拉姆学派把使用建筑的人看成是"软件"，把建筑设备看成是"硬件"，是建筑的主要部分。"硬件"可依据"软件"的意图充分为之服务。也就是说，建筑是可以根据人的主观意图加以变化的。至于建筑本身，他们强调最终将被建筑设备所代替。库克1967年写过这样一段话："往往在建筑师的任务书中包括要调查某一场地的'可能性'；换句话说，要发挥建筑学的创新构思，以便从一小块土地上获取最大的利润。在过去，这种做法会被看做是对艺术家天才的不道德的利用，现在它已成为整个环境及建筑生产过程高级化的一个组成部分……"于是"利润""艺术家的天才"与"建筑高级化"便被自然地联系在一起。他们强调建筑最终将被建筑设备所代替，因此被看成是"非建筑"（Non-Architecture）或"建筑之外"（Beyond Architecture）。这样的结果，必然造成建筑形式的"求变"与"奇形怪状"。作为一个流派，阿基格拉姆存在的时间很短，1974年阿基格拉姆事务所倒闭，几乎没有实现的项目，只有展览和出版物。他们的提案在当时的成熟建筑师看来是荒诞不经的，然而不得不承认，以今天的现实来对照，他们的思考是有价值和启发性的。虽然他们没有设计过一个实际项目，却极大地扩展了建筑的思想与对建筑的表达，颠覆了原先约定俗成的概念和边界。毋庸置疑，自勒·柯布西耶之后，他们对建筑观念的影响尚没有人能够超越。2007年英国皇家建筑师学会授予阿基格拉姆金质奖章，此时其中的几位成员已经去世了。

在此后建筑发展的实践中，阿基格拉姆的理论逐渐与文丘里提出的建筑的多元化理论互为补充。特别是在20世纪80年代后，随着计算机辅助设计（CAD）的普及和高强度钢、铝材和高强度玻璃的应用，它逐渐成为建筑师多元选择的思想基础与实践基础。20世纪70—80年代出现的由伦佐·皮亚诺（Renzo Piano）和理查德·罗杰斯（Richard Rogers）设计的蓬皮杜艺术中心和理查德·罗杰斯设计的伦敦劳埃德保险公司大厦，被人们称为高科技建筑，实际上明显地吸收了阿基格拉姆机器美学的思想。现在人们常把雷姆·库哈斯（Rem Koolhaas）的实践也看成是阿基格拉姆思想的延续。霍莱茵将它们说成是"非建筑"就是指的这类"奇形怪状、与众不同"的"另类"建筑。当代出现了各种奇形怪状的建筑，例如库哈斯设计的中国中央电视台新大楼和著名的弗兰克·盖里（Frank Gehry）的扭曲的建筑，都可以追溯到这个"源头"。阿基格拉姆学派反对传统、反对专制、反对任何形式的束缚、提倡自由的思想终于在40年后开花结果。大约在20世纪90年代初，对阿基格拉姆的历史作用的认识还不是十分清晰，例如，盖里的扭曲的房子，是盖里的风格，丹尼尔·李伯斯金（Daniel Libeskind）所设计的博物馆，大体量的多面体互相冲撞，表现了一种力量，也是一种风格，这些建筑作品都被孤立地看待。1997—2003年间上海浦东开发区的建设，以及而后北京为举办2008年奥运会展开的建设，使国内的建筑师们开始以群体意识对后现代建筑有了进一步的理解，这可以从建筑评论家方振宁先生的"打油诗"中看出来，诗中说道："对Archigram再评价的时代来了，看看Archigram，就知道库哈斯、哈迪德这些当红的明星是从哪个土壤中生出来的。"再看看近几年来建筑形式眼花缭乱的变化，真的感到了 40 多年前被人说成是"痴人说梦"的想法，现在都在变成现实。

尽管有文丘里和阿基格拉姆的理论，现代建筑发展的思想还是逐步形成与完善的。从建筑美学上讲，在西方当代哲学与科学思想的双重影响和推动下，当代建筑审美思维发生了历史性的变革。它完全摆脱了总体性的、线型的和理性的思维的惯性，迈向了一种更富有当代性的新思维之途。被菲利普·朱迪狄欧（Philip Jodidio）誉为思想型建筑师的斯蒂芬·霍尔（Steven Holl）说过："建筑与其遵从技术或风格的统一，不如让它向场所的非理性开放。它应该抵制标准化的同一性倾向……新的建筑必须这样构成：它既与跨文化的连续性适配，同时也与个人环境和社区的诗意表现适配。"霍尔明确反对任何形式的同一性或总体化，他心中理想的建筑，是既合乎个人生存的文化境遇和环境境遇，又具有某种异质性因素的建筑。蓝天组的沃尔夫·普瑞克斯（Wolf Prix）显然也把建筑当做了一种叙述性和表情性艺术。他真诚地希望建筑师的设计能够和作家们的创作一样，充分构思、揭示和表现我们世界的复杂性和多样性。他说："我们应该寻找一种足以反映我们世界和社会的多样性的复杂性。交错组合和开放的建筑没有什么区别：它们都怂恿使用者去占据空间。"唯有语言艺术能够自如地描绘、揭示和诠释心灵、自然和社会的复杂性，这种常识普瑞克斯当然知道。

詹克斯认为，20 世纪 90 年代最有影响的三座建筑，即弗兰克·盖里的毕尔巴鄂古根海姆博物馆，彼得·埃森曼（Peter Eisenman）的美国辛辛那提大学阿朗诺夫设计及艺术中心（Aronoff Center for Design and Art，图 1.9），丹尼尔·李伯斯金的柏林犹太博物馆，均为非线型建筑。一开始这些建筑都被当做"解构主义"思潮的产物去认识，但对埃森曼来说，混沌的思想和解构观念已经融合为一体。我们很难断定，到底是因为混沌的思想还是因为解构哲学，导致了埃森曼对建筑意义的解构。因为这些建筑不仅仅采用了电脑辅助设计，更主要的是采用了混沌思维方法，那种非逻辑的逻辑序列，非秩序的"混沌的秩序"，既表现了对建筑自主性的充分的尊重，同时也反映了建筑与历史的、现实的对应关系。混沌学正是这样，以一种特有的方式使人们的思维进入到一个多维的、多元的、可预见性的、可调节的、富有弹性的开放宇宙。混沌理论建构了一种正反合的思维方式：认为我们世界是以一种混沌和有序的深度结合的方式呈现出来的。因为非线型系统本身就是一个矛盾体，是无序和有序的深层结合，是随机性和确定性的结合，是不可预测性和可预测性的结合，是自由意志和决定论的深层结合。他们认为："混沌在这里是一枚有正反面的硬币，一面是有序，其中冒出随机性来；仅仅一步之差，另一面是随机，其中又隐含着有序。"混沌学家对当代建筑的不留情面的责难，使建筑师和建筑理论家陷入了某种窘迫状态，然而，他们又不能不对这种振聋发聩的理论心悦诚服，并且迅速开始寻求新的路径。

大致上说，在当代建筑中，非理性思维有两种表现形式：一种是无意识的梦幻式，追求一种超自然、超现实的梦幻效果，如扎哈·哈迪德（Zaha Hadid）；另外一种是非逻辑、非秩序、反常规的异质性要素的并置与混合的方式，如伯纳德·屈米（Bernard Tschumi）、埃森曼、盖里、蓝天组（Coop Himmelblau）和摩弗西斯建筑事务所（Morphosis Architects）的某些作品，都可以归入此类。这些作品的主要特征是它们包含一种反美学的、片断的、支离破碎的、荒诞不经和怪异的倾向。

然而，现代建筑已与人类共处在一个地球上面，在工业高度发展的今天，建筑师们的非总体化思维、混沌思维和非理性思维对当代文化危机的反应，与人类面临的环境危机并非互不相干。人类对自然的掠夺，文明对人与自然的和谐关系的破坏，一直是人类关注的一个重要问题。对建筑师来说，人与自然的紧张对立关系，人对大自然的肆意破坏和榨取，往往以更加直观、更加残酷的形式表现出来。甚至在很多情况下，建筑师常常被动地成为地产开发商残害生态环境的同谋共犯。日本哲学家梅原猛说："……人类到了重新认识自己在宇宙中的位置的时候了。人类应该反省自己的所作所为。与其去'征服'自然，不如学习如何保护自然，如何保持同大自然的平衡、协调。"于是一种绿色建筑理论表述了让建筑师和建筑物与人类的生存环境保持和谐"共生"。例如黑川纪章（Kisho Kurokawa）和长谷川逸子（Hasegawa Itsuko），他们不仅渴望建立一种与自然"休战"的环境，而且希望能够建立一种把建筑融入自然，使人和自然展开自由对话的环境。共生或生态思维对塑造建筑美的形式来说，既是一个机遇，也是一个挑战。说是机遇，是因为生态思维为塑造园林建筑和山水建筑这种富有自然情趣的形式，和使用自然材质表现富有地域趣味的建筑形式，提供了无穷的想象空间和实践机会。

生态思维给当代建筑审美增加了一种新的维度：一种与科学和伦理紧密相关的维度，一种与人类智慧相关的维度。因为建筑不再把功能和形式或者空间和视觉的美作为设计的终极目标。在生态和共生的思维中，建筑审美必须同时考虑到建筑与自然的关系、建筑与建筑的关系（与环境的关系）、建筑与人的发展的关系、建筑与建筑自身的可持续发展的关系（建筑的节能、持续利用、自然对建筑材料的可溶解性等）以及建筑与人类未来的关系等都紧密地联系在一起。这就表明，只有建立在超本位、超时代、超人类高度上的审美思维，才是一种健全的生态思维，一种真正体现了人类的利益和自然的利益、当前的利益和未来的利益、局部的利益和整体的利益的共生思维。

21世纪的最初10年，我们已经看到了上述思想在建筑的各个方面都有所表现，例如2001年建成的西班牙雷亚尔城Valleacerón教堂（图1.10）就好似从小山丘里面"生长"出来的，建筑学家把这种与环境的相容性称之为"根植"（Rooted）；还有一类建筑，能够通过自身的微妙设计变得与周边环境"共生"，例如SANAA设计的2010年建成的瑞士洛桑高等联邦理工学院劳力士学习中心（Rolex Learning Center，图2.130.1），建筑师创造了一个空间，似乎在重复周边的环境。里面与外面是一致的，这大概就是最高的"共生"境界了。此外，健康的生态观或者说生态思维已经普遍确立起来，通过资源的节约、资源的再利用和循环利用，通过选择非污染性和再生性原料，或通过对自然的拟态、对生物的仿生学研究等多种方式，各种"绿色"理念建筑已成为建筑设计的一个主要方向。总之，前一段的"混沌"思想搞得建筑师们几乎无所适从，目前似乎又回到了一个"无序中的有序"时期，这正是建筑师和建筑理论家冷静思考的大好时期，希望他们能给我们带来新的惊喜。

图 1.1　建筑师彼得·库克　　图 1.2　罗伯特·文丘里和夫人丹尼斯·斯科特·布朗

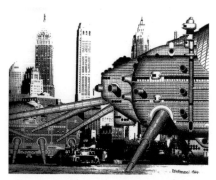 

图 1.3　罗恩·赫隆设想的"行走城市"　　图 1.4　柏林新国会大厅 | 罗恩·赫隆，未建造，1980

图 1.5　伦敦劳埃德保险公司大厦 | 理查德·罗杰斯，1976—1986

劳埃德保险公司大厦（Lloyd's Building）位于伦敦市金融区内，大厦主体为长方形，阶梯状布局，一端高为 12 层，另一端为 6 层。中间是很高的大厅，四周为玻璃幕墙。建筑外围有 6 个塔楼，内置楼梯、电梯及各种管线设备。大厦的四周及顶部，有许多结构部分暴露在建筑外面，远远望去，不锈钢管与各层的箱体在阳光下十分耀眼，给人的印象是一个复杂的工厂建筑。这种做法体现了高度发达的工业化水平所赋予建筑的新形象，所以被称为"高科技"派。也有一部分人认为，这种表现与周围环境及已有的建筑极不协调。

图 1.6　巴黎蓬皮杜艺术中心 | 皮亚诺和罗杰斯，1977

蓬皮杜艺术中心（Centre National d art et de Culture Georges Pompidou）一反传统的建筑艺术，将所有柱子、楼梯及以前从不为人所见的管道等一律安置在室外，以便腾出内部空间。整座大厦看上去犹如一座被五颜六色的管道和钢筋缠绕起来的庞大的化学工厂厂房，在那一条条巨形透明的圆筒管道中，自动电梯忙碌地将参观者迎来送往，外侧的玻璃上映出老巴黎建筑的形象。当初这座备受非难的"庞大怪物"，现在已被巴黎人接受并渐渐地喜爱起来。

图 1.7 加拿大多伦多市安大略博物馆扩建 | 丹尼尔·李伯斯金，2007

皇家安大略博物馆（Royal Ontario Museum，简称 ROM），成立于 1914 年，是维多利亚时代的老式建筑。它是世界上拥有藏品最多且收藏中国艺术品及古董最多的博物馆之一。丹尼尔·李伯斯金建筑师事务所在国际设计竞赛中获胜，取得该博物馆扩建工程设计资格。丹尼尔·李伯斯金的设计十分大胆夸张。钢筋混凝土楼盖结构起到联系作用，以保证钢框架的稳定性。而新建部分设计成巨大的倾斜的水晶块形，晶莹剔透，奇特且具有强烈个性，奔放而不落俗套，犹如一个展示自然与文化的玻璃柜。扩建既与原有建筑相呼应，相匹配，又能够与周围环境和谐相处，从任一个侧面观看都会有全新的发现与感受，让人耳目一新。扩建后的皇家安大略博物馆成为加拿大最大的一座博物馆，也成为多伦多市的标志性建筑。

图 1.8 奥地利施洛兹贝格格拉茨文化馆 | 彼得·库克＋科林·富尼耶（Colin Fournier），2002—2003

奥地利施洛兹贝格（Kunsthaus）格拉茨（Graz）文化馆是彼得·库克为数不多的建筑作品，文化馆屋顶上面的像毛毛虫一样的圆形突起与图 1.4 中的突起十分相似。

图 1.9 美国辛辛那提大学阿朗诺夫设计及艺术中心 | 彼得·埃森曼，1996

阿朗诺夫设计及艺术中心（Aronoff Center for Design and Art）是在基地上建造的，因此与实际基地状况、现有建筑还有场所精神相关，所以最初的挑战就是找出基地内的建筑物之间的联系。设计语汇来自土地形式和现存建筑物形式标志的那些曲线，这两种形式间的动态关系就组织成两者间的空间。对这个计划而言，设计师必须重新建构何种建筑既能够包容又有创意，他们要重新思考：用这处独一无二的文化场所来做些什么，怎样做，又为什么这样做。阿朗诺夫设计及艺术中心表达了挖掘问题深度的态度，也表达出能够应付这些问题的挑战的态度。

图 1.10 西班牙雷亚尔城 Valleacerón 教堂 | 巴塞罗那建筑师事务所，1997—2001

该教堂由巴塞罗那建筑师事务所马德里德霍斯（Sol Madridejos）和胡安·卡洛斯·沃西纳格（Juan Carlos Osinaga）设计。

9

2　21世纪新建筑302例

当代建筑的形体和它的表皮构成了当代建筑的"时尚"。本节所列举的大量当代建筑图片，也仅仅代表了最近十多年中建筑发展的一个小小侧面。

建筑的形体、各部分的比例和建筑的表皮是衡量建筑"美"的相当重要的因素。在古希腊时期，柱的各段之间的比例关系以及柱与柱间距的关系就已经臻至完美。希腊的帕提农神庙（Parthenon Temple）的立面三段式的布置（柱子、横楣和三角形的屋顶）几乎在 2400 年中成为建筑墙面的主要参考依据。帕提农神庙的多立克柱式很快就有了发展，产生了在柱颈处翻出两个螺旋曲线的爱奥尼亚柱式，随后又发展了颈部由各种植物叶子装饰的科林斯柱式。尽管这三类柱形式不同，但其各段的比例是基本一致的。这样的建筑形式构成了古希腊建筑的形体与表皮。在表皮上有较大的区别，例如在爱奥尼亚柱式的横楣与柱头上面有许多浮雕，后来发展到在三角形前屋檐上面也充满了浮雕。

公元 118 年建造的古罗马万神庙（Pantheon）在形体上与长方形的帕提农神庙有了巨大的变化：建筑的形体变成了圆形，屋顶为一直径 43 m 的半球拱，只有入口保持了帕提农神庙的式样。古罗马最大的建筑就是一直保存到现在的大斗兽场，整个外形呈椭圆形，立面不断重复的弧形窗成为其表皮。

其实直到 19 世纪，建筑的形体和表皮虽然在不断地变化，但是平面仍离不开矩形、圆形、十字形、多边形等基本几何形体，表皮也只是在窗和柱之间变化，并与建筑形体保持和谐，例如法国凡尔赛宫、安特卫普市政厅等等无数经典建筑。不过建筑屋顶的变化要多些，特别是东正教教堂的洋葱头圆顶。

现代建筑在形体和表皮上都发生了革命性变化，这种变化要追溯于勒·柯布西耶 1928 年设计的萨沃伊别墅（Villa Savoy）。这座建筑完全实现了他 1926 年提出的现代建筑五原则：（1）底层的独立支柱；（2）屋顶花园；（3）自由的平面；（4）横向长窗；（5）自由的立面。为了实现这些原则，萨沃伊别墅从形体、承重结构和表皮都发生了变化。尽管外形比较简单，但萨沃伊别墅的内部结构相当复杂。柯布西耶强调机械的美，将住宅定义为"居住的机器"。

许多现代建筑在形体上仍然保持了柯布西耶五原则中的部分原则，其中最大的变化是形体的变化以及立面的变化，或者说得更清楚些，就是表皮的变化。

最早在形体上有较大变化的要数 1989 年弗兰克·盖里设计的莱茵河畔魏尔市维特拉家具博物馆（Vitra Furniture Museum），犹如雕塑般扭曲的体量，大门前向上倾斜的屋盖，到处都是毫无规则的拼接，若站在通常的建筑立场上，根本不知此为何物。这就是当代建筑中最早出现的"怪异"的形体。盖里同年获得建筑界最高奖——普利策奖。1993—1997 年盖里设计了毕尔巴鄂古根海姆博物馆（Guggenheim Museum），这个建筑在形体上不同凡响，其建筑表皮采用了金属钛，巨大的体量和无可名状的扭曲的变形形体让建筑界瞠目结舌。这个建筑进一步确立了盖里在建筑界的地位。

弗兰克·盖里（Frank Owen Gehry）、扎哈·哈迪德（Zaha Hadid）、伯纳德·屈米（Bernard Tschumi）、丹尼尔·李伯斯金（Daniel Libeskind）、彼得·埃森曼（Peter Eisenman）、雷姆·库

哈斯（Rem Koolhaas）和蓝天组（Coop Himmelb(l)au）被建筑界称为解构主义的 7 位主要建筑师，从 20 世纪 90 年代至今，他们的作品遍布世界各地，成为当代建筑的主流。他们的共同特点就是建筑形体"奇形怪状"。图 2.207 诺华校园盖里大楼（Gehry Building, Novartis Pharma A.G.Campus）是盖里 2009 年的作品，扭曲的立方体体量像花瓣般向四方散开，建筑的主要部分都飘浮在空中，让人惊叹。

当代建筑的另一个特点，就是建筑表皮的千变万化。建筑表皮，就像人穿的衣服，同样的人穿不一样的衣服，其形象就会发生变化。文化大革命时期，人们的衣着除了草黄色就是蓝色，奥地利建筑师阿道夫·卢斯（Adolf Loos）也曾提出"装饰就是罪恶"，但是那样的千篇一律让人厌烦。其实早在柯布西耶著名的"现代建筑五原则"中，"自由立面"就是对建筑表皮处理的新理念了。上文已经说过，古典建筑的表皮，多数是以柱窗大小、间隔变化而改变其形象的。而当代建筑的表皮不但利用结构的变化，而且使用新型材料，例如特氟龙、玻璃、砖、金属板和石材，与建筑结构的不同组合形成了多姿多彩的形象。尽管在某种程度上立面的变化弱化了建筑本身的特征甚至于功能，好像是"功能服从形式"，但在总体上，它们与建筑的形态一起共同表达了新的内涵。

就建筑表皮而言，包括钢－玻璃幕墙、砖结构幕墙、膜结构幕墙和木结构等，现代建筑中以钢－玻璃幕墙和膜结构幕墙为多，几乎占了绝大部分；砖木结构和混凝土结构只在特定的地域，考虑到文脉和地域主义才作为幕墙的建筑材料。建筑结构从建筑材料上划分，主要有钢结构、混凝土结构、砖结构、木结构等，其中以钢结构和混凝土结构为主。建筑形式就无法分类了，形式的变化就好似现代时尚的服装，快得让人眼花缭乱。

当代建筑的形体和它的表皮构成了当代建筑的"时尚"。就像当代不断变化的时装表演一样，建筑的时尚也在不断地变化。雅克·赫尔佐格（Jacques Herzog）说，我们每个人一生就在几个不断变化的时尚中度过，今天的建筑时尚，再过 10 ~ 20 年就可能过时了。同时赫尔佐格也表述了这样的观点：现在已经不像勒·柯布西耶（Le Corbusier）时代，有建筑理论来指导实践；现在已经没有现成的教科书来指导建筑师如何进行设计；现在就是建筑师表现自我的时代，因此建筑的形式千变万化不可避免。本书中所列举的大量当代建筑图片，也仅仅代表了最近十几年中建筑发展的一个小小侧面。

本节列举了 21 世纪新建筑 302 例，供读者欣赏。

图 2.1.1　英国伦敦牛津街 367 号临街的墙面改造 |
未来系统，2008

图 2.1.2　英国伦敦牛津街 367 号临街墙面玻璃晶体
细部

该建筑原建于 1960 年，由于墙面老旧，建筑师建议修建一个像玻璃晶体的墙面代替老的砖和玻璃墙面。通过墙面上水晶般的玻璃晶体窗的不断重复，建立了一个有规模的节奏感，反射了相邻牛津街上各个建筑的景象。晚上，外立面从内部放出微妙的彩色光芒，活跃了牛津街的气氛。

图 2.2.1　阿姆斯特丹市立现代美术馆新馆 | 边藤姆·库鲁尔建筑事务所，2012

图 2.2.2　阿姆斯特丹市立现代美术馆新馆和老馆巨大的反差

阿姆斯特丹国家博物馆建于1876—1885 年，由克伊帕斯（Petrus Josephus Hubertus Cuypers）设计，其中收集了诸如佛兰德斯时期画家的名画，同时也以收藏当代艺术品而闻名。这个地区是阿姆斯特丹的文化中心，在老馆边上新建的白盒子样的新馆(Stedelijk Museum Amsterdam）十分醒目，与老馆形成了强烈的对比，一下子改变了该地区原先的建筑生态。航海是荷兰人民生活的主要内容，将这座新博物馆设计成飘浮在空中巨大的船形，有着深刻的历史和现实的含义。

边藤姆·库鲁尔建筑事务所（Benthem Crouwel Architects）在建筑的底层设计了一个封闭的黄色"管子"，人们通过这根"管子"中的两个自动扶梯，可以直接到达新馆的入口大厅，两个展览区域被连接了起来，参观者可以方便地在新老馆中穿行。老美术馆的入口现在关闭了（前面的大道上有电车通过），参观者要从新馆的入口进去，入口好像被旋转了180度。翼状悬臂式的屋顶一直伸到广场的上方，加强了从广场到建筑的开放式过渡，并消除了关于入口去向的疑问。光滑的白色墙面，由增强复合纤维材料制成。建于 19 世纪荷兰"风格派"的老美术馆和新美术馆之间的反差，反映了 100 多年来建筑美学的巨大变化。反差让人们感到新鲜和时代的进步，反差也表现了现代建筑思想的多元化。

图 2.3 瑞士阿尔施维尔爱克泰隆商务中心 | 赫尔佐格＋德·梅隆，2011

阿尔施维尔（Allschwil）在巴塞尔西约 8 km 处，它的"爱克泰隆商务中心"（Actelion Business Centre），表面上看去像一堆积悬浮起来的俄罗斯方块，该中心设有 350 间工作室，它的架构提供一个鼓舞人心的工作环境，包括地下两层和地上六层。开放的屋顶区域是由偏移的体块形成的，上面种了绿色植物，作为屋顶花园使用。建筑向街道大面积开放，商务中心的设计在各个方向都保持一定的透明性。设备管线故意避开了墙体，以减少人们的交流障碍。

利用钢架结构来承载整个体量，在每层之间使用了 K 形和 X 形肋板来支撑，从街道上就能看见办公室空间边缘的结构框架。而暴露的钢结构体也成为室内装饰的元素，显现了设计的主题。建筑师将可持续的环保部件融合到设计中：顶层的办公室安装了倾斜的玻璃表皮，这样建筑自身的表皮就可以起到遮阳效果，降低室内温度；三层釉面密封玻璃的自动调节百叶装置可以根据日照角度进行调整；而建筑中的光伏电池也可以提供一部分电能。

该建筑看上去与众不同，十分无序。其实，它是图 3.6 所示阿姆斯特丹老人公寓（WoZoCo）的一种变化，具体说，就是将老人公寓弯曲地卷了起来。老人公寓的问题是伸出的房间体量太大，容易产生振动。这个建筑伸出的体量较小，中间还有 K 形与 X 形支撑，当然振动会小得多。

雅克·赫尔佐格（Jacques Herzog）和他的搭档德·梅隆（de Meuron）像一对孪生兄弟，在建筑界，他们的合作是绝无仅有的一段故事：他们都于 1950 年出生在瑞士西北边陲城市巴塞尔，并且两人的出生地仅隔几条小街，他们在同一个街区长大，上学后，7 岁的德·梅隆遇到了赫尔佐格。至此，两人密不可分，同一所小学，同一所中学，同一所大学（在苏黎世联合工业大学），学习同样的专业，几乎所有事情都是两个人共同的体验。1978 年，两人在巴塞尔建立了赫尔佐格＋德·梅隆建筑事务所（Herzog & de Meuron Architekten）。现在这个事务所在伦敦、苏黎世、巴塞罗那、旧金山和北京都有分支机构。这 30 多年里，他们共同设计的作品不计其数，共同获得的世界级大奖超过 10 个。普利策建筑奖的评委如此评价他们的设计作品："赫尔佐格和德·梅隆的建筑秉承了建筑大师们的智慧，结合引人注目的现代建筑技术，将新旧事物很好地结合在一起，让人们产生了穿越时空的错觉。"

图 2.4.1　伦敦蓝鳍大厦 | 埃利斯＋莫里森，2007

图 2.4.2　蓝鳍大厦铝翅玻璃墙面细部

蓝鳍大厦（The Blue Fin Building）由埃利斯（Bob Allies）和莫里森（Graham Morrison）设计，位于泰晤士河南侧的南华街，正对泰晤士河南侧泰特博物馆南面，大楼外观有 300 种超过 2000 个蓝色的铝翅片，这些竖起的铝翅片，可以转动来遮阳，它们在波兰生产。在一天不同的时段，随着阳光的变化，金属鱼鳍片会反射出不同的色彩。

图 2.5　德国汉堡易北河音乐厅 | 赫尔佐格 + 德·梅隆，2007—2017

易北河音乐厅（Elbe Philharmonic Hall）是汉堡在建的大型文化建设之一，位于汉堡的哈芬城海港区，高度为 110 m。易北河音乐厅位于汉堡市区、港口和易北河的交汇点，其绝佳的地理位置不仅堪比上海浦东的陆家嘴、纽约曼哈顿下城突出的尖端，并具有特殊的历史意义——这里是汉堡的第一个工业码头，曾经伫立着皇家码头和在一战中被摧毁的钟，每艘驶入汉堡港的船只都会朝着它开去。现在，建成后的音乐厅成了汉堡的地标性建筑。正如汉堡市长欧勒·冯·伯思特所说的那样："试看埃菲尔铁塔、纽约自由女神像、科隆大教堂或者悉尼歌剧院，我们很快就会意识到，一个新的城市标志的形成，几乎总有三个重要的因素共同存在：由建筑大小或所处位置带来的良好可见度，直接产生的象征意义和不同寻常的、至少是令人激动的建筑构思。所有这一切也适合于易北河音乐厅。其惊人的建筑艺术集传统和现代于一体，醒目地伫立在最能体现汉堡风格的，也最能从历史结构和地理位置上体现汉堡作为港口城市和国际都市的地方。"
这个巨型音乐厅是由一栋旧仓库改建而成，将新颖构思结合具有历史意义的旧仓库，打造一个新旧共构的建筑是建筑师的新颖构思。音乐厅外墙以不规则的玻璃拼成波浪起伏的形状，就像一个大浪一样漂浮在废弃的海港仓库上面，与身处的海港呼应。而上面的音乐厅如同悬浮在红砖仓库上的一块浮冰，其玻璃外墙带有涂层和图案。音乐厅闪亮的玻璃立面由 1100 个玻璃元素构成，每块玻璃立面的表面在不同的位置有着不同的处理，大片不规则的玻璃，构筑成波浪起伏的形状，透过波浪墙能够看到音乐大厅的门厅闪烁着琥珀般的色泽，玻璃墙上印着带白点的光栅，用来防光照；在酒店区，透气窗被做成波浪形的舷窗；位于新玻璃建筑中大小两个音乐厅分别能容纳 2150 名和 550 名观众。表演大厅虽为常见的"鞋盒状"舞台，但设计师将乐队和指挥放在了舞台中间，接近 100 m 高的大舞台可以举行古典音乐会、新型音乐会和流行音乐的表演。全部工程费用估计超出 5 亿欧元。2016 年，工程基本完工，2017 年方可对外演出。大楼东面部分的汉堡威斯汀酒店将于 2016 年开业。

图 2.6 伦敦奥运射击场馆 | 玛格马建筑事务所, 2012

2012 伦敦奥运会射击场馆（London's Olympic Shooting Venue）由玛格马建筑事务所（Magma Architecture）设计，位于英国伦敦东部的伍尔维奇。场馆总面积 18000 m²，由 3 个区域组成，其中 2 个部分封闭，1 个全封闭，如有需要可对它们进行分拆、移动及组装。整个建筑由双层 PVC 膜包裹，内部类似岩浆体系结构，并有坚固的模块化桁架、钢桅杆支撑。

场馆外部 PVC 表层白色清新，上面那些别具一格的圆形彩色凸点是这座射击场馆的最大亮点。这些凸点共有红色、蓝色和粉色三种，即是场馆入口和出口，也是自然通风和自然光渗入场馆的通道，以保持内部温度舒适，而且表层半透明 PVC 材质也减少了室内人工照明的需求。这只是一座临时场馆，奥运会和残奥会后将被拆除，但 2014 年它又会在苏格兰的格拉斯哥重新搭建，为 2014 英联邦运动会（Commonwealth Games）服务。

图 2.7.1　东京青山 PRADA 旗舰店｜赫尔佐格＋德·梅隆，1999—2003

图 2.7.2　东京青山 PRADA 旗舰店的玻璃窗格细部

东京青山 PRADA 旗舰店（Prada Boutique Aoyama）是一个非常规的 6 层玻璃水晶楼，尽管外形似锋利的尖角，但看上去还是很柔和的；作为五边形，内部的平滑曲线，菱形凹凸的玻璃板，使墙面像泡沫似的反复变化。整栋大楼像一颗一颗水晶拼凑起来的蜂巢一样，里头是奶白的色调。从内部看，整个建筑就像一个巨大的编织"网眼背心"。赫尔佐格描述到："这些玻璃是一个互动的光学装置。由于一些玻璃是弯曲的，它似乎向你靠拢。当你看着窗外，好像室内的商品和城市之间在进行着激烈的对话。此外，菱形的窗格带来了人性化的建筑形象，尽管它是经常使用的形式。"

图 2.8　美国明尼阿波利斯中央图书馆 | 西萨·佩里，2005

通透、开放、光明，是明尼阿波利斯中央图书馆（Minneapolis Central Library）的主题。这个城市一年中多数时间都浸润在细雨和灰暗的天色之下，冬天尤为阴冷。西萨·佩里（Cesar Pelli）设计中的一大因素是将天然光充分导入室内，形成一个健康的空间环境。而玻璃窗上的肌理又能阻挡并过滤紫外线的直射。此外，一个 1724 m² 的"绿色"屋顶也能够有效应对雨雪天气并进行合理利用。立面烧结熔块玻璃和超透明玻璃板相互交错。到了夜晚，暖色调的光线从馆内透出，街道上的人们可以看到馆内温暖、宁静的阅读氛围。

图 2.9.1　荷兰希尔弗瑟姆声音和视觉研究所 | 诺特林 + 里丁克建筑事务所，2006

图 2.9.2　荷兰希尔弗瑟姆声音
和视觉研究所玻璃幕墙局部

诺特林 + 里丁克建筑事务所（Neutelings Riedijk Architects）是荷兰两位建筑师威廉姆·简·诺特林（Willem Jan Neutelings）和米歇尔·里丁克（Michael Riedijk）的组合，他们属于荷兰年轻一代的建筑师。诺特林 + 里丁克建筑事务所对建筑的表皮充满兴趣，对于时尚的附加装饰则漠不关心、毫无兴趣。诺特林宣称："建筑天生是赤裸的，建筑的表皮只能由功能决定。"荷兰声音和视觉研究所（Netherlands Institute for Sound and Vision）是欧洲最大的视听档案馆之一。该研究所保留了荷兰视听遗产的重要组成部分，并使其能够与广泛的用户连接，收集总额超过 70 万 h 的电视、广播、音乐和电影。荷兰声音和视觉研究所的建成提高了建筑师在建筑界的地位，这是他们迄今为止最华丽的工作。建筑被丰富多彩的豪华铸面玻璃板包裹着，在闪闪发光的表皮下，他们对充斥着广告和营销图像的世界进行了批判，并重塑了建筑的形象。

图 2.10　荷兰阿尔梅勒德芳斯办公大楼 | 联合工作室，1999—2004

本·凡·贝克尔和他的研究小组创造了有史以来最丰富多彩的办公室建筑之一。

阿尔梅勒（Almere）德芳斯办公大楼（La Defense Office）平面好像两个"山"字相互对插，复杂的结构布局，形成了一个封闭的城市区域，但它的内庭院却是一个具有欢快、缤纷绚丽并不断变化的彩虹般色彩的地方。颜色是该项目的关键概念，好像是由三棱镜折射出来的色彩，将它应用在建筑玻璃表层，似乎变成了一种转变建筑性能的材料。

联合工作室（UN Studio）是由本·凡·贝克尔（Ben van Berkel）和卡罗林·博斯（Carolirle Bos）夫妇组成的荷兰建筑师组合，于1988年成立，他们有影响的作品是鹿特丹著名的伊拉斯莫大桥（1996年）。像雷姆·库哈斯的大都会建筑事务所（OMA）一样，贝克尔和博斯的工作室也是新一代建筑师的成长的温床。

图 2.11.1　哥本哈根霍顿律师事务所总部 | 3×N，2009

图 2.11.2　哥本哈根霍顿律师事
务所总部建筑的墙面

丹麦霍顿律师事务所希望他们的新总部（Horten Headquarters）采用当代前卫的设计，同时具有古典建筑的坚实风格。建筑师提出的方案是用经典的石头材质加上玻璃形成高低不平的立面去演绎现代的办公空间。独特的外观成为可持续建筑设计的新标准，建筑的外表皮由三维的玻璃纤维和石灰华构成，它们锯齿形的分布，具有遮阳作用，从而保持了适宜的办公室温度。玻璃的方向让每个办公室朝向水面景观。玻璃纤维具有许多良好的能力，可以被精确地设计和制造，这样就可以达到高低不平的效果。最终，外表皮采用了两种玻璃纤维的复合材料层。这样的玻璃分布使内部空间光线变得活泼生动。

3×N 建筑事务所成立之初的名字其实是"Nielsen, Nielsen & Nielsen"，因为它是由 Kim Herforth Nielsen、Lars Frank Nielsen（合作直至 2002 年）和 Hans Peter Svendler Nielsen（合作直至 1992 年）三位姓尼尔森的建筑师于 1986 年在丹麦奥尔胡斯创建的。三个尼尔森建筑师经常被以复数指代，他们更多地被叫做 3×N。这个事务所与众不同：他们总是追求破天荒的建筑，藐视反人文主义的现代主义，寻求高水准细节、应用高质技艺。当前在丹麦乃至在欧洲，他们的设计受到广泛的关注。

图 2.12.1　哥本哈根盛宝银行新总部大楼 | 3×N，2009

盛宝银行新总部大楼（Saxo Bank's New Headquarterin Copenhagen）是基于盛宝银行最尖端的形象和品牌实现的，建筑的线条在与当地环境对话的同时，也定义了可信赖感和动态表现力之间的平衡。该建筑造型就像两个建筑体块通过立面连在一起，立面源于两个体块的端墙，端墙正对运河。建筑物的每个立面呈双曲形，由玻璃构成，其波纹状像一片丝织物。

此外，大楼内部有一个开放和透明的大社会的感觉。中间围绕着一个有玻璃顶的柔和的门厅。一个螺旋楼梯盘旋而上，可到其他各个楼层。然而，主厅和规模最大的建筑景点是所谓的"交易场地"，激烈的股票价格监测类似于美国电影中纽约证券交易所的上市场景。

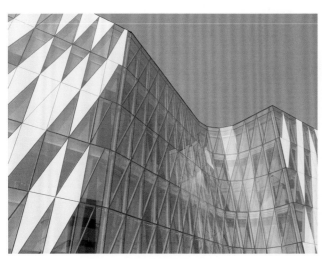

图 2.12.2　哥本哈根盛宝银行新总部大楼的玻璃墙面

图 2.13.1　哥本哈根赫勒乌普图堡波状办公楼 | 威海姆·劳里岑建筑事务所，2010

赫勒乌普（Hellerup）位于哥本哈根东南，与海相邻，原来是一个老港口，现在成为哥本哈根近几年来开发的新区，有许多著名的公司、银行都在这里设点营业。图 2.11 和图 2.12 就是开发区里新建的公司和银行总部；这些波状办公楼位于它们的后面，也是一些公司的办公地点，由威海姆·劳里岑（Vilhelm Lauritzen）设计。波浪形窗户的外表设计是 21 世纪才开始普及的，技术上面没有什么难度。赫勒乌普现在已经开发得有模有样了，在盛宝银行前面有一条小河，河的对面也建了几栋现代办公建筑，它们沿着小河一直延伸到港口，小区里还有许多新建的住宅。

图 2.13.2　哥本哈根赫勒乌普图堡波状办公楼、盛宝银行新总部大楼和霍顿律师事务所总部

图 2.14　哥本哈根欧尤斯丹贝拉天空酒店 | 3×N, 2011

贝拉天空酒店（Hotel Bella Sky）建在欧尤斯丹（Ørestad）新区，它有两个塔楼，各个塔都向外倾斜15度，塔的顶部有一个廊道将两座塔楼联系起来，同时，这个廊道也是一个结构件，拉住了向外倾斜的塔。这个如同雕塑般的建筑吸引了哥本哈根全市人民的好奇目光，尽管双塔高度仅76.5 m，却是斯堪的纳维亚半岛最大的酒店。酒店拥有814间客房，30间会议室，面积4.2万 m^2，这里可以举行国际级会议（参见图2.52）。

图2.15.1　纽约11大街100号住宅塔楼 | 让·努维尔，2010

纽约11大街100号住宅塔楼（The Apartment Tower in 100 Eleventh Avenue）正好位于弗兰克·盖里（Frank Owen Gehry）设计的巴里·迪勒（Barry Diller）总部的右侧，其表皮的设计风格与巴里·迪勒总部形成了鲜明的对比。1700块大小不一的无色玻璃板以独特的角度安装和反射出的色彩，形成像素化的立面，构成了绚丽的景观，正好形成了一道当代建筑的靓丽风景线。72套住房里，每一套都有别于其他房屋。有些窗户的高度达到4.87 m或宽度达到11.3 m。公寓的底层是竖框的玻璃墙，高7层，内部有一个中庭。这7层里的住户可在公寓平台上欣赏到中庭景观。从外观看，它和弗兰克·盖里设计的巴里·迪勒总部连接在一起，形成了路人驻足观望的建筑景观。

与巴塞罗那阿格巴塔楼的窗户一样，这座建筑的窗户也是随机分布的，正好与巴里·迪勒总部的连续的横向窗形成了对照，显然这是建筑师让·努维尔（Jean Nouvel）有意为之的。

法国建筑师让·努维尔由于其卓越的建筑成就，1983年获法兰西建筑院奖银奖，1991年获得英国皇家建筑师学会（RIBA）金奖，2005年获沃尔夫建筑艺术奖，2008年获得建筑最高奖——普利策大奖，这是努维尔一生之中所获得的最高荣誉。

图2.15.2　纽约11大街100号住宅塔楼建筑表皮细部

图 2.16　毗邻的两个当代建筑迥然不同的风格形成了一道靓丽的风景线

图 2.17　纽约巴里·迪勒总部 | 弗兰克·盖里，2007

这是弗兰克·盖里（Frank Gehry）在纽约市的第一座建筑物，与其他的作品不同，它像是一座朦胧感十足的白色巨塔；这座建筑比他早期的作品要收敛一些。从任何一个角度来看，这都不像一座标准的写字楼建筑，也不是一座标准的"弗兰克·盖里"建筑，除了一些不规则的线条。作为新的媒体巨头巴里·迪勒（Barry Diller）的全球总部，位于哈得逊河对面的切尔西区，公司有意将其作为旅游的重点。10 层楼高的建筑估计造价在 1 亿美元左右，其外形如同在滚滚海涛中航行的多桅帆船。盖里将建筑分解成一系列的弧形（海湾），地面上有 5 个，建筑物上层有 3 个。由多孔玻璃包裹的建筑白天呈白色，夜间通体透亮。

图 2.18　曼哈顿自由塔 | SOM，2006—2013

"911"纽约世贸中心被完全破坏后，纽约和新泽西的港务局于 2002 年决定在原址上重建世贸中心一号大楼（自由塔，Freedom Tower），同时还有由福斯特、罗杰斯和桢文彦设计的附楼。2002 年丹尼尔·李伯斯金（Daniel Libeskind）中标，但他的方案过于前卫，现在的形式是戴维·蔡尔兹（David Childs）和李伯斯金经过激烈辩论的结果，保留了李伯斯金最初方案的很多特征，但线条显得更为柔和，不像原先的设计那样棱角分明。蔡尔兹在记者招待会上公布这一新方案时说："自由塔的外形必须简洁明快，令人难忘。它将展现我们的民主精神和复原旧物的能力。"自由塔是一号楼的俗名，它的天线高 541.3 m，屋顶 417 m，最高楼层 415 m；地上 82 层（含天线共 108层），地下 4 层，钢筋混凝土玻璃表皮对称结构。自由塔的设计高度是 1776 ft，象征着美国通过独立宣言的 1776 年，建成后是美国第一高楼。从不同的角度观赏这座建筑物，自由塔有时看起来就像原先的双子塔楼呈长方形，有些角度看起来则像个巨大的方尖碑。塔底和塔顶的墙面偏转了45 度，塔身有交错的三角形切面。

图 2.19.1 巴塞尔文化博物馆 | 赫尔佐格＋德·梅隆，2011

图 2.19.2 巴塞尔文化博物馆屋顶侧面的六方形砖贴面

巴塞尔文化博物馆（Basel Museum of Cultures）的历史要追溯到 19 世纪中叶，原先古典风格的建筑是由建筑师梅尔基奥尔·贝里（Melchior Berri）设计，1849 年建成。博物馆主要保存各国领导人赠送的礼品。这次改造除了关闭了一些窗户，在墙面前增加了能够攀爬植物的柱子，主要是对屋顶的改造。新的屋顶整个是一座"山"的缩影，屋面由不规则皱褶的墨绿色瓷砖铺装。在巴塞尔的市中心，屋顶成为一个新的标志。同时屋顶侧面嵌入了高低不平的六角砖，它们的立体感，折射了天空射来的光线，创造出很像在老城区的屋顶青砖灰瓦的效果。

图 2.20.1 德国美因茨超市 | 马西米亚诺·福克萨斯，2003—2008

图 2.20.2 美因茨超市屋顶不规则的天窗

美因茨主教堂建于 11 世纪，是德国著名的中世纪教堂之一。福克萨斯（Massimiliano Fuksas）将一个这样的超市面对着教堂是要有些勇气的。教堂前面原先就是一个开放的市场，现在的超市改变了露天营业的状况。美因茨超市（Mainz Markth User 11—13）被设计成一个半开放的自由空间，涵盖了地面、地下一层和三个楼层；包括露台、访问办公室和水平延伸的住宅，直到玻璃屋顶。新的外墙被用力拉扯并覆盖到整个建筑表面，好像是人的一件衣服一样。这个建筑表皮反映了福克萨斯多样性选择的设计水平。

图2.21.1　法国马赛欧洲与地中海文明博物馆 | 鲁迪·里乔蒂，2013

图2.21.2　法国马赛欧洲与地中海文明博物馆、著名的马赛天主大教堂及对岸的古堡相映生辉

欧洲与地中海文明博物馆（MuCEM，The Museum of European and Mediterranean Civilization），坐落于古老港口城市马赛的入口处，通过一个人行天桥与古代要塞圣让堡相连。岸边就是19世纪中后期建造的具有伊斯兰风格的马赛天主大教堂，这座位于J4号码头的现代建筑，由阿根廷籍的法国建筑师鲁迪·里乔蒂（Rudy Ricciotti）设计建造。单从其地理位置来说，它是地中海的一个宏伟项目。在世界任何角落，还从来没有一座致力于地中海文明的博物馆，尽管从历史和文明的双重角度来看，这些文明提供了如此一片富饶的海域。欧洲与地中海文明博物馆的开放，使这一点得到了弥补。

法国建筑师鲁迪·里乔蒂很擅长混凝土建筑，希望通过这种混凝土"蕾丝"花纹，达到建筑与海港地区的光线和海风的对话。这个博物馆有7层，共40000 m²，除去115 m的天桥与12世纪建造的圣让堡相连，还有一条820 m的散步道从建筑中间穿过，有着优雅的弧线和高效的连接方式。建筑材料包括用于落地窗的大片玻璃、优美精确的结构管、纤维混凝土等。两层外表和屋顶都有金属外包，光线和空气充满了室内的空间。室内流线和材料相结合，映衬着蔚蓝的大海和天空。建筑外层的混凝土表层花纹在海水的映衬下熠熠生辉，这些混凝土花纹表现了地中海地区的文化和手工艺传统。屋顶上面有一小块空间，可以让游人休闲地享受地中海的阳光。

马赛被评为2013年"欧洲文化之都"，与这座新博物馆的建成和它展现多元的地中海文化的宗旨有很大关系。法国总统弗朗索瓦·奥朗德亲自参加了博物馆的揭幕典礼。

图 2.22 格鲁吉亚第比利斯公共服务大厅 | 马西米亚诺 + 多利亚纳·福克萨斯，2010—2012

格鲁吉亚的首都第比利斯的公共服务大厅(Tbilisi Public Service Hall)，于 2012 年 9 月 21 日正式开放，由马西米亚诺 + 多利亚纳·福克萨斯（Massimiliano and Doriana Fuksas）设计。这个新建筑由格鲁吉亚国家银行、能源部以及公民权利和国家注册等 7 部分组成，占地约 28000 m²。建筑内部根据不同公共机构设置不同的办公室。办事处在不同层面上通过行人天桥连接。穿透屋顶的设计从外到内创建了一套独特的造型。11 个形态不同的花瓣被抬升到 35 m 的高度，它们就像是飘在屋顶上面的云朵，聚集在一起俯瞰库拉河美景；但它们都是彼此独立的。不同的几何形状和尺寸的花瓣由钢支柱所支撑。其结构就像是一个杂草丛生的蘑菇森林，给人一种清新感。

图 2.23.1　深圳大运会体育中心 | GMP，2007—2011

图 2.23.2　深圳大运会宝安体育场

2007 年，GMP 国际建筑设计有限公司在建筑设计方案国际招标中一举夺魁，获得深圳大运会体育中心的设计委托。大运会体育中心由一座体育场和一座多功能体育馆和游泳馆组成。深圳宝安区的体育场设计为田径运动场，2011 年大运会期间在此举行足球比赛。

2011 年大运会体育中心方案与周边绵延起伏的山地景观相呼应，采用晶体巨型建筑单体，吸收了典型的中国传统园林造园手法。体育场屋面结构由伸出的长 65 m 的悬臂和以三角面为基本单位的折叠钢架空间结构构成，以石块和岩壁为形式刻画出的晶体结构代表着持续和稳定，建筑体透明的外立面令 3 座体育场馆在夜晚的灯光下如同水晶般熠熠生辉。建筑外立面到内部空间采用张拉薄膜结构，一座人工湖将北侧的圆形多功能体育馆和西侧的方形游泳馆与主体育场相互连接。观众通过一条抬高的步行大道可由各个场馆到达中心广场。主体育场设计满足国际比赛要求，体育场内 3 层看台总共可容纳 6 万名观众，整个屋面纵向长 310 m，横向长 290 m。室内体育馆为圆形多功能竞技场，可举行室内竞技项目、冰上运动以及演唱会、大型集会和展览。场内可容纳 18000 名观众。游泳馆是大运中心内第三个重要的体育场馆，总共 3000 个坐席分布在比赛馆内上下两层看台上。

宝安体育场总建筑面积 88500 m²，可容纳 4 万名观众。体育场的设计灵感来源于极具华南地区风情的竹林场景，其在重现了华南的地域特色的同时还构成了看台以及大跨度屋面的结构支承系统。通过钢柱结构组成的“竹林”，观众可进入体育馆的环廊，从这里观众可直接经过楼梯到达上层及下层看台。

双层钢柱穿插交错刻画出竹林的意象，内环支柱直接与波浪形的混凝土上层看台相连接，承担了观众席的垂直荷载。同为 32 m 长的钢管由于其承重各不相同，管径设计为 550 mm 至 800 mm 不等。

观众看台上部的屋面为拉索固定的张拉膜结构，通过位于中心的张力环和呈放射状的辐条结构支撑。看台顶部向内伸出一个直径 230 m 的环，它距离顶棚外侧有 54 m，在环的一圈铺设有遮阳的高强度柔软的塑料布；上环的下方还有一个与它直径相仿的钢环，有 36 对竖直的钢管将上下两个钢环相连。在下环的节点上用钢绞线拉索拉紧，并将它的另一端固定在上环外侧的节点上，在赛场上空构成一个闭合的环形结构。由于钢绞线有一个向上的分力，便支撑住体育场上部的遮阳蓬。这个设计十分新颖，简单轻巧，与外部一圈“竹林”，给人全然不同的体育场感受。宝安体育场获得了 2013 年度国际奥委会 / 国际体育和休闲设施协会（IAKS）金奖。

冯·格康（Meinhard von Gerkan）和他的 GMP 建筑事务所（Gerkan, Marg und Partner）设计的柏林新火车站得到了建筑界一致的赞誉，他们共得到了 350 多个建筑奖。2007 年 GMP 承接了北京国家博物馆的改建设计，2012 年完成并对外开放。冯·格康认为：“建筑师应该承担社会责任，而不是让人目瞪口呆。”当记者问他可持续性和大建筑之间的矛盾时，他说了这样一段话：“我觉得遗憾的是，库哈斯与可持续性之间并没有什么关系，至少他在中国的项目是这样。在中国的外国建筑师，可能有这样的想法和需要：他们希望展现自己的实力，做一些让世人目瞪口呆的建筑，而中国恰恰提供了这个土壤可供实验。虽然确实有部分建筑设计师做着这样的事，但大部分设计师还是朝着好的方面发展。”

图 2.24　美国艺术博物馆 | 托德·威廉姆斯 + 比利·齐恩，2002

美国艺术博物馆（American Folk Art Museum）由托德·威廉姆斯（Tod Williams）和比利·齐恩（Billie Tsien）设计，坐落在谷口吉生设计的奢侈而高雅的现代艺术博物馆的一侧，虽然它最终将会被这个比它大得多的建筑物所压倒，但是直到目前，这个 8 层的塔楼却一直备受瞩目，主要原因是它那令人吃惊的青铜金属立面。威廉姆斯说："我们喜欢把它们比作现代艺术博物馆腹部纽扣上的一颗宝石，但是我想别人并不一定这么看。"

图 2.25.1 德国施特拉尔松海洋博物馆 | 贝尼奇 + 贝尼奇及合伙人建筑事务所，2008—2010

图 2.25.2 施特拉尔松海洋博物馆近景

斯特凡·贝尼奇（Stefan Behnisch）是设计慕尼黑体育场的著名建筑师冈特·贝尼奇（Günter Behnisch）的儿子，1997 年父子两人成立了贝尼奇 + 贝尼奇及合伙人建筑事务所。后来斯特凡成立了自己的建筑事务所。德国施特拉尔松（Stralsund）位于东北部波罗的海沿岸，由于有中世纪的古城和与海洋文化的关联，2002 年被命名为"世界文化遗产"。斯特凡·贝尼奇能够为这里设计一座"海洋博物馆"是十分荣幸的事。施特拉尔松德海洋博物馆（Oceanographic Museum at Stralsund German）就建在海滨，由本地造船厂用钢片建造的 4 个白色弧形外壳构成了博物馆的主体，它们环绕着宽敞的玻璃中庭。在中庭里，有从天花板悬挂的完整的鲸的骨架。博物馆建成后，希望能够吸引附近吕根岛的游客参观施特拉尔松的古迹和这座现代化的博物馆。

图 2.26　多伦多夏普设计中心 | 威尔·阿尔索普，2000—2004

建立夏普设计中心（Sharp Centre for Design）是为了对多伦多市的安大略艺术设计学院进行扩建。新建的艺术工作室，包括演讲厅、展示空间和教师办公室。这是首次由英国建筑师威尔·阿尔索普（Will Alsop）在北美完成的一项建筑设计。阿尔索普在城市建筑密集的地区，巧妙地设想出一个方盒子式的巨大体量浮悬在老建筑的上方。表面由黑白方块相间的矩形建筑物一端由从老房子伸出的方柱子支撑，另一端由一个红色的倾斜的柱子支撑；同时还有几个成对的八字形支柱支撑着建筑物下方的承重横梁。这个漂浮在街头的巨大的方块很快就成为人们谈论的焦点：这种对空间利用的方式是给城市带来新鲜感，还是压抑感？无法直接和大街相连也成为非议的论点，不过不管人们如何议论，这个巨大的彩色方盒子已经成为多伦多的一道靓丽的景观。

图 2.27.1　旧金山德杨艺术博物馆｜赫尔佐格　图 2.27.2　德杨艺术博物馆的外皮细部
＋德·梅隆，2005

1989 年旧金山遭受到 Loma Prieta 地震，德杨艺术博物馆（The M.H. de Young Memorial Museum）基本毁坏。
新建的博物馆成为对赫尔佐格和德·梅隆与主要建筑师 Fong & Chan 的挑战。为了防震，建筑物的地基允
许抬高 3 ft，让下方安置的球轴承滑板和黏性液体阻尼器能共同吸收动能并将其转换为热能。新博物馆的主
体建筑结构，最初安置在城市公园中心地带，曾引起过较大的争议。虽然经过两次反复，最后选民们还是
将博物馆安置在金门公园。建筑师敏感地意识到博物馆与自然美景的融合，注重外皮设计的赫尔佐格和德·梅
隆决定采用铜皮作为建筑的外皮，铜皮在经过一段时间氧化后将显出深绿色，这与当地的桉树十分协调。
建筑共用去 15154.2 m² 的铜皮；扭曲的 44 m 高的塔是博物馆的明显标志，从旧金山的许多地方都可以看到
处于金门公园的树冠状的标志物。

作为世界级的建筑师，赫尔佐格和德·梅隆的作品往往没有什么惊人的姿态，没有曲线，没有复杂的空间，
没有体量的雕塑。在结构和空间组织上，表皮成为他们最主要的研究领域。与现代建筑的主要形式形成对比，
赫尔佐格和德·梅隆一直在寻找一种意义，抛开对"形式—功能"这种过去的主导思想教条，组织设计新
的建筑。他们的作品表现了一种使用范式来操作的多种尝试，即"表面"，这可能会同时趋向于体量的消
失和最终的解放。他们最为重视的是立面真实表皮的效果。无论旧金山的德杨艺术博物馆，或是图 2.115 的
德国科特布斯大学图书馆以及图 2.7.1 所示东京青山 PRADA 旗舰店，建筑的表皮成了建筑特征的表现形式。
建筑的表现形式从"空间"转化到"表皮"，赫尔佐格认为建筑的形式和功能之间的关系就像人的皮肤和
肌肉、骨骼的关系；用建筑来比喻的话，人的身体就像建筑功能，每个人按照不同的要求穿适合自己的衣服，
就像创造了不同的建筑表皮一样。而衣服与建筑表皮一样是公共和私密的交接面。通过对现代主义时期建
筑思想的批判，赫尔佐格和德·梅隆对表皮的喜好倾向于"衣服"的效果。42000 t 钢材所制成鸟巢的表皮
形式是过去赫尔佐格与德·梅隆从来没有涉及过的一种新的形式，这种形式正好表达了人类与自然的关系，
一种归宿与和谐。

图 2.28.1　伦敦雷文斯本学院 | FOA，2010

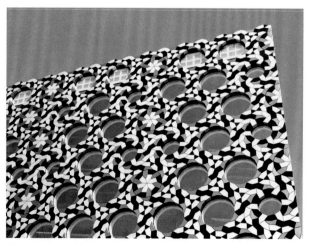

图 2.28.2　伦敦雷文斯本学院墙面细部

伦敦雷文斯本学院（Ravensbourne College）新大楼是为了开拓新的教学方式，面向数字教学，由 FOA（Foreign Office Architects）设计。内部建筑设计没有部门的界限，其意图是灵活地促进无边界教学的目的。然而，建筑最显著的特征是它的外观。覆盖着 28000 块压制的金属瓦片，描述了一个镶嵌的非周期性图案，回旋设计和窗户仅使用五种不同的瓦片就构成了的不同尺寸，表皮共三种形状和颜色。瓷砖覆盖的表面上有很多圆孔；每层都有两排圆孔作为窗户，可以鸟瞰周边城市景观。瓷砖的样式是由圆形窗户的大小和位置决定的，而窗户的大小又是由相应室内功能决定的。这种看似简洁的表皮，却给人以神秘的感觉。

图 2.29　旧金山当代犹太博物馆 | 丹尼尔·李伯斯金，2008

自从李伯斯金的柏林犹太博物馆（Jüdisches Museum Berlin）取得了巨大的成功后，建筑师在世界各地先后又设计了几座犹太博物馆。旧金山当代犹太博物馆（Contemporary Jewish Museum）形式上由一块巨大的蓝色立方体倾斜地竖起，插入有蓝色屋顶的展室。从立方体内部看，不规则的天窗给参观者一种不稳定的感觉。当代犹太博物馆迎来了建筑师、观众和艺术家们 20多年从事犹太文化、历史、艺术和思想的探索，开创了历史的新篇章。

新建筑是一个热闹的中心，不同年龄和背景的人们可以到这里来欣赏艺术，分享不同的观点，并参与实践活动。由希伯来文词组"欧莱雅哈伊姆 l'chaim（生命）"的启发，建筑担负了当代犹太博物馆的使命，汇集了犹太人的价值观和传统，也是在 21 世纪对于传统与创新探索的体现。新馆建筑面积 5853 m²，位于旧金山市中心的第三街和第四街之间，博物馆目前对所有年龄和背景的观众开放，包括艺术展览、现场音乐、电影放映、讲座、讨论及教育活动。李伯斯金曾在世界各地的多所大学执教和讲学。他获得过无数奖励，包括 2000 年的"歌德勋章"，1999 年因设计柏林犹太博物馆而获得"德国建筑奖"，1996 年获得"美国艺术文化学会建筑奖"，同年还获得"柏林文化奖"。柏林洪堡大学、埃塞克斯大学艺术人文学院分别授予他荣誉博士学位。他的作品和思想曾在世界各地的博物馆和艺术馆展出，成为众多国际出版物的主题，影响了新一代的建筑师们和那些对城市文化的未来发展感兴趣的人。

图 2.30.1　芬兰科特卡韦勒默海事博物馆 | 拉戴马＋玛拉玛吉建筑事务所，
2005—2008

图 2.30.2　韦勒默海事博物馆
的远景

科特卡是芬兰最南端芬兰湾的港口城市，韦勒默海事博物馆（Maritime Museum of Finland）位于城市的东北角，正好位于机场附近，因此，是一个旅游的好去处。建筑由拉戴马（Ilmari Lahdelma）和玛拉玛吉（Rainer Mahlamaki）建筑事务所设计，其外形就像一个巨大的海浪向岸边涌来，屋脊伸出的遮阳板象征着浪涌撞击岸边飞溅起的浪花，形象十分壮观。建筑的外立面的遮阳板呈现出白色、蔚蓝、绿色、灰色和蓝色等各种色彩的综合条纹，目的是暗示海洋中水在阳光（或阴天）照耀下的色彩，用来捕捉水闪烁时的抽象的形象，紧扣建筑的主题。海事博物馆由芬兰海洋博物馆和 Kymenlaakso 博物馆组成，使用面积 14601 m²，上部的展览空间是永久展出部分，其余的空间将作为巡回展出用。海事博物馆的结构是钢筋混凝土的梁柱系统，外层覆盖着钢、铝和玻璃，幕墙系统不但色彩复杂，各种板的固定方式也不尽相同。韦勒默海事博物馆本身非常紧凑，以确保能源有效利用的可持续发展设计理念得以实现。

图 2.31.1 美国迈阿密阿德里安娜·阿尔什特表演艺术中心 | 西萨·佩里，2006

图 2.31.2 阿德里安娜·阿尔什特中心骑士音乐厅

这是西萨·佩里（Cesar Pelli）2003—2006年设计的迈阿密阿德里安娜·阿尔什特中心两座巨大的表演艺术中心（The Adrienne Arsht Center for the Performing Arts）。西萨·佩里有一个特殊的设计风格，例如吉隆坡的双子楼、纽约贸易交易所，都是成对出现的大体量建筑。这种风格会使人产生对建筑的崇拜感。作为大迈阿密的多元化文化生活，阿德里安娜·阿尔什特中心是启迪、教育和娱乐的地方，具有通过艺术和文化转型经验社区的特殊功能。阿尔什特中心占地53000 m²，两座剧院之间是比斯堪大道，剧院由步行桥相连。中心由2400个座位的桑福德（Sanford）德洛利斯齐夫（Delores Ziff）芭蕾舞歌剧院，以及2200个座位的骑士音乐厅组成，是佛罗里达州音乐协会，佛罗里达州大剧院，迈阿密市芭蕾舞团、交响乐团和迈阿密新世界家园的大本营，也是国家和国际音乐艺术的交流中心。这里经常举办世界音乐会、拉丁音乐会及各式各样的流行娱乐文化表演。

图 2.32.1 意大利米兰新
国际展览中心 | 马西米亚
诺·福克萨斯等，2005

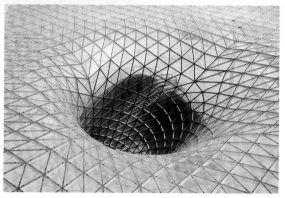

图 2.32.2 米兰新国际展览中心覆盖屋顶
的陨石坑

意大利米兰新国际展览中心（Fiera Milano Exhibition Center）是欧洲最大的建筑之一。该项目由一个巨大的覆盖屋顶结构，连接起服务中心、办公室和各个展厅，形成了展览会的中轴线。整个网格是起伏的轻质结构，表面积超过 46000 m^2，有 32 m 宽 1300 m 长。菱形钢片网状结构通过球形节点和通过下面附加夹层玻璃覆盖将展场地连成一片，其中有在自然景观中出现的"陨石坑""波"和"沙丘"。2010年上海世博会的"阳光谷"的构思灵感可能来源于此。

马西米亚诺·福克萨斯的建筑设计作品让他在业界享有"建筑意象派诗人"的美誉，这似乎与他的"功能之上"的设计理念有所冲突；福克萨斯始终保持着对于城市的关注，在他眼里，具备各种不同功能的建筑宛如一个个音符，在城市空间内共同谱成壮阔的交响乐。但城市本身却是复杂多变的，所以，"建筑还必须和当地的文化、城市特色、交通规划等要素相结合，然后再将这些多元化的信息转化到建筑形态中来"。

福克萨斯 1944 年出生于罗马，1969 年毕业于 La Sapienza 大学建筑学院。1967 年于意大利建立了他的第一个建筑事务所，随后 1989 年在巴黎和 1996 年在维也纳分别建立了分支机构。2002 年，他在法兰克福成立了新的事务所，2008 年在深圳成立了中国事务所。从 1998 年到 2000 年，他担任第七届威尼斯国际建筑双年展"少一点美学、多一些伦理道德"（Less Aesthetics, More Ethics）的执行总监。目前他居住并工作在罗马、巴黎和法兰克福。从 1985 年，他与 Doriana O.Mandrelli 共事。他最近的一批项目包括：Molas 高尔夫度假村（意大利 Cagliari，2006—2012）、米兰新会展中心（2002—2005）、新法拉利总部（意大利 Modena，2001—2003）、意大利国会大厦（罗马，1998—2008）、IL Malled 中心（Catania，2005）、多媒体中心（维琴查，2003）、香港和上海的 Armani 旗舰店、上海浦东的国际贸易中心、维也纳美术学院（Akademie der Bildenden Kunste）等。2000 年获法国艺术和文学勋章（Commandeur de l'Ordre des Arts et des Lettres），2002 年获美国荣誉院士（Honorary Fellowship）。

图 2.33.1　美国得克萨斯州佩罗自然和科学博物馆 | 莫菲西斯建筑事务所/汤姆·梅恩，2012

图 2.33.2　佩罗自然和科学博物馆的旱园露台

佩罗自然和科学博物馆（Perot Museum of Nature）由莫菲西斯建筑事务所（Morphosis Architects）的汤姆·梅恩（Thom Mayne）设计。它通过得克萨斯州两种本土生态环境：大型原生树冠的树木森林和一个原生沙漠旱园景色的露台，提供了一个在市内身临其境地感受大自然的地方。旱园景色的露台平缓地倾斜，与博物馆的标志性的石头屋顶连接。整体建筑群可看做是一个大的立方体漂浮在该地的景景底座上。一英亩的由岩石和本地抗旱草构成的起伏的屋顶景观，反映了达拉斯当地的地质，并展示了将随着时间的推移自然发展的一个生动的系统。这两个生态体的交集构成了主入口广场，这是为游客举行聚会和活动的地点，同时也是达拉斯市的室外公共空间。从广场的角度看，屋顶竖立起的景观通过压缩的空间到更广阔的入口大堂空间，吸引游客观赏。大堂天花板的起伏状，反映了外部景观表面的活力，使内部和外部之间的区别模糊，同时使人工技术与自然景观相结合。

从入口空间进入，游客的视线将锁定在上方高耸云端的开放式门厅，这也是建筑主要采光的流通空间，包括建筑的楼梯、自动扶梯和电梯。一楼一系列的自动扶梯将游客从正厅带到了博物馆的最高层。

当游客到达高高在上的全玻璃阳台时，他们可以鸟瞰达拉斯市中心的美景。从高空的阳台，游客可以通过画廊从顺时针螺旋形路径向下走。这种动态的空间感为游客创造了一种新的体验，并构建了博物馆与自然环境的直接联系。当游客位于建筑东部的角落，面向达拉斯市中心看去，达拉斯市的天际线尽收眼底，游客便成了建筑的一部分。因此，博物馆成为一个基本的公共建筑——一个开放的，属于城市、激发城市的建筑，最终，公众成为博物馆不可或缺的一部分，而博物馆也成为城市中举足轻重的一部分。

图 2.34　雅典新卫城博物馆｜伯纳德·屈米，2001—2007

雅典新卫城博物馆（New Acropolis Museum）于 2009 年正式开馆，是一座离帕特农神庙仅 280 m 的巨大现代建筑物。它由 100 多根混凝土柱支撑，柱子上面则是由若干三角形和长方形立面组成的三层建筑。整个建筑内部结构与帕特农神庙的内殿完全相同。伯纳德·屈米（Bernard Tschumi）此前表示，他的设计理念是赋予博物馆光感、动感和层次，用最先进的现代建筑技术还原一座朴素而精湛的古希腊建筑。最后的设计方案让人想起经典清晰的古希腊建筑。在预备施工期间，人们发现博物馆的所在地包含古代雅典遗迹，然后被融入建筑设计内。最后的结构有三个层次，基础、中部和顶部。基础就在遗迹之上，而房屋的中部是主要展览空间。顶部房屋的帕特农神庙走廊相对其余建筑旋转 23 度，直接面对帕特农神庙。通过侧墙上的玻璃，置身馆内的游客，依然能欣赏到四周的城市风景，能够仰望卫城山上的希腊众神。于是博物馆好像将窗外远古时代的希腊文明收缩到博物馆内，这样参观者在博物馆的时空感受就完全不一样了。

图 2.35.1　英国东海滩咖啡厅 | 托马斯·海瑟维克工作室，2008

图 2.35.2　英国东海滩咖啡厅波浪形的背面

坐落在小汉普顿海滩上的东海滩咖啡馆（East Beach Café）是托马斯·海瑟维克（Thomas Heatherwick）的一个里程碑式设计，这个不同凡响的造型是建筑师与简·伍德（Jane Wood）和她的丈夫彼得·穆雷（Peter Murray）一次偶然的聚会后产生的。建筑的端部一层叠着另一层，更像在进行比赛的赛车，屋顶就像波浪，一个推着一个，整个设计都通过三维电脑设计完成。这个设计规划基本上没有人反对，他们知道建筑的价值，它会给小汉普顿镇带来许多游客。海瑟维克出生于 1970 年，现任英国皇家建筑师协会（世界建筑领域最权威组织）荣誉会员、皇家艺术学院高级会员，拥有谢菲尔德哈勒姆大学、曼彻斯特城市大学、布莱顿大学、邓迪大学授予的博士学位，并在 2004 年获得了"皇家工业设计"勋章（由英国皇家艺术协会颁发，被认为是英国工业设计领域的最高奖项）。

图 2.36　阿布扎比 YAS 酒店 | 渐近线建筑事务所，2009

YAS 酒店（YAS Viceroy Hotel）的外表由一个 217m 长的大型曲线网构成，主要材料是钢筋和 5800 个钻石型玻璃板。网格式外壳让建筑看起来像是大气层，"大气层"下面是酒店的两个主楼。两个主楼之间由桥相连，这个桥给人的感觉就好像赛车正从 F1 赛道经过，然后打算穿过大楼。网格式外壳把两个主楼合为一体，而由它产生的光学效果和光谱反射所组成的景象可以媲美周围的天空、大海和沙漠风景。

渐近线建筑事务所（Asymptote Architecture）由赫尼·拉什德（Hani Rashid）及利斯·安·库蒂尔（Lise Anne Couture）创立于纽约，充满复杂曲线和直线的作品与轻盈飘逸的阿基格拉姆风格形成了强烈对比。渐近线组合的声誉现在正处在迅猛上升的态势，但是他们也意识到社会对于虚拟空间的需求前景并不明朗。从某种意义上说，他们并不是很成功，但是他们的年轻允许他们犯一点小错误，当然，至少到目前为止他们在一直努力避免。

图 2.37 印度尼西亚大学中央图书馆 | DCM 建筑事务所，2012

印度尼西亚大学中央图书馆（University of Indonesia Central Library）由 DCM 建筑事务所（Denton Corker Marshall）设计，坐落在校园湖中心的一块高地上，圆形的场地强烈地响应着周边的道路与景观。设计师巧妙地用设计连接了过去与现在。设计师将印度尼西亚古老的石刻作为设计元素，衍化了建筑抽象石碑的外表面特征。图书馆从圆形场地的草地中逐步升起，圆形的地貌特征使得在图书馆可以俯瞰湖景，并且光线可以无遮挡地进入室内。五层的图书馆分为不同的功能区，下方土壤覆盖和混凝土屋面，形成了一个绝好的隔热层。珍贵的手稿、书籍和研究参考材料都存储在一个稳定的环境温度和避免阳光直射的空间中，固体石材幕墙和玻璃窄条窗口避免太多热量的摄入，可以很好地保存书籍。阅读区则位于较高楼层，观景、阅读、吃饭、娱乐，在这里都有很好的体验，新的图书馆必然成为印度尼西亚大学新的学生交流活动中心。

图 2.38　东京表参道环流商店 | MVRDV 建筑
事务所，2007

环流，也被称为涡流，产生的 5 个相同的矩形板块
绕着垂直轴旋转，然后再进行修剪，以配合表参道
街头的场地景观。环流商店（Gyre Omotesando）给
人的第一印象是一座现代艺术博物馆的亚洲分支机
构，底层是香奈儿（Chanel）和宝格丽、马丁·马吉
拉（Margiela）的店面，楼上的小商店有发饰沙龙、
独家钟表店等，最高层包含了一系列不同的餐厅。
环流商店这种"回转"形式的建筑是一个运动着的物
体，它具有磁性，散发着能量，或许它能成为一个新
的购物方式的孵化器。MVRDV 建筑事务所由 Winy
Maas、Jacob van Rijs 和 Nathaliede Vries 于 1993 年在
荷兰鹿特丹建立。

图 2.39　美国达拉斯迪和查尔斯·威利剧院 | 雷姆·库哈斯＋约书亚·普林斯－拉莫斯，
2003—2009

从远处看，迪和查尔斯·威利剧院（Dee and Charles Wyly Theatre）就好像是漂浮在半空中，那是因为一层楼的剧院大厅都是由玻璃幕墙合围而成。一层楼以上，一根根竖直的哑光钛金属条修饰的外立面呈现出丰富的质感，看上去就像是凝固的瀑布。剧院高 12 层，用管状铝材覆盖，总面积为 7500 m^2，包括鸡尾酒酒吧、办公室、服装店和多功能屋顶空间等。

相比雷姆·库哈斯（Rem Koolhaas）其他风格激进的建筑，威利剧院的外观看上去却仿佛温和得多，显得并不那么库哈斯化。不过每一个走进达拉斯艺术中心的人，当看见威利剧院的外立面能像舞台幕布一样缓缓提升时，相信都会惊叹不已。

在威利剧院中，库哈斯完全打破了以往剧院内各功能性区域的布局方式。他让剧院大厅独占一层，而化妆间、排练室、办公室等区域则被放在 2~11 层，地下一层用做停车场。这样，整个剧院的附属区域对核心区域（剧院大厅）形成的是一种竖直、立体的包围，而不是传统剧院中附属区域在平面上围绕舞台建设的形式。

透过玻璃外墙，观众既能看见表演艺术中心外达拉斯商业区的繁华，也能欣赏艺术中心内的自然美景，而剧院外的人则可以看见剧院内部的观众和演出。一时间，表演者与观看者的关系变得模糊不清。剧院内，舞台上的人相对舞台下的人是表演者，而从一个更大的空间看，剧院内的所有人相对剧院外的人又都是表演者，但同时剧院外的人又丰富了剧院内观众的舞台体验。这时你才会感叹，原来库哈斯还是那个随时都企图颠覆传统的荷兰裔建筑师。普林斯－拉莫斯（Joshua Prince-Ramus）2006 年离开大都会建筑事务所（OMA）并成立了 REX 公司，但继续负责威利剧院的施工。

图 2.40.1　德国斯图加特保时捷博物馆 | 狄恩噶·缪锡联合建筑事务所，2005—2009

作为速度、敏捷、时尚和尊贵的象征，保时捷汽车是男女老少都梦想能驾驭的汽车。现在，在保时捷的家乡斯图加特，一座为所有梦想者打造的博物馆建成——即使这不是一架闪烁光芒的速度机器，也是一座保时捷汽车的"大教堂"。设计充满创新，具有现代感和挑战性，也同样充满了煽动性，这使博物馆获得了 2009 年密斯·凡·德·罗大奖的入选提名。

保时捷博物馆（Porsche Museum）是由奥地利公司狄恩噶·缪锡联合建筑事务所（Delugan Meissl Associated Architects）设计的，该设计 2005 年经过两轮竞赛获得第一名，从每一个角度看都富有戏剧性的效果。事务所联合创始人罗曼·狄恩噶（Roman Delugan）说："博物馆展现了我们的建筑理念，即建筑和其使用者的相互信任。"

博物馆的外部反映出保时捷品牌的高境界和自信。表层的变化和分层表现出结构上的复杂性，好似一座加满了油的机器，闪亮的外观召唤着人们进入入口处的缓坡上。展览空间采用整体的钢结构，覆盖 5600m² 产生戏剧性的空间效果。

图 2.40.2　德国斯图加特保时捷博物馆背面

图 2.41.1　东京克里斯汀·迪奥表参道店 | 图 2.41.2　东京克里斯汀·迪奥表参道店夜景
SANAA，2004

东京表参道原来是一条建筑有些老旧的街道，日本人对欧洲奢侈品的痴迷程度惊人，以至于在表参道有 8 家时尚中心店。东京克里斯汀·迪奥表参道店（Dior Omotesando）是新开的一家时尚的中心商店，层层加框的四边形外形加上半透明的墙面显得既稳重高贵又不同凡响。地库加上阁楼共有 6 层，每层主题不同，占地面积总共达到 314.51 m²，楼高有 30 m，在这个地域有些气势逼人。虽然盒子本身似乎有些让人扫兴，但建筑的样板是它的皮肤，建筑物外层的透明玻璃覆盖了内层半透明丙烯酸树脂（压克力）。这样的表皮显得十分柔和，似乎在暗示里面就像空白的画布一样。遗憾的是商店内的摆设完全忽视了这层半透明表皮的存在，从而使表皮内外失去了设计者原本希望的空间的连续性，与前面图 2.7 介绍的由赫尔佐格和德·梅隆设计的青山 PRADA 旗舰店相比较就显得单薄了。建筑设计者是通过设计大赛选拔出来的 SANAA 建筑事务所的妹岛和世（Kazuyo Sejima）、西泽立卫（Ryue Nishizawa）两位建筑师。

图 2.42.1　曼彻斯特民事司法中心鸟瞰 | DCM，2003—2007

曼彻斯特民事司法中心（Manchester Civil Justice Centre）是一个新建的现代化建筑。位于西部的迪恩斯门（Deansgate）的 Spinningfields 区。西侧 80 m 高，17 层大厦面对厄威尔（Irwell）河，它是曼彻斯特和索尔福德城市之间的边界河，大楼入口正对大桥街。目前它是市中心第 6 座高楼。

它是澳大利亚建筑师丹顿·科克·马歇尔（Denton Corker Marshall）和工程师莫特·麦克唐纳（Mott MacDonald）的作品。该建筑的每个悬臂梁都好像一只"手指"。据说马歇尔是徒手勾勒整个建筑的，由计算机绘制的图纸很少与他的画稿偏离。建筑西侧有一个 11000 m² 的悬吊玻璃墙，它是欧洲最大的悬吊玻璃墙。这个建筑是自 1882 年伦敦乔治·埃特蒙德街皇家法院建成后英国第一次建造的综合型法律建筑。

图 2.42.2　曼彻斯特民事司法中心侧面手指形的玻璃结构

图 2.43　中国苏州东方之门 | RMJM 建筑事务所＋上海华东建筑设计院，2008—2014

东方之门（The Gate of the Orient）位于苏州金鸡湖畔，苏州园区苏雅路与星港街交界处。占地面积约24000 m²，主体总建筑面积约 46 万 m²，建筑高度 301.8 m，总投资约 45 亿元人民币。

东方之门的高度约相当于法国凯旋门的 6 倍。除"世界第一门"的美誉外，东方之门在其 88 层顶楼将建造两座苏式园林景观，两座大楼下部裙楼架空连接处还将建成威尼斯风格的空中水廊，再加上地下五层的酒窖、200 m 以上的室内游泳池等设计，东方之门创下"中国第一大高楼"等 7 项全国之最，如：世界最大的门形建筑，门洞高 246 m，跨度 68 m；中国单位用钢量最大的建筑，用钢量达到 300 kg/m²，超过同类建筑的 1.5倍；拥有中国最高的空中园林，高居 300 m 的天顶中式园林，可俯瞰全城景观。

外界对这座高楼有许多评论，就像中央电视台新大楼刚建好时一样，给它起了一个"牛仔裤"的"雅号"，网上有许多摄影师站在大厦近处向上拍摄的照片，确实像叉开的双腿。其实 RMJM 事务所设计的莫斯科的一个高层建筑（见图 2.44）与它形式上很相似，只是这里中间被挖空了，变成了一个巨门。其外形设计有些中国文化元素。主要的问题是在苏州金鸡湖西岸风景区附近竖起这样大体量的建筑，对四周的建筑生态是有影响的，这里已经没有地方再建高楼，来与"东方之门"相映衬。换句话说，它改变了这里原先的三维建筑生态。作者以为，如果将这座大厦竖立在上海浦西，与浦东陆家嘴的高大建筑群遥相呼应，倒是很有意思，上海正是中国的"东方之门"。

图2.44　莫斯科CBD区的"进化塔"｜RMJM建筑事务所，
2011—2014

进化塔（俄语：Эволюция）是和另一个摩天大楼，作为莫斯科
国际商务中心的第2和3块地块，正在施工建设中。该楼的楼层
每层都相对于前一层扭曲了3度，共计135度。

爱丁堡大学艺术教授建筑师托尼·肯特尔（Tony Kettle）和卡伦·福
布斯（Karen Forbes），对建筑的细节进行了研究，让它能够反
映出早期俄罗斯建筑中使用的螺旋。人们在各个方向都能够看到
一个DNA的动态组合，它代表了人类的延续。

这种形式的塔楼，现在好像是一个新潮，SOM建筑事务所在迪
拜也设计了一座被称之为"无限塔"的同样形式的高楼。从施工
的难度看，这样的塔楼并不复杂，只要将每层的平面支撑槽钢（或
工字钢）按着一定的方向和长度从"核心桶"伸出，再用连接系
将它们联系成一个整体，就可以做成设计师想要的外形。1999年
卡拉特拉瓦设计的瑞典马尔默螺旋公寓塔楼的扭转形式与这座塔
楼不一样，它是每5层楼一组，中间有一个间隔，一共9组，塔
楼只在一个螺旋面上形成连接，施工难度要大于这样的连续扭转
形式。

图中左侧的大楼和上节的苏州"东方之门"有大致相同的形式，
读者一看就知道其中的关联了。

图 2.45 荷兰鹿特丹航运与运输学院 | 诺特林＋里丁克建筑事务所，2001—2005

鹿特丹航运与运输学院（The Shipping and Transport College），这个扭曲延绵的建筑显示了荷兰建筑师的设计风格，显然是受到了库哈斯"不平坦空间"理论的影响。70 m 高的悬臂塔楼有办公室、教室和其他教学用空间，从那里可以远眺鹿特丹新区伊拉斯穆斯大桥附近的壮丽景观。大楼的低层部分包含有几种特殊设施，如模拟室、餐厅、媒体中心、体育中心和讲习班。而在一楼餐厅就餐的同学可以俯瞰马斯河。建筑表皮的图标构成了国际航运中心的标识。在这幢蓝白相间模仿潜望镜的建筑上，学生们可欣赏它们未来工作场所的壮美景致。与航运有关的多种元素都被包含在了大楼的室内设计中。大楼在建造时采用了实木、钢、帆布等多种航海标志性材料。

图 2.46　香港城市大学邵逸夫媒体中心 | 丹尼尔·李伯斯金，2011

香港城市大学的邵逸夫媒体中心（Run Run Shaw Creative Media Centre），包括实验室、剧院和为学校电脑工程和媒体技术系准备的教室。建筑内部共有9层，建筑面积24618 m²，可以容纳2000名学生和500名教职员工。每一个空间，无论是封闭的，或是开放的，通过空间的墙壁斜坡或切片形成了独特的形状。该建筑还包括摄影棚、实验室、展览空间、咖啡厅和餐厅。建筑的北部有一座僻静的景观花园，得到了学生和广大市民的一致好评。展览和表演空间和多功能影院等离散区域是所谓的"互动空间"，有更为宽阔的通道，目的在于鼓励老师和学生进行即兴的交流。与李伯斯金其他设计相似，建筑中心不同平面的体量相互交错，向上聚集，形成顶部的尖顶。外墙上面充满了平行的条状玻璃窗。媒体中心于2011年10月正式开放。

图 2.47　荷兰莱利斯塔德剧院 | 联合工作室，2007

位于城市中心的莱利斯塔德剧院（Lelystad Agora）是 West 8 设计的总体规划的一部分。剧院无论白天或是夜晚都有活动。这种新的季度集群文化和社会活动给莱利斯塔德带来全新的面貌。剧院的类型现在变得越来越复杂，特别在这个建筑的外形上，表现得尤其充分；无论从哪个角度去看，都无法想象出其他几面的形象。联合工作室使灵活、透明和智能设计等特点都自然地包容在一个具有复杂的多功能剧场里面。清晰的设计和开放的组织已使剧院成为莱利斯塔德的文化图标。

本·凡·贝克尔（Ben van Berkel）关于建筑有这样一段话："建筑本身可以部分地被理解为一场永不结束的表演。在一个建筑的产生、抽象、建造和扩展的过程中，建筑自身的空间会变得更加丰富，……今天我们会感受到，建筑已非建筑本身，它不仅仅是一个物件。建筑的天性就是寻找建筑师、建筑物和大众之间的关联。" 这段话大概可以作为莱利斯塔德剧院变幻莫测的外部设计和舞台体验的最好诠释。

图 2.48　日本东京表参道 TODS 名牌服装店 | 伊东丰雄，2004

TODS 名牌服装店（Retail Tree House）是一个庞大的 L 形建筑，需要充分利用其最狭窄的门面面对东京最著名的购物街——狭窄的表参道大街。伊东创造了一个 L 形建筑，通过树枝般的混凝土柱和玻璃幕墙形成了建筑的 6 面外皮，视觉效果显而易见，而零售门面也可以被很好地利用。建筑底层四周粗壮的"混凝土树干"形成了建筑宽阔的入口。六楼巨大的会议室空间可以在三个方向上通过"树枝"间的大玻璃窗鸟瞰繁华的表参道大街，这就有了新的视觉感受。伊东丰雄（Toyo Ito）2013 年获普利策建筑奖，评委会的评审辞这样写道：其"建筑的外表也成为建筑的结构"，"创新一词经常被用来描述伊东丰雄的作品"。这段话就是指 TODS 名牌服装店。

图 2.49　西班牙莱昂当代艺术博物馆 | 曼西利亚＋图侬，2005

莱昂当代艺术博物馆（Museo de Arte Contemporáneo）位于西班牙莱昂的卡思迪娅，博物馆采用有色玻璃搭配外墙，突出视觉张力，给人过目不忘的感觉。外观很像出现在科幻作品中的建筑。莱昂当代艺术博物馆简洁的外观掩饰了建筑的复杂性和深度。设计采用一种变形的菱形四边形的模数体系，创造了一种互相连通的空间系统，以服务于当代艺术的展览需求。通高的门对折成展示墙，它们可以被重新组装来适应更换展览的要求，以及艺术品在博物馆中的快速移动。两倍高的垂直天窗，从这座蔓延的单层建筑的标准平面上升，围绕着开敞的庭院和多面的入口广场，创造了丰富而强烈的内部世界。

这座博物馆一项突出的成就在于，它轻松地将业主的项目预想与建筑的空间表现相结合。标准的画廊单元，以裸露的混凝土饰面和工业化的屋顶结构，适应了艺术项目不断变化的要求。一些空间充满了诗意的光线，并散落着多媒体演示用的黑盒子。面对入口广场和街道的彩色室外百叶，为这栋建筑营造了独特的城市氛围，并从周围的环境中脱离出来。

博物馆由曼西利亚（Luis M. Mansilla）和图侬（Emilio Tuón）设计，获得了两年一度的 2007 年度的密斯·凡·德·罗大奖。评委们一致认为，MUSAC 的建筑语言、构造的完整性和空间的活力，呈现了欧洲建筑一种自信而新颖的未来。

图 2.50　美国图森市亚利桑那大学斯蒂维·埃勒舞蹈
剧场｜古尔德·埃文斯建筑事务所，2000—2003

为了突出斯蒂维·埃勒舞蹈剧场（Stevie Eller Dance
Theater）的建筑形象，让舞蹈剧院成为"运动"的形式，古
尔德·埃文斯建筑事务所（Gould Evans Architects）将这所房
子和舞台表现为黑色盒子，舞蹈工作室是二楼的玻璃盒子，
它们正好在表演盒子出现裂缝的地方。下面的大堂空间有时
装表演舞台。建筑师在建筑的内部和外部选择了三维立体莫
比乌斯圈[1]作为它的表皮。室内声音反射表面决定了房子的
体积。建筑外侧几乎透明的金属丝编织网布卷过了大门，它
卷曲着变成像天幕样的外表面，随着光的变化而变得透明或
不透明。外表面从内到外成为一个连续的整体。

[1] 公元 1858 年，德国数学家莫比乌斯（Mobius，1790—
1868）发现：把一根纸条扭转 180 度后，两头再黏接起来做
成的纸带圈，具有魔术般的性质。这样，原先有两个面的纸
条变成了只有一个面的圈，这个圈叫做莫比乌斯圈。

图 2.51　巴黎香榭丽舍大街雪铁龙旗舰展厅 | 曼纽勒·戈特德，2006

建筑师曼纽勒·戈特德（Manuelle Gautrand）在巴黎香榭丽舍大街雪铁龙旗舰展厅（C42 Citroen Flagship Showroom）的外观上融合了企业标志，框架是由一系列的倒 V 字组成。表皮背后是一个完全开放的空间，使汽车在 1 m 高的展示塔架上显示奇观。创新的架构、引人注目的风格和大胆的设计方法，不但体现了雪铁龙 80 年来品牌丰富的历史和当代的愿景，也为巴黎香榭丽舍大街增添了一个新的地标性建筑。

不到 50 岁的曼纽勒·戈特德，在 2013 年 10 月获得法国艺术与文学骑士勋章。或许是作为一个建筑师，一个成功的建筑师，太年轻了。继 1991 年创立自己的事务所以来，先是在里昂，两年后落户在有更多机会的巴黎。建筑师这一职业本就是一个需要沉淀的行当，少于 30 年的职业经验，就不会轻易得到承认，何况是女建筑师。起步时很艰难，在她早期的作品中，没有流露更敏感的个性，这一时期的作品没有更多个人风格。

2007 年戈特德刚刚 46 岁，就以雪铁龙汽车展厅跻身于法国建筑大师行列。巴黎的雪铁龙展厅的方案，以"挤""插"的方式介入城市的历史文脉。在努力寻找与背景对话的过程中，也时刻小心被其同化。戈特德显然很喜欢以冲突来滋养她的灵感，以对比的途径显示自我存在。充满体量感的严肃历史背景，反而能衬托轻盈的现代个性。

图 2.52　哥本哈根欧尤斯丹大街 73 号机翼屋 | 海宁·拉尔森，2000—2010

欧尤斯丹（Ørestad）是哥本哈根附近新开发的一个区，这个区里包括许多公司总部，机翼屋（Winghouse）里面驻有 Nordea银行丹麦总部、辉凌（Ferring）制药总部和国际电信公司。机翼屋有 11450 m² 的建筑面积，400 个地下停车位，740 ~ 9505 m² 的出租房。从这里步行 5 min 就可以到欧尤斯丹城际列车站，通过城际列车地铁站直接到达哥本哈根机场、日德兰半岛和菲英岛。机翼屋有一个令人印象深刻的门厅、高大的天花板和优雅的玻璃幕墙接待区。建筑处于半岛上面，水面的倒影、通透的光线、极佳的能见度使人们可以清晰远眺大贝尔大桥和厄勒海峡等美景。海宁·拉尔森（Henning Larsen）设计的这个机翼屋给欧尤斯丹的发展带来了新的希望，这里将成为这个城市未来的新地标。图 2.89 所示公寓也在欧尤斯丹，这个新区发展很快，从图 2.14 贝拉天空酒店的远景，可以看到目前已发展成一个有规模的现代小区。

图 2.53.1　旧金山加州科学院 | 伦佐·皮亚诺，2008

图 2.53.2　加州科学院屋顶上的植被、山丘和天窗

加州科学院（California Academy of Sciences）得到美国绿色建筑理事会的最高标准评分——白金级。加州科学院是目前世界上唯一同时具有水族馆、自然史博物馆、生活热带雨林、天文馆、世界一流的研究和教育项目的综合建筑。科学院大楼 2.5 英亩（约 10117 m^2）的绿色屋顶，也是最引人注目的地方。屋顶模仿山势起伏，共有 7 个隆起的山丘。建筑师伦佐·皮亚诺（Renzo Piano）力求从传统的博物馆出发，巨大的庭院内整个结构十分轻盈，起伏的天花板有天窗和挂板。这种起伏的姿态实际上是经过测算的，根据冷空气下沉、热空气上升的原理，可形成大楼内空气的自然流通，并起到隔热作用，减少了对空调的依赖，有效地平衡了整个结构内部的各区的不同温度。当年，该项目获得 Holcim 生态建筑奖银奖。

博物馆波浪形的绿色屋顶种植了 170 万颗当地的植物，将博物馆各种功能统一起来，营造了野生动物生态走廊。绿色屋顶每年可减少雨水流失 360 万加仑。屋顶上设有观景平台，可以让参观者欣赏屋顶的野生动植物天堂，学习这种可持续性的特征。屋顶草皮"绿毯"的四周是玻璃穹顶，安装了 6 万块光电电池，能够产生科学院每年需要的电能的 10% 以上。这些光电电池清晰可见，不但遮挡了强烈的阳光，也形成了视觉上的亮点。

新的科学院是旧金山环境部的十大"绿色建筑"示范项目之一，成为世界上最大的获得 LEED 白金奖认证的公共建筑。

图 2.54.1 洛杉矶雷斯尼克展览馆 | 伦佐·皮亚诺＋佐尔坦·巴利，2010

图 2.54.2 雷斯尼克展览馆和北面的布罗德当代艺术博物馆

意大利建筑师伦佐·皮亚诺和美国建筑师佐尔坦·巴利（Zoltan Pali）受委托，在洛杉矶设计一个电影历史博物馆。美国电影艺术科学院（Academy of Motion Picture Arts and Sciences）要求两位建筑师将洛杉矶的一幢 1939 年的艺术装饰建筑进行改造。这幢建筑目前被"洛杉矶县艺术博物馆"（LACMA）部分占用。

伦佐·皮亚诺和佐尔坦·巴利是"洛杉矶县艺术博物馆"的建筑师。皮亚诺从前为这个场址做了一个总体规划，并且设计了两个新的展出建筑物——布罗德当代艺术博物馆（Broad Contemporary Art Museum）和雷斯尼克展览馆（Resnick Pavilion）。2008 年，洛杉矶的艺术品收藏家雷斯尼克夫妇（Lynda & Stewart Resnick）向洛杉矶县立美术馆捐赠了 4500 万美元，使得新馆以他们的名字命名。雷斯尼克馆拥有 4.5 万 ft² 展览面积，皮亚诺设计过一些"亭"式博物馆，例如休斯敦梅尼尔（MENIL）博物馆，他在这方面有丰富的设计经验。雷斯尼克展览馆是由地下停车场建成，在宽广的当代艺术博物馆（BCAM）以北，用一个简单的方形平面构成了博物馆的全部。它采用了与布罗德当代艺术博物馆相同的架构特性：釉面锯齿形屋顶和石灰华覆盖层。为了优化内部空间，让内部自然光线充足，博物馆内部为整片的开放式的空间。在雷斯尼克展览馆，空气处理机组及技术室标为红色，位于建筑的外部立面，成为工业建筑语言的一部分。

图 2.55.1 巴黎时装与设计之城 | 雅各布 + 麦克法兰, 2005—2010

图 2.55.2 巴黎时装与设计之城顶层甲板

雅各布 + 麦克法兰建筑工作室（Jakob+Macfarlane Architects）设计的巴黎时装与设计之城（Citéde la Mode et du Design）已经完成。该设计项目是在 2004 年巴黎市举行的建筑设计比赛中赢得胜利，工程自 2007 年开工。该项目的所在地原是 1907 年兴建的混凝土结构航运车间，其中建筑师选择性地保留了原来的库房，将其作为新码头的基础，并加以装修。设计师称这个设计为一个"外插件"（Plug-Over）。外皮一直包裹到新结构的两侧和顶部。临河面采用两个绿色玻璃钢筒结构横跨整个建筑，并在建筑的两端分叉，据说流线型外观的设计灵感是来自下面荡漾的塞纳河水。这座享负盛名的时装与设计之城不仅仅是一栋建筑，而且是一条林荫大道。宽阔的拱廊自然地衔接著名的塞纳河畔散步小径，从建筑的地面横穿而过。这座绿色的房子满布纵横交错的小道和楼梯，行人走在这样的空间里，就好像乘坐云霄飞车，高低起伏地跨越塞纳河蜿蜒而行。

在建筑里面透过纵横的支架往外眺望，每一个被分割的窗眼所呈现的美景都像是细心挑选的风景画般的悠然写意，加上高耸的橡木、生机盎然的假石山、忙碌的办公室和餐馆等，一动一静，一张一弛，无不道出了人与自然应有的默契。难怪法国总统如此评价："这绿色的东西必定是一件建筑艺术。"

图 2.56.1 墨尔本小型音乐中心和 MTC 剧院 | 阿什顿·拉格特·玛戈东格，2009

图 2.56.2 墨尔本小型音乐中心

图 2.56.1 左边是墨尔本 MTC 剧院（MTC Theatre），右边则是墨尔本小型音乐中心（Melbourne Recital Centre），由阿什顿·拉格特·玛戈东格（Ashton Raggatt MacDongall）设计。MTC 剧院是墨尔本剧院公司的所在地，剧院的鲜明特点在于外观由白色喷漆镀铝防锈钢管组成了三维几何管网结构。在夜间观看，可见简单的黑白色调与鲜艳的红色装饰碰撞效果。几何图形一直延伸到建筑内部。剧场自身被穿孔墙面围合，墙背后打灯，显示出建筑的基本色调。大堂空间延续了几何图案。整个外观造型无论对二维还是三维空间都是一个极大的挑战。我们所见的平面造型看起来像两维，其实它是三维的。

右边的墨尔本小型音乐中心主要是室内音乐演奏会的场所，包括两层演奏厅和一间小型表演厅。建筑可容纳 1000 名听众，并设计有 150 座的乐前讨论沙龙及排练厅。该大楼的门面为白色，装饰了蜂窝型玻璃窗。墨尔本小型音乐中心配备维多利亚最新的音乐设施，以其华丽的音质成为一个优秀的音乐欣赏胜地，音乐厅的四面墙壁和天花完全由木板覆盖。这样设计是为了使高质量的声学效果和大尺度的木纹理图案能完美地结合在一起，让听众们沉浸在大厅内自然共振的音乐声里得到最大的身心享受。

图 2.57.1 法兰克福德国复兴信贷银行 | 索布鲁赫·胡顿建筑事务所，2010

图 2.57.2 德国复兴信贷银行立面细部

这座 15 层、高 56 m 的德国复兴信贷银行集团总部扩建建筑的建筑面积 3.9 万 m²，坐落在法兰克福市西部边缘，与中央棕榈园相邻，是对原有建筑群的补充，由索布鲁赫·胡顿建筑事务所（Sauerbruch Hutton Architects）设计。

原有建筑建于 20 世纪 70 年代、80 年代和 90 年代，新建筑包括会议设施以及可容纳 700 人的办公空间。每年建筑运行所需要的初级能源不足 100 kWh/m²。这座高层建筑的体量与原有的塔楼群融合在一起，从这座建筑的办公空间也可以相应地看到外面的景色。这座新的高层建筑也成为两个不同城市空间之间的连接界面：从街道上看，建筑呈现纤细的板楼形态，而在另一侧，它是棕榈园景观不太显眼的背景。建筑基座流线型的外形界定了街道的边缘，采用了旁边北侧骑楼建筑的檐口高度。沿街一侧的立面在一层向内缩进，形成了有顶的拱廊，而棕榈园景观则被无缝地融合进基地后面，创造了宽敞的开放空间。

新建筑在材料与颜色上扩展并补充了原有的建筑群。大楼拥有数万片电脑控制的双层窗，通过环境监控系统，随着风速、风向及温度，自动变换角度和方向；优良的通风系统既优化了环境，也节约了能源。锯齿外形除了可以遮阳，让大量空气流入室内，还能降低大楼表面的风压。

德国复兴信贷银行（KFW Bankengruppe）获得了芝加哥高层建筑与城市人居委员会（CTBUH）颁发的"2011 年世界最佳高层建筑奖"。

御木本银座 2 号（Mikimoto Ginza II）是伊东丰雄（Toyo Ito）在东京银座设计的另一个精品商店。建筑表面用 12 mm 的白色金属板包裹，像是美洲豹皮，冷峻锐利。外墙完全连成一个整体，没有任何缝隙。到了晚上，它光滑的表面印出了四周建筑的霓虹灯，如同万圣节的南瓜灯，光影婆娑。建筑外墙既是表皮又是支撑结构，使建筑显得轻盈优美。从室内向外看，每个怪异的玻璃窗都给人展示了银座的一片天地，很有"借景"设计的味道。专家认为这座大厦是进入钢板建筑时代的标志。御木本银座 2 号是一个长方形的楼体，宽 17 m、进深 14 m，地上共 9 层，还有 1 层地下室。下面的几层用做御木本珠宝的卖场和该公司的办公场所，上面几层被出租用做商务办公室。

御木本银座 2 号大楼外墙由 4 块薄墙包裹，从而创造出一种管状的结构系统。大楼内部没有柱子，楼层由 9 个同质相似的板面堆叠而成。墙体由双层钢板构成，它们与地板连在一起构成了大楼的基本单元，这一结构在工厂里完成加工后，运到建筑场地安装。在场地竖起这些结构体并进行现场调整后再将它们焊接在一起，最后往里灌入 200 mm 的混凝土。该结构系统将钢板视为消耗性的模架，可以创造出一个极薄的、强度高且有充裕空间的结构体。同时，由于这是个没有方向性的整体结构系统，就像一个圆柱壳体一样，可以自由地在任一方位开窗凿洞而不影响结构稳定。

图 2.59　荷兰奈梅亨商务及创新中心 52 度 | 迈肯努建筑事务所，
2004—2007

隶属于菲利普公司的 18 层 86 m 高的商务及创新中心 52 度（Business and
Innovation Centre Fifty Two Degrees）成了奈梅亨地方的标志物，建筑表皮由铝
和玻璃制成了一种独特的古怪模式。大楼内有许多办公空间和研究房间，楼下被
柱子撑起（有柯布西耶独立支柱的味道），有一个宽敞的停车场。大厦之所以称
为 52 度大厦，是因为奈梅亨正好在北纬 52 度线附近（实际纬度为 51.9 度）。在
未来几年内，52 度大厦将扩充更多的高科技知识密集型活动。52 度大厦、当地
居民的住房计划和火车站休闲设施，是这个庞大计划的一部分。52 度大厦由迈肯
努建筑事务所（Mecanoo Architecten）的弗朗辛·侯本（Francine Houben）设计，
它的一个与众不同的特征是它是一个在立面上弯曲的楼，它反映了荷兰当代建筑
的特征。

图 2.60　加拿大绝对塔｜贝卡建筑事务所 + MAD 建筑事务所，2010—2012

绝对塔（The Absolute Tower），又称玛丽莲·梦露大厦，是一个全曲线的住宅大厦，老百姓昵称其为"梦露大厦"，是加拿大密西沙加市地标建筑。设计表达出一种更高层次的复杂性，来接近当代社会和生活的多样化、多层模糊的需求。连续的水平阳台环绕整栋建筑，传统高层建筑中用来强调高度的垂直线条被取消了，整个建筑在不同高度进行着不同角度的逆转，来对应不同高度的景观文脉。设计师希望梦露大厦可以唤醒大城市里的人对自然的憧憬，感受阳光和风对人们生活的影响。梦露大厦由一对双子楼组成，两座摩天大楼分别为 50 层和 56 层，56 层大楼的高度为 179.5 m，50 层大楼的楼高为 161.2 m。整座大楼从底层开始共旋转了 209 度，共有 6 名建筑设计师参与了这个项目的设计。自 2006 年 11 月密西沙加市市长麦卡利恩宣布这项大型开发计划后，这个项目就受到了瞩目。从外观上看，这两座楼很像美国昔日性感偶像玛莉莲梦露苗条的身材，十分独特，因而也有人称它是摩天大厦中的玛莉莲·梦露。

图 2.44 莫斯科 CBD 区的"进化塔"和图 2.287.1 名古屋 Mode 学园螺旋塔，这两个高塔尽管形式上稍有差异，都属于等截面旋转塔，而梦露塔的扭曲特征表现在随高度的截面变化上，不仅在方向上，在大小、形状上都有变化，这样施工难度就加大了，同时内部住宅的布置也有较大的变化。

建筑由贝卡建筑事务所（Burka Architects）和 MAD 建筑事务所（MAD Architects）设计。MAD 建筑事务所的马岩松，是有视觉魔手称号的年轻设计师，1975 年出生于北京，毕业于美国耶鲁大学建筑学院，获建筑学硕士学位，主修建筑设计。曾先后在伦敦的扎哈·哈迪德建筑事务所、纽约埃森曼建筑事务所工作，2004年回国与合伙人成立 MAD。梦露大厦的形体设计是他的灵感。2012 年 6 月，"梦露大厦"被高层建筑与人居环境委员会（CTBUH）评选为美洲地区高层建筑最高奖。2013 年 9 月，一年一度的安波利斯摩天大楼奖全球排名揭晓，"梦露大厦"在 300 栋全球各地的摩天大楼中脱颖而出，赢得了 2012 年最佳摩天大楼的称号。评委会在发表的声明中指出，梦露大厦获奖的原因是因为这两座塔楼自底层开始每一层楼和下一层楼相比都在水平方向进行旋转，最多 8 度。这样的建筑结构创造了建筑技术上的不凡成就，同时也改变了以往高层摩天大楼的建筑常规。

纽约当代艺术博物馆（The Museum of Modern Art）好像小孩子搭积木将几个方块错开，加上半透明的纱网表皮，形式错落有致的博物馆给纽约带来了新鲜感。博物馆的功能空间包括1~4层的4个展览馆，其中没有柱子的展览空间占据了建筑主要的3个楼层，地下室有"白盒子"礼堂，5楼是教育中心，6楼是办公室，7楼为多用途房间。通过移动盒子，所有的画廊都能获得自然采光。顶部的办公室有露台，并能欣赏城市的景色。

为了在曼哈顿天际线中成为一个明快和干净的建筑，它的材料和外观发挥了相应的作用。建筑的外观作为一种"渗透膜"，联系着室内和室外；建筑的外表材料使用了阳极氧化铝网状层，对于大多数建筑师来说，该材料虽然不是新的，却是陌生的。博物馆将它作为所有垂直表面的外皮，它反射光线，把办公室门窗和阳台栏杆模糊地隐藏在后面。建筑的白色表面优雅而轻盈，没有任何中断或其他因素：它是建筑物半透明的衣服。建筑的形状反映出博物馆不断变化的设计理念，《纽约时报》称它在"一个艺术相对低迷期，给城市一个几近完美的艺术号召"。妹岛和世说："在建筑占地面积被限制的情况下，只能在结构之间和建筑周边创造空间。相互转移的盒子，符合这座城市的节奏，自然的光线，抛开梁柱，让展厅的空间更为灵活。"

图 2.61.1　纽约当代艺术博物馆 | SANAA, 2007

图 2.61.2　纽约当代艺术博物馆的金属网

图 2.62.1　旧金山联邦大厦｜*汤姆·梅恩*，2007

图 2.62.2　旧金山联邦大厦正面的遮阳网

旧金山联邦大厦（San Francisco Federal Building）由汤姆·梅恩（Thom Mayne）设计，它以节能、环保、绿色著称，70%以上的面积可以依靠自然通风而不需要空调。这一切主要依靠大楼的表皮，大楼表皮为特制钢网结构，不仅可以遮蔽阳光，还可以折叠。大楼通过计算机控制特定的遮阳技术来改善室内环境、减少温度变化以及对空调的需要，还利用自然通风，调整楼内气温。图 2.62.1 是大厦的背面，由竖直的浅绿色的玻璃板作为遮阳的表皮，两面迥然不同的表皮增添了大厦的魅力。

位于纽约曼哈顿西57街和第8大道交界处的赫斯特大厦（Hearst Tower）是美国最大的综合媒体集团之一——赫斯特集团（Hearst Corp）的总部大楼，它是纽约第一座在启用时获得美国绿色建筑委员会LEED黄金级别认证的写字楼，也是"911事件"后纽约第一座破土动工的摩天大楼。赫斯特大厦由诺曼·福斯特（Norman Foster）设计，共有46层，高182 m。大厦从外壳到内部装修，全部采用百分之百可回收且无污染排放的材料。内墙采用最少化的设计，以增加自然光的利用，屋顶被设计成可收集雨水的结构。首层大堂主要依靠辐射石地板来调节冷热，大楼内采用智能化的节能电器。该项目2003年5月破土动工，2005年2月封顶，2006年10月启用。大厦是在赫斯特企业下属传媒集团采编大楼旧建筑的基础上修建而成，所以底部保持历史旧貌，成为建筑的方形底座。主体建筑具有强烈的现代气息，建筑轮廓线明晰且极具表现力，在纽约市中心的地平线上勾勒出了一道靓丽的风景。

图2.63　纽约赫斯特大厦 | 诺曼·福斯特，2003—2006

图 2.64 西班牙巴塞罗那莱里达剧院和议会中心 | 迈肯努建筑事务所, 2005—2010

莱里达剧院和议会中心（La Llotja de Lleida）建在塞格雷河旁, 建筑面积 37500 m², 共有 1 个剧场（可容纳 1000 人）和 2 个会议厅（分别容纳 400 与 200 人）。巨大的体量显示了建筑的 3 个层次, 正好处于山脉与河流之间。从城市的角度看, 建筑平衡了蜿蜒的河流; 从街道的角度看, 建筑的巨大伸出的屋檐成为避雨的最好去处。巨大的石头大厦似乎已经从西班牙大地发芽了, 该建筑的水平屋顶形式宛如一个大花园。突出于坡道上的第二层, 有一个环绕着整个建筑的全景水平窗户, 面对着城市与河流。屋顶外部由石材砌筑, 内部为白色的粉刷墙壁, 地板由大理石或木质材料铺设。入口大厅和多功能厅为大理石地板, 而大厅则由混合硬木地板铺设。随着剧院的开放, 这里将逐渐繁华起来。

图 2.65　葡萄牙波尔图音乐厅 ｜ 雷姆·库哈斯，2002

波尔图音乐厅（Casa da Música）被《纽约时报》建筑评论家尼古莱·沃伦萨夫（Nicolai Ouroussoff）誉为与柏林音乐厅和洛杉矶华特·迪士尼音乐厅齐名的百年来最重要的三个音乐厅之一。波尔图音乐厅的形体犹如一个方块体或上或下被削去了多个角，不规则、不对称的外观既鲜明又神秘，颠覆一般人对建筑的视觉印象。有人觉得它怪异，有人则觉得它像一块切割完美的宝石。对这样一个特殊造型，库哈斯的说法是："很多音乐厅设计师都尝试设计一个精彩的方盒子，或者巧妙地把方盒子隐藏起来，但我们却放弃方盒子。"音乐厅更大的挑战在于玻璃材料的使用，过去从没有一个建筑师敢在音乐厅内采用大量玻璃。为了将户外街景及自然光线引入室内，库哈斯巧妙地运用双层波纹玻璃做成帘子般的隔墙，给音乐厅的使用者带来一种独特的视觉体验；最重要的是，它的隔音效果非常好。

图 2.66.1　美国得克萨斯金贝尔美术馆 Piano 展馆 | 伦佐·皮亚诺，2013

图 2.66.2　金贝尔美术馆 Piano 展馆

图 2.66.1 右侧是美国杰出建筑设计师路易·康在 20 世纪 60 年代设计的金贝尔美术馆。

金贝尔美术馆 Piano 展馆（Renzo Piano Pavilion at Kimbell Art Museum）整体上呼应了原美术馆的设计。它的选址引导人们从西侧的主入口门廊进入。伦佐·皮亚诺（Renzo Piano）成功地保持了康的建筑前约 60 m 的绿色空间，新旧建筑之间的喷泉塑造了宁静的庭院空间。这片草地上共有 320 棵树，其中有 47 棵榆树被移植过来，恢复 1972 年博物馆初建时候的样子。同时主入口新栽 52 棵冬青树，在得克萨斯州的阳光下，博物馆室内会有微妙的光影效果。

展馆的绿化屋顶可大大降低能源消耗，而东翼玻璃屋顶的 PVC 电池可以为建筑提供能源，北侧的百叶窗也可以减少照明用电。其他的一些可持续措施包括：地热采暖、低耗能 LED 照明、高效的开窗方式（防止热损耗和过度暴晒）、高效进气系统和卫浴设施等。

重建的地下停车场，位于新旧两栋建筑之间，在规模、比例、布局和材料上将二者联系起来。这个展馆也利用了康的长条窗设计语言。建筑有着漂浮的屋顶，于是室内可以从屋顶和墙之间的缝隙获得自然光。新展馆建设用的混凝土也是精心配置的，力图达到金贝尔美术馆的审美标准。光滑的混凝土纹理与玻璃外表和道格拉斯冷杉相映衬，十分精致。

读者可以从两个美术馆的设计里看出建筑美学在半个多世纪的变化和发展，康设计的美术馆的连拱让人们想起古罗马的风格，具有一种庄严的美；而皮亚诺设计的美术馆就与他以前设计的休斯敦梅尼尔博物一样，既表达了现代的特征，又显示了一种简洁的美。人们到这里参观，不但受到了文化的熏陶，也能够体会到历史的伟大[1]。

[1] 刘古岷 . 现当代建筑艺术赏析 [M]. 南京：东南大学出版社，2011.

图 2.67　意大利弗里诺新教堂｜马西米亚诺＋多利亚纳·福克萨斯，2009

在 2001 年全意大利举办的新教堂建设的比赛中，陪审团最后选中了这个方案，其评定意见是"作为一个创新标志，符合最新的国际方向，象征着地震后一个重生的城市。"
弗里诺新教堂（The New Church in Foligno）好似一个纯几何板块构成的盒子，上面有许多不规则的小框框。主要有两个建筑元素与宗教中心的功能有关。第一个元素是教堂中一个体量插入（悬吊）到另一个体量之中，内部的盒子由窗户外部的横梁及顶部的钢结构悬吊在半空中，离开地面约 2 m，自然光从横向和竖直方向进入教堂，与灵性与冥想联合在一起，与天空对话；第二个元素是长而低矮的矩形形状圣器收藏室。恩佐·库基（Enzo Cucchi）为教堂设计了室外雕塑"碑十字"，材料是水泥和卡拉拉出产的白色大理石。一个高 13.50 m 的图腾本身成为建筑元素。米莫·帕拉迪诺（Mimmo Paladino）创造了 14 个十字架，福克萨斯设计公司设计了家具和照明。

图 2.68.1　英国莱斯特约翰·刘易斯百货公司和电影院 | FOA 建筑事务所，2008

图 2.68.2　约翰·刘易斯百货公司和电影院
墙面的镜面曲线花纹

约翰·刘易斯百货公司（John Lewis Department Store and Cineplex）的外表被设计为一个"帷幕"，像是一个面料的图案，建筑外部的波纹在让消费者欣赏的同时，自然光也投射到店内。FOA（Foreign Office Architects）的图案设计，与莱斯特丰富的纺织文化遗产和约翰·刘易斯生产优质面料的传统相共鸣。幕墙由两块玻璃叠合组成，每面玻璃的两面都镀有镜子似的花纹，外侧是镜子，后面就变成了蓝色的花纹了。两面玻璃共有四面花纹。在花纹之间，还有透明空间，这样的双层玻璃构成了一块块密封的花纹玻璃砖，可无缝地包围整个建筑，传递出织物的影响。透明的空间和花纹镜像反射出建筑的内外场景，随着太阳的偏移，图像和明暗也在变化，室内的亮度也随着变化。街道层面的立体图创建了波纹效果，降低了能见度，使内部隐私最大化，这大大地增加了视觉的复杂性。最后得到的墙面是半透明和反射的"幕帘"，内部和外部的场景都间断地反映在玻璃花纹里。一个幕墙将城市和商店紧密地联系在一起，而不是将它们隔离。

图 2.69　麦纳麦巴林世界贸易中心 | 阿特金斯事务所，2008

巴林世界贸易中心（World Trade Centre Bahrain）有两座50层高的风帆一般的塔楼，高240 m，双塔通过三个天桥相连，每个天桥上面都有直径29 m、功率225 kW的水平轴向风力涡轮发电机，风力涡轮发动机利用海湾的风力来发电，预计每年能发电1.1～1.3 GWh，能够满足大厦每年耗电量的11%～15%。双塔之间的流线型可以使风加速从大厦的缝隙中穿行，得到最大的发电效果。建筑由阿特金斯事务所（Atkins）的肖恩·奇拉（Shaun Killa）设计，阿特金斯事务所的发言人说，这个项目将是"世界上第一座大型的结合风力涡轮的建筑"。

图 2.70.1　德国科隆柯伦巴艺术博物馆｜彼得·卒姆托，2000

图 2.70.2　柯伦巴艺术博物馆的"渗透墙"

彼得·卒姆托（Peter Zumthor）新设计的柯伦巴艺术博物馆（Kolumba Art Museum）建造在 1853 年第二次世界大战中被炸毁的哥特式圣柯伦巴教堂的旧址上，在城市规划方面，它恢复了科隆市中心最美丽的地方曾经失去的核心。博物馆中心的一个宁静的庭院是纪念中世纪仪式的地方。在赋予现存遗迹和历史应有的尊严方面，柯伦巴艺术博物馆非常成功，从而成为人们反思的地方。在这里透光的砖墙使空气和光像一幕镂空的纱帐。它的"渗透墙"创造了特殊的朦胧的氛围，其中包含独立教堂渗透膜的功能，让人们似乎又回到了教堂那种崇高肃穆的环境中。这些砖块由丹麦的 Petersen Tegl 公司手工制作，是特别为该项目而开发的，它们都经过炭烧，染上了一层温暖的色调。每一种精心选择的材质所散发出的美深深打动着访客，光和影为博物馆各个房间提供场景。在这些缤妙的场景下，宗教和世俗的艺术作品被放在精致的展示空间内。

图 2.71.1 加拿大卡尔加里弓楼 | 福斯特＋合作伙伴，2013

图 2.71.2 卡尔加里弓楼局部

弓楼目前是加拿大的第一高楼，高度 236 m，共 58 层，基地面积 3584 m²。建筑平面的弧形是为了保证一些结构上的优越性。弓形凹的一侧向南，让室内接受更多的自然光，还能看到远处的落基山脉。内部有部分墙壁楼层被拆除，形成了 3 个 6 层高的空中花园，分别在 24、42 和 54 层。这些绿地作为热缓冲层，只能从办公空间这边进入，有利于用户之间的交流合作。凸的一侧主要用来抵挡风，由于这个几何形状本身就可以承受侧向力，所以大大减少了建筑所需钢结构的强度。建筑外表暴露的三角网格跨越 6 层楼的高度，在人的尺度范围内，从视觉上打破了高耸结构的压抑感。

福斯特＋合作伙伴（Foster+Partners）事务所高级合伙人奈杰尔·丹西（Nigel Dancey）介绍说，这栋高楼的形态来自卡尔加里独特的气候条件。建筑坐北朝南，有 6 层高的空中花园、咖啡厅和会议区，营造出舒适的办公空间。在建筑底层部分，有 15 条封闭的桥连接到市中心的商店、咖啡馆和广场，与城市活动相渗透。这个建筑的每个方面，包括架空的楼层和斜肋网格，都设计得十分高效。建成后，这个弓形写字楼就成了卡尔加里市新的象征。

从伦敦瑞士再保险总部大厦（Swiss Re Headquarters）到纽约赫斯特大厦（图 2.63），福斯特设计的一个特点是外墙面均采用三角形支撑结构。卡尔加里弓楼也不例外，外表也是相同的三角形支撑结构。与伦敦瑞士再保险总部大厦一样，对于一个外表为曲面的建筑，要保证结构的稳定性，其最简单有效的设计便是连续的三角形结构。

图 2.72　德国魏尔市维特拉屋 | 赫尔佐格＋德·梅隆，2010

多年来，维特拉校园已成为建筑博物馆，包括著名建筑师弗兰克·盖里、扎哈·哈迪德、阿尔瓦罗·西扎（Alvaro Siza）、安藤忠雄（Tadao Ando）、让·普鲁夫（Pruvé）、尼古拉斯·格拉姆肖（Nicholas Grimshaw）、巴克明斯特·富勒（Richard Buckminster Fuller）和萨那（Asano Yagi）。最新增加的复杂建筑是赫尔佐格和德·梅隆设计维特拉屋（Vitra Haus）——盒装堆积坡屋顶系列，维特拉又加入了新伙伴。地块面积的充裕使得新结构离北面的维特拉家具博物馆和安藤忠雄的会议厅距离恰当。维特拉屋关联到两个主题概念，它们多次出现在赫尔佐格和德·梅隆全部作品中：典型建筑和堆积建筑的主题（参见图 2.3）。维特拉的结构就像足球进球后队员们堆成的人山。建筑堆积成 5 层，一些地方的悬臂高达 15 m，在 12 个地方，楼板山墙相交，这样一个三维组合的房屋，乍一看，外观十分混乱。外墙粉刷的皮肤颜色就像木炭，很土。一块木地板定义了开放的中心区，围绕 5 座建筑进行分组：会议区、维特拉家具博物馆收藏的椅子展区、维特拉家具博物馆商店、接待处和大堂展览场地衣帽间，并有一个夏天使用的室外露天咖啡厅。然而仔细研究会发现，房屋的走向不是随心所欲决定的，而是根据周围景观决定的。这样的外观，使内部结构也十分复杂，各种几何体互相缠绕、交叉，好像蠕虫走在其中。按照建筑师的意见，这里要在室外室内空间产出一系列的惊喜的"神秘世界"。

图 2.73　西班牙萨拉戈萨廊桥 | 扎哈·哈迪德建筑事务所，2005—2008

鲨鱼形状的萨拉戈萨廊桥（Zaragoza Bridge Pavilion）是萨拉戈萨世博会的一大景观，由扎哈·哈迪德建筑事务所（Zaha Hadid Architects）设计。廊桥全长 275 m，横跨埃布罗河（River Ebro）。它既是连接博览园区和市区南部的主要人行通道，也是世博会"水，独特的资源"主题展区，它既是一座通往博览会会场的桥，更是一个了不起的现代建筑，是博览的亮点，大有喧宾夺主的风头。

萨拉戈萨廊桥由几个不同的长形空间拼接而成，每个空间截面都好似钻石形，截面在不同的标高上都能够完美地被拉长以至最终成为一个长形的廊桥空间。钻石形的截面沿着一条弧形路径拉伸。这一菱形截面在不同路径上的延伸展开便形成了 4 瓣不同的"豆荚"。

鲨鱼鳞状表皮是一种迷人的图案，既考虑到视觉效果，也考虑了它的功能。这种图案模式能够借助简单的线形的脊状结构体系，轻易地将复杂的曲线形式包裹起来。在建筑的尺度上，它显得很有表现力，并具有强烈的视觉吸引力。

图 2.74.1　利物浦博物馆 | 3×N，2010

图 2.74.2　利物浦博
物馆与默西河边的散
步大道

位于默西（Mersey）河畔的利物浦博物馆（Museum of Liverpool）是英国过去 200 年来建造的最大的国立博物馆。它连接着港口散步道和艾尔伯特（Albert）码头。面积为 1.3 万 m² 的博物馆有着棱角分明的外形，与默西河的散步道结合在一起。

利物浦因为埃弗顿足球俱乐部、码头的工业贸易以及披头士的音乐传奇而闻名遐迩。因此，3×N 汲取了这些元素，以当地的贸易船只为主题，设计了巨大的山形墙窗户。雕塑般的楼梯成为一个特色，旋转的楼梯在大而深的中庭里如同与参观者对话的工具，减少了长长的走廊，优化了空间效率。

它不仅向我们述说了作为世界上最重要的港口的作用，或者"披头士现象"的文化影响，而且将成为世界各地参观者的聚焦点。正如建筑师金·海尔佛·尼尔森（Kim Herforth Nielsen）所说："设计本身超越了建筑或博物馆的功能。这是一个严格的创作过程，我们最优先听取城市的民意，然后学习城市的历史，并了解博物馆现在坐落的位置可能存在的史迹。"市民广场、博物馆被视为一个多元化的城市环境。

图 2.75 荷兰格罗宁根自由公寓——社会住房和办公楼 | 多米尼克·佩罗，2011

自由公寓（"La Liberté"，Social Housing and Office Building）由两座平面布局为正方形的建筑构成：一座大楼约 80 m 高（A 座），而另一座 40 m 高（B 座）。两座楼底座均由独立的玻璃结构平台构成，高度相同，内部为办公场所。它们并未比附近的建筑高，考虑到与周围环境的关系，并且扩展了原有建筑的水平状态。两个高度不同的建筑体块，它们似乎漂浮在平台上方，其内部为住宅公寓。在这里，多米尼克·佩罗（Dominique Perrault）用这些建筑体量做起了堆积木的游戏：实际上 A 座上方的两个住宅体量大小一致，彼此略微错开位置，看上去就好像建筑师将各种不同的体量堆积起来。B 座由一个办公楼体量和一个住宅体量堆成，而 A 座由一个办公楼体量和两个错位的住宅体量堆成。

"悬浮"于办公楼上方的住宅体量是通过 5 m 高的露台相连的。在这个连接结构处仅有一个核心体包围着公共空间，为办公空间与私人空间之间提供了简洁的过渡区域。最后有一座人行天桥位于两座大楼相同的高度处，起到了连接的作用，面向使用者开放。

通过对建筑立面的处理，在两座大楼之间，以及项目与周围城市环境之间创造了真正的联系。无论从哪个角度看去，三个住宅体块的外观颜色都不尽相同，分别为黑白灰色。这些颜色增强了堆叠的印象，进一步为城市的天际线增添了活力。自由公寓共有 120 套公寓，分为 15 种户型，细分又有大约 40 种类型。

图2.76.1 哈帕·雷克雅未克音乐厅和会议中心 | 海宁·拉尔森建筑事务所＋奥拉福·埃利亚松建筑事务所，2011

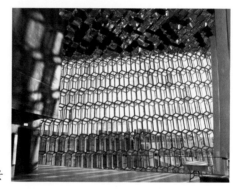

图 2.76.2 哈帕·雷克雅未克音乐厅和会议中心内景

哈帕·雷克雅未克音乐厅和会议中心（Harpa Reykjavik Concert Hall and Conference Centre）是整个雷克雅未克海港区总规划的一部分，由海宁·拉尔森建筑事务所（Henning Larsen Architects）和奥拉福·埃利亚松建筑事务所（Studio Olafur Eliasson）设计。它的玻璃制外表表面呈立方体造型，可以根据日间的光线强度变换颜色。这种立方体的灵感源自北极光及冰岛特有的自然景观。音乐厅位于陆地和海洋的交接处，它巨大的光芒四射的雕塑形体既映照着天空，也映照着海港空间，同时是对城市动感生活的再现。

音乐大厅和会议中心建筑高度为 43 m，占地 28000 m²，位于雷克雅未克一处僻静之地，这里可以看到一望无际的大海和周围峰峦起伏的群山。在建筑的前面有一处接待区域和休息区域，中间有四座大厅，后台区域由办公室、行政室、排练大厅和更衣室组成。三个音乐厅彼此相连，人们可以通过南面的通道到达音乐厅，同时可以从北部的入口到达后台。建筑的第四层是一个多功能的大厅，这里可以进行更加特别的演出和宴会。从建筑的外观来看，建筑表皮像海边的玄武岩一样，与空旷的极富表现力的山丘一样的外观形成了强烈的对比。在岩石的中心，可以看到最大的中心大厅也是最主要的音乐厅的室内装修。这座建筑是在当地建筑公司 Batteríe Architects 的协作下共同设计完成的。总体规划的主要目标是创建一个新的身份，使东港和该地区转变成一个有吸引力的城市空间。晚上，大楼建筑和城市生活共同合成了一个积极的、发光的舞台。

冰岛的"哈帕·雷克雅未克音乐厅和会议中心"赢得 2013 年密斯·凡·德·罗奖（Mies van der Rohe prize）。评审团成员威尔·阿雷兹说："这个音乐厅的形象、类似多孔砖的透明外观和不断变化的彩色灯光，促进了城市与这幢建筑的内部生活的对话。"

图 2.77　东京芝浦住宅 | SANAA，2010

芝浦住宅（Shibaura House）地理位置十分优越，位于东京繁华的商业区并靠近主要的交通干线。建筑通过张拉钢结构支撑了巨大的玻璃幕墙，妹岛和世（Kazuyo Sejima）在建筑的正面和背面分别设计了一个巨大的露台。首层大厅向公众开放，并为人们提供公用的休息桌椅。上层空间与一个带螺旋楼梯的巨大天井相连，将户外环境与交通走道融为一体。"鸟屋"（Birdroom）高居建筑顶层，为舞蹈课堂以及公共集会提供了一个功能多样且充满自然光线的空间。在该建筑中依然体现了妹岛建筑中一贯的"漂浮、穿透、流动"的特点。

图 2.78.1 埃及亚历山大图书馆 | 斯诺赫塔建筑事务所，2002

图 2.78.2 亚历山大图书馆曲墙面上的各种文字

从公元前 47 年到公元 7 世纪，著名的亚历山大图书馆（Library of Alexandria）屡遭劫难，最后被焚烧掉；直至 2000 年后的今天，埃及在亚历山大图书馆的旧址上又重建了一座全新的大型图书馆，圆了多少人世世代代的希冀和梦想。埃及从 1988 年 10 月开始发出图书馆设计方案竞标广告，共有 77 个国家的 1400 家单位参与项目竞争。挪威斯诺赫塔建筑事务所（SnØhetta Arkitektur Landskap AS）的设计方案体现了一座现代图书馆所应具有的各项功能，并与亚历山大城的历史风貌和人文景观和谐交融，因而博得埃及方面的好评，使之在众多的设计方案中脱颖而出。

建成后的亚历山大图书馆矗立在托勒密王朝时期图书馆的旧址上，俯瞰地中海的海斯尔赛湾。图书馆的主体建筑为圆柱体，顶部是半圆形穹顶，会议厅呈金字塔形。圆柱体、金字塔和穹顶的巧妙结合浑然构成多姿多彩的几何形状，展示出该馆的悠久历史。图书馆的倾斜墙体和倾斜的屋顶全部朝向大海。图书馆的不规则设计却提供了动感，地下 10 m、地上 32 m、共计 10 层的建筑垂直高度则进一步强化了这种印象。令人称奇的是，无论从哪个角度看，图书馆主体建筑都像是一轮斜阳，象征着普照世界的文化之光。在外国的花岗岩质地的文化墙上，镌刻着包括汉字在内的世界上 50 种最古老语言的文字、字母和符号，凸显了文化是人类发展根基的构思和创意。

图书馆内部建筑处处体现了对光线缜密的处理，建筑师的匠心被柔和的光之手烘托得完美充分。当你从图书馆的接待室走下去，步入可容纳 2500 人的阅览大厅时，8 层结构的立体剖面让人感到庄严的层次，造型优美的楼梯犹如瀑布层层叠叠、错落有致。阅览大厅覆盖着半圆造型的巨大玻璃屋顶，借助浩瀚的大海背景的衬托，宛如书海中的一叶风帆，将蓝、白、绿相间的自然光均匀地播撒在阅览大厅的各个层面。

图 2.79.1　奥斯陆歌剧院 | 斯诺赫塔建筑事务所，2004—2008

图 2.79.2　奥斯陆歌剧院内部的波浪木墙

斯诺赫塔建筑事务所（SnØhetta Arkitektur Landskap AS）包括三个事业上的搭档：美国的 Craig Dykers（生于 1961）、Christoph Kapeller（生于 1956）和 Kjetil Thorsen（生于 1958）。

奥斯陆歌剧院坐落于比约尔（Björvika）海湾岸边，临近证券交易所和中央车站。它是继 14 世纪初建造于特隆赫姆（Trondheim）的尼德罗斯大教堂（Nidarosdomen Cathedral）后，挪威国内最大的文化建筑。新的歌剧院在设计上考虑到其所在的海湾位置，倾斜的边缘看上去像冰山一样。从剧院外面看，最显著的特征是白色的斜坡状石制屋顶从比约尔海湾中拔地而起，游客可以在屋顶上面漫步，饱览奥斯陆的市容美景。歌剧院有 1000 间房间，其立面用 3500 块意大利卡拉拉大理石覆盖。主大厅中的装饰灯用了 17000 块玻璃。耗资 8 亿美元的奥斯陆歌剧院建成后立即取代著名的悉尼歌剧院成为世界最高档的一流歌剧院，被誉为自 19 世纪以来全球最佳歌剧院，2008 年 10 月在世界建筑节开幕式上赢得文化类大奖。委员会成员彼得·柯克（Peter Cook）爵士、克里斯托夫·英恩霍文（Christoph Ingenhoven）和约翰·瓦尔什（John Walsh）认为奥斯陆歌剧院的建成体现了设计者对建筑学的高度精通，是一件将造型连贯和轮廓清晰二者完美结合的高难度工程。2009 年，欧盟宣布将两年一次的"密斯·凡·德·罗建筑大奖"授予挪威的斯诺赫塔建筑事务所，表彰它为设计"奥斯陆歌剧院"所做的工作。

图 2.80.1 日本群马县太田市金山社区中心 | 隈研吾事务所，2009

图 2.80.2 金山社区中心墙面由不同形状的石块编织而成

金山社区中心（Kanayama Community Center）的所在地是金山城堡，这里有美丽的石头墙和石头路面。社区中心的一个车间是当地居民学习手工艺和染色的地方。社区中心与毗邻的金山城堡博物馆（Museum of Kanayama Castle Ruin）之间的高差有 6 m，有两条车道将上下两部分连通起来。

外墙是一个轻薄的屏幕，一种特制的"线"将两种不同形状的石板按着特殊图案排列形成了所谓"石墙"，既通透又实在，显示了古迹的特点。钢板支撑着入口门廊的负荷，使石墙可以向外延伸。石块以规则图案排列获得了轻盈的感觉，并给出了某种象征性。室内也一样，在天花板上和墙面上都贴上形状各异的水泥木丝板和矩形木板，形成了图案，一个连通的空间就被这种悬挂在半空的"幕帘"划分成几个部分。这是一种用将材料的图案与空间连接起来的尝试。

隈研吾（Kengo Kuma）1954 年生于神奈川县，1979 年毕业于日本东京大学建筑研究所，取得建筑硕士学位。他的建筑作品散发日式和风与东方禅意，在业界被称为"负建筑""隈研吾流"，又以自然景观的融合为特色，运用木材、泥砖、竹子、石板、纸或玻璃等天然建材，结合水、光线与空气，创造外表看似柔弱，却更耐震、且让人感觉到传统建筑的温馨与美的"弱建筑"。所谓"负建筑"，就是让建筑"消失"在环境里，也就是充分地与环境融合。

图 2.81　安特卫普海边博物馆 | 诺特林＋里丁克建筑事务所，2009—2011

海边博物馆（Museum Aan de Stroom）坐落在一个小岛（Het Eilandje）上，它周围已经有三个著名的博物馆：国家海事博物馆、民俗博物馆和民族博物馆。新馆是在公开竞标的比赛里中标的，建筑高 60 m，共有 10 层，外观像是层层错开 90 度叠成的塔。有趣的是隔层之间有玻璃柱构成建筑表皮，与釉面砖外墙形成鲜明的对照。而玻璃柱表皮与图 2.65 由雷姆·库哈斯设计的波尔图音乐厅的玻璃表皮是一样的。楼上有餐厅、会议室和屋顶的阳台。河岸广场、码头和塔形成了一个连续的展览和活动空间。层层相叠意指货物包装和堆放的旧仓库，这是对安特卫普传统的暗示。

图 2.82.1　上海巨人集团总部 | 莫菲西斯建筑　图 2.82.2　上海巨人集团总部东侧的办公楼
事务所 / 汤姆·梅恩，2011

图 2.82.3　上海巨人集团总部全景

上海巨人集团总部（Giant Group Campus）是一个多功能综合建筑体。整体方案由两个主要体量构成，将建筑形态和结构完美地融合于基地之中，并根据景观平面的起伏进行形态折叠。

建筑位于一个大型人工湖畔，并用开放的建筑语汇展开它的首层平面，起伏的形态创造了一个凌驾于湖面之上的巨大悬臂。近 400 m 长的建筑边界呈现出建筑和环境的充分交融。西侧的体量拥有一个摆动的绿化屋顶，这个屋顶一直向上延伸到办公楼，为办公空间降温并节省了制冷费用。地面上布置了一系列向下的台阶，将公共人群和社会活动引导到人工湖畔。

东侧蜿蜒的办公楼立面采用了深灰色面板，这座建筑包含了三个完全不同的功能区域：开放的无等级办公空间、私人办公室和主管套间。另外，在抬高的区域内还设有图书馆、礼堂、展厅和咖啡吧。西侧的体量中包含一间专为雇员设计的多功能运动球场、游泳馆和健身中心。

一条封闭的人行走道作为整座建筑的核心交通流线，曲折地穿过办公楼，并通过空中走廊将东西两座建筑体量连接在一起。基地横跨城市主要道路，建筑和景观在上层流动，车辆则在下方流动。不同层面的动态形成了城市公园的效果。如果单独看三个建筑中的某一个，确实是采用了解构后的拼接方式将其连接起来，但在整体上确由"公园"将它们组合成一个有机的建筑群。在这里解构只是一种总体设计中的技巧罢了，建筑师处理环境的方法和规划师进行了充分的融合。

作为当代最著名的解构主义设计大师，汤姆·梅恩的设计与盖里、李伯斯金和蓝天组（Coop Himmelb(l)au）的设计方法有较大的区别。他作品中的"解构"，内容要比其他建筑师宽泛得多，其中著名的美国加利福尼亚钻石牧场高中就是一个具体的例子。图 2.33.1 所示美国得克萨斯州佩罗自然和科学博物馆则表现出他的才能能够几乎没有痕迹地融入周围环境之中，这是他的另一个设计特点，上海巨人集团总部的设计也同样表现出这样的设计手法。

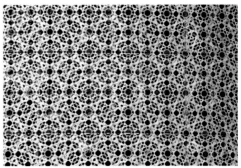

图 2.83.1　卡塔尔多哈大厦 | 让·努维尔，2012　图 2.83.2　卡塔尔多哈大厦墙面的阿拉伯花纹

吸引眼球的多哈大厦（Doha Tower）是一个圆筒结构，用多层图案装饰，表现出古老的伊斯兰传统，同时又以这样的幕墙遮住了阳光。看上去，大楼的外形与图 2.104 所示巴塞罗那阿格巴塔楼几乎一样，但多哈大厦首次在内部运用钢筋混凝土的斜肋构架梁柱，没有采用核心筒，这样可以扩大内部空间的面积。这一点与阿格巴塔楼是不一样的。由于在建筑表皮采用钢筋混凝土网格设计，从而创造出了大规模的雕花格子和蝴蝶形图案来遮挡射入内部的光线。透过包裹着摩天大楼的圆顶帽无缝圆角可以看到无垠的蓝色。作为著名的哈利法塔（Burj Khalifa）的"表弟"，多哈大厦的总建筑面积约 11 万 m²。在千篇一律的细长大厦布满城市街道的今天，多哈大厦根植于当地的传统。

Cook+Fox 事务所的合伙人理查德·库克（Richard Cook）表示，大厦的外墙是对当地文化的一种美丽的诠释，将现代化的大厦与古老的伊斯兰设计元素整合在一起，也为大厦内部投射出奇特的图案，并有效地阻隔了阳光带来的热量。

图 2.84　大庆公路客运交通枢纽 | HAD 建筑设计事务所，2010

大庆公路客运枢纽站位于黑龙江省大庆市世纪大道与龙凤大街交汇处，主体建筑由 3 层的客运站房和 14 层的信息中心组成，站房与信息中心为连体结构，形成了和谐一体的建筑形态。整体项目建筑面积近 3 万 m²，2009 年初进行建筑设计，2010 年末建成。

大庆市处于北方高寒地带，地域特点鲜明。设计力争突破传统交通建筑模式，为客运建筑赋予一定的文化内涵。建筑形体塑造以"冰雪文化"为切入点，造型借鉴了东北地区雪原地貌的特点，起伏交错的白色形体犹如冬季的山丘一样矗立在大地之上，创造了优美的曲线形态。建筑的立面细节通过钢结构构件形成了树枝状的造型，丰富了立面层次，也强化了设计理念。客运站内部空间突出了开敞性和通透性，设置了贯通三层的共享大厅，将各部分功能空间联系在一起，为旅客提供了良好的视线和通道。客运站站房以钢结构为主，同时设置了部分混凝土结构，钢结构实现了复杂的立面造型和大跨度屋面。钢结构与混凝土结构局部相交接，利用混凝土结构进行支撑，形成了稳定的结构体系。

图 2.85　纽约蓝塔 | 伯纳德·屈米，2007

蓝塔（Blue Tower）是伯纳德·屈米（Bernard Tschumi）为纽约设计的第一个高层建筑，17层楼高，有32套公寓，高55 m。位于纽约下东城的蓝色公寓大楼，插入到周围比较低矮的建筑物中，以一个折中的姿态形成一道似乎有些孤独凄凉的天际线，与纽约市内充满活力的建筑群完全不同。

尽管受到纽约市区法律和市场商业需求法规的制约，屈米设计了一个原始信封图案的独特形状，同时为了遵守严格的建筑法规而与类似的高层建筑结构有所区别。该项建筑的设计，回应了东城附近由来已久的折中主义。该建筑马赛克像素化的立面与周围的各种建筑形成了鲜明的对照。

图 2.86.1　格拉斯哥河畔滨江博物馆 | 扎哈·哈迪德，2013

图 2.86.2　格拉斯哥河畔滨江博物馆鸟瞰图

滨江博物馆（Riverside Museum）位于格拉斯哥河畔，面积 7800 m²，屋顶耗钢量达到 2500 t，是英国工程史上的一项壮举。博物馆的设计表现出从城市向河流的一种动态，连接城市和河流的交接通道，同时博物馆的设计鼓励展品更为广泛地与环境联系。

建筑一面面向城市，一面面向河流，如隧道般的形体创造了一个宛如城市到河流的路径。其定位和功能的开放性和流线性，与格拉斯哥的过去与未来紧密相连。游客在参观时也能建立起对外部环境的感知。

设计就像是一个面的连续移动，经过扭曲与转动，形成一个变形的"S"，终止于另外一端，这个截面可以看成是水浪的形态。外层的波（褶皱）是封闭的，以支持内部服务和展品需求。这使得中央形成无柱的开放空间，提供了最大的灵活性举办世界性展览的空间。博物馆主要展览城市的交通运输、工程和造船传统，展品超过 3000 件，还有 150 个互动展览。扎哈·哈迪德（Zaha Hadid）说："这个构架让我们在探讨未来可能性的同时紧紧把握住城市当下的发展。"滨江博物馆是一个奇妙的，真正独特的项目。建筑与展览结合，突出克莱德城的光辉历史，并鼓舞所有的参观者。设计延续格拉斯哥丰富的工程传统，把形体的复杂性、结构的独创性与真材实料结合在了一起，成为城市里的创新中心。格拉斯哥河畔滨江博物馆赢得了 2013 年度欧洲博物馆大奖．

图 2.82.1 上海巨人集团总部和图 2.19.1 巴塞尔文化博物馆都是"山"字屋顶作为作品的主要表现形式之一，三位建筑师都是获得普利策建筑奖的国际级大师。他们几乎在同一段时间采用这样的建筑形式，的确是一件有趣的事。巴塞尔文化博物馆屋顶是一座真正的"山"；上海巨人集团总部的屋檐的"山"有些夸大的作用；而哈迪德的格拉斯哥河畔滨江博物馆屋面的"山"象征水波。这似乎反映了一个原理：同样的现象在不同建筑师的眼中会产生全然不同的灵感，这大概就是艺术的魅力所在。

顺便说一下，在沿克莱德河大约 400 m 处，就是诺曼·福斯特设计并于 2005 年建成且被人们戏称为"犰狳"的苏格兰会展中心，那是一个典型的现代前卫建筑。10 年过去了，这段河沿依然空着，估计格拉斯哥政府在考虑着下一步的发展计划。

图 2.87　日本东京国立新美术馆 | 黑川纪章，2006

东京国立新美术馆（The National Art Center, Tokyo）是著名建筑师黑川纪章（Kisho Kurokawa）生前最后的重要建筑作品，建筑的外表由玻璃帷幕打造，整体设计呈现波浪起伏状，与周边的绿树、大学校园建筑搭配得宜，充分显现出人文气息。

黑川纪章表示，这座美术馆使用了许多高科技手法，建筑理念除了与周边环境共生之外，也强调节约能源的一面。美术馆有着由一片片玻璃所组合成宛如波浪般的外墙，除了可以将紫外线完全隔绝之外，更完美地诠释了与周边森林共生共存的意象。白天透过玻璃洒进室内的阳光，让美术馆节省照明经费；室内超高的空间搭配灰色清水模混凝土的高塔设计，随着光线的游移，传递出不同层次的光影，整间美术馆仿佛有着自己的生命似的。美术馆地上 4 层，地下 1 层，面积为 1000 ~ 2000 m² 的展示厅共有 12 间，此外还有可以阅览美术书籍、展览会图文目录的专用空间以及楼顶庭园、餐饮设施等，楼层总面积约 14000 m²。

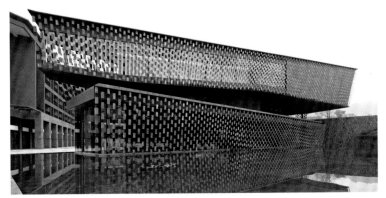

图 2.88.1　成都新津知博物馆 | 隈研吾事务所，2011

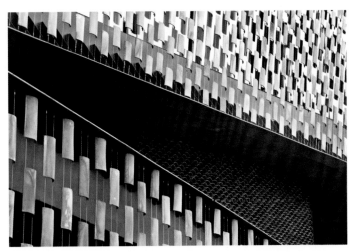

图 2.88.2　成都新津知博物馆由悬吊瓦片形成的帘状墙面

成都的新津知博物馆（Xinjin Zhi Museum）位于山脚下，是通向道教圣地的入口地段，建筑自身也通过空间和展览展示了深厚的道教文化。建筑表皮上采用的瓦片采用当地原材料和传统手工艺制作而成，目的就是为了纪念当地的道教文化，同时突出自然与平衡的重要性。瓦片被线悬浮在空中，以减少重量，创造一种轻盈感。建筑呈现出像素般的表皮，与周围自然紧密融合。展示空间呈旋转造型，从黑暗延伸到光明。人们可以在上层享受到壮阔的景色，太阳光被瓦片阻挡，建筑室内萦绕着柔和的光线和瓦片投下的影子。隈研吾设计的建筑中包含了许多虚实不定的结构，例如图 2.80.1 日本群马县太田市金山社区中心里几乎透明的幕帘和由金属丝穿吊石块组成的墙面。在新津知博物馆中，用穿吊瓦片组成了帘状墙面。这里的含义与图 2.68.2 莱斯特约翰·刘易斯百货公司和电影院墙面的镜面曲线花纹墙面是不一样的；图 2.68.2 中的墙面仅仅将建筑的内外联系起来，英语用上下文（Context）来描述这样的转化，而隈研吾所设计的墙面是将过去和未来联系起来，包含了厚重的历史。

图 2.89.1　哥本哈根山形住宅 |
雅各布·兰格，2009

图 2.89.2　哥本哈根山形住宅鸟瞰

哥本哈根山形住宅（Mountain Shaped Housing）不像其他房子一样把住宅区和停车场分开建成两栋独立的建筑，而是把存车和住宅两种功能结合到了一个建筑体上。雅各布·兰格（Jakob Lange）设计的山形住宅的最大亮点是到了夜间建筑体不同层楼之间会散发出颜色各异的光线，如同一个色彩斑斓的世界。尽管山形住宅靠近哥本哈根市中心，仍然可以享受到郊区般的宁静。

所有的住户都在同一条街上，根据居住人口分析，要有 2 / 3 的停车场和 1 / 3 的生活区。让停车区像梯田一样安置在住房下方，最后形成一个山坡样的楼房，而不是两个独立的彼此相邻建筑物，停车场和住房块，两种功能合并成一种共生关系。停车场需要连接到街道，而房子需要阳光和清新的空气，所有的住宅都有向阳的屋顶花园，10 层停车场和 10 层住宅组合成山形的花园建筑，真是奇思妙想。

巨大的停车场包含 480 个车位和 1 个倾斜式电梯，沿着山形内壁向上移动。在一些地方，天花板高度达 16 m，给出了一个教堂般的空间感。山形住宅就在 VM 住宅（VM Houses）附近，给这个地段提供了多种建筑形式和清新的视觉享受。

图 2.90.1　俄罗斯索契
冬奥会 Fisht 奥林匹克
体育场 | 2014

图 2.90.2　Fisht 奥林匹
克冰山滑冰宫 | 2014

图 2.90.3　索契冬奥会
大穹顶馆 | 2014

图 2.90.4　索契冬奥会沙亿巴体育馆 | 2014

图 2.90.5　索契冬奥会速滑馆 | 2014

图 2.90.6　索契冬奥会冰壶中心"冰立方" | 2014

Asadov 建筑工作室、Project-KS 公司和 Grado 工程公司等提交了 2014 年俄罗斯索契冬奥会体育场馆的设计方案。这个名叫"雪地俄罗斯"（Snow Russia）的工程位于黑海岸的索契，计划将体育设施统一起来，因为"各种建筑没有一个共同和独特的面貌，奥林匹克中央广场也没有一个核心的建筑理念，不同的体育馆场也没有一个将它们联系起来的普遍概念"。在现有总体规划的基础上，设计组提议"以冻雾为形式，表现夹着雪的旋风降临到奥林匹克场馆"，也就是用装饰性的铝质或合成材料（如 Apolic）穿孔板覆盖在承重结构的边上。夜晚，LED 照明将灯光投射在建筑上，形成灯海一般的"雪景"。开闭幕仪式在 Fisht 奥林匹克体育场（图 2.90.1）举行，内部可容纳 40000 人。该体育场主体结构为两个钢结构拱架，屋顶钢结构从拱架一直延伸到看台。这个体育场的最大特点是中间的空当可以全封闭，晴天时，它可以打开，控制系统就在两端的屋子里。图 2.90.2 是专用于短道速度滑冰和花样滑冰的"冰山滑冰宫"，表皮是由蔚蓝、蓝色和白色的合成铝板和玻璃按照"冰山"的样子进行布置。图 2.90.3 索契冬奥会大穹顶馆，外表呈现为一个椭球形，顶部有一圈环形玻璃天窗，这个场馆用于花样滑冰比赛，所以外表显得十分柔和。图 2.90.4 索契冬奥会沙亿巴（俄语的意思就是冰球）体育馆，外表为斜向蓝白相间的条纹，给人一种对抗的感觉，场馆可容纳 12000 人，里面举行奥运会冰球比赛和残奥会冰上雪橇曲棍球比赛。图 2.90.5 索契冬奥会速滑馆是一座方形体育馆，一端向上翘起，外表像一只海军帽，这里将进行速度滑冰比赛，内部可容纳 8000 名观众。

索契冬奥会的场馆布置围绕着"火炬"进行，形成了一个圆形的奥林匹克大广场，同时奥运村和新闻中心就在附近，对运动员和记者来说，特别方便。这样完全新建的围在一起的冬奥会场馆大概也是绝无仅有的。

冬奥会后，几座冰上项目场馆中，速滑馆被改造成俄罗斯南部最大的展览中心；冰球馆成为一座多功能体育馆；举办开闭幕式的奥林匹克体育场成为一座足球场，并将成为 2018 年世界杯足球赛的赛场之一，这里将来也会成为俄罗斯国家足球队的训练基地；冰壶馆将被改造成一座集体育和娱乐于一体的多功能馆；花样滑冰馆将被改造成场地自行车馆。

图 2.91　迪拜哈利法塔 | SOM，2004—2009

迪拜塔有 828 m 高，为世界第一高楼，2009 年完工，2010 年 1 月 5 日正式使用，并命名为"哈利法塔"（Burj Khalifa Tower）。哈利法塔的设计为伊斯兰建筑风格，平面呈"Y"字形，并由三个建筑部分逐渐连贯成一核心体，以螺旋的方式从沙漠升起，向上逐渐收缩大楼剖面，直至塔顶中央核心逐渐转化成尖塔，Y 形楼面也使旅游者对迪拜有极辽阔的视野享受。哈利法塔 1 至 39 层是高级酒店，40 至 108 层是高级公寓，109 至 156 层是办公楼和展望台（位于 124 层），157 至 160 层用于安放通讯设施。160 层以上是 200 多 m 高、直径为 2.1 m 的尖塔。

哈利法塔由 SOM 建筑事务所的艾得里安·史密斯（Adrian Smith）设计，他也是金茂大厦的设计者，结构工程师是比尔·拜克（Bill Baker）。最初的设计仅仅是想超过高度为 508 m 的台北 101 大厦，因此当时的设计高度仅为 560 m，后来经重新设计后高度提升到 650 m，随后又追加到 705 m，再后来，媒体曾传出哈利法塔的高度可能是 818 m。直到 2010 年 1 月 4 日晚，开发商才最终透露了楼高的最后数据。由于迪拜是一个少地震和少强风的地方，所以哈利法塔才有可能修建得如此之高。有关方面预计哈利法塔全球第一高的"王者地位"在未来 10 年都不会动摇。

2008 年 10 月，阿联酋迪拜房地产开发商纳赫勒集团宣布，该集团将在迪拜首长国中部地区建造一座高达 1000 m 的摩天大楼。纳赫勒集团这座 1000 m 高的摩天大楼在设计方面别出心裁：它将由 4 座高楼组成，这样既能保证建筑结构的坚固，又能让风从 4 座高楼的间隙中自由通过，从而减少了整座大楼的风力载荷。

依作者的看法，可能 50 年之内，都不会再修建这样的高楼！特别是经过了 2011 年 3 月 11 日本 9.0 级特大地震后，地球气候变暖引起的极端自然现象显得更加无法预料，人们会对高楼的建设进行重新反思。

阿伯丁大学图书馆位于英国苏格兰的阿伯丁地区，最早建于1495年，由伊丽莎白二世和爱丁堡伯爵共同授权建设，储藏有超过250000册书籍和文献，是英国最古老的五大图书馆之一，在2011年由丹麦设计机构SHL建筑事务所（Schmidt Hammer Lassen Architects）重新翻新建设完工。

翻新后的图书馆（University of Aberdeen New Library）占地15500 m²，能够为学校14000名在校学生提供1200个阅读席位。图书馆内还专门储藏有很多比较珍贵和难找的书籍，为学生的某些特定领域研究提供了方便。

英国女王将它命名为邓肯·赖斯爵士（Sir Duncan Rice，曾任该校校长）图书馆，取代了1965年建造的Queen Mother图书馆。

邓肯·赖斯爵士图书馆是一座非常现代化的建筑，外立面用一系列隔热板和高性能的玻璃组成抽象的交叉图案。从精致盘旋的中庭设计很容易看到SHL事务所的设计特点。中庭连接着8个层楼，如同动感的漩涡，形成视觉上的联系，与其外观清晰简洁的形象形成对比。这座图书馆还获得了英国BREEAM卓越级评分，在可持续性上有良好的表现。建筑立面在白天和夜晚都会微微发光，形成一座闪亮的地标，对于阿伯丁城来说就是一座灯塔。新图书馆现已成为学生和社区的文化中心。

图 2.92.1　英国苏格兰的阿伯丁大学新图书馆 | SHL 建筑事务所，2011

图 2.92.2　阿伯丁大学新图书馆内部景观

图 2.93　纽卡斯尔圣盖茨黑德音乐厅 | 福斯特＋合作伙伴，1997—2004

由福斯特＋合作伙伴（Foster+Partners）设计的圣盖茨黑德音乐厅（The Sage Gateshead），已经成为泰恩河边的新地标。螺蛳般起伏的圆弧外形和环境相呼应，表面的金属和玻璃幕墙使它在泰恩河畔十分耀眼。建筑内部设备先进，主要分为三个大厅。第一个大厅具有先进的技术设备，提供民族音乐、爵士与蓝调[1]表演场地，可以容纳 1650 人；第二个大厅，是一个民族音乐、爵士乐和室内乐的非正式的表演场地，灵活的座位不到 400 个；第三空间是一个大排练厅。圣盖茨黑德音乐厅还设有咖啡厅、酒吧、商店、信息中心和售票厅，大堂是一个重要的公共空间，可以作为休息室等空间使用。圣盖茨黑德音乐厅与盖茨黑德千禧年桥一起提升了这座古城的地位，旅游业已经成为这里的重要产业。

2000 年，建筑师威尔金森·艾尔曾在这里设计并建造了一座"旋转式"开启桥作为对千禧年来临的献礼。这座桥由于设计新颖，造型独特，给盖茨黑德增添了光彩，于是市政府有了"野心"，希望盖茨黑德和纽卡斯尔一起能够获得"欧洲文化首都"的称号。圣盖茨黑德音乐厅就是在这样的背景下诞生的。

[1] 蓝调（英文：Blues，解作"蓝色"，又音译为布鲁斯）是一种基于五声音阶的声乐和乐器音乐，它的另一个特点是其特殊的和声。蓝调起源于过去美国黑人奴隶的灵魂乐、赞美歌、劳动歌曲、叫喊和圣歌。蓝调中使用的"蓝调之音"和启应的演唱方式都显示了它的西方来源。

图 2.94　美国辛辛那提大学体育中心 | 伯纳德·屈米，2006

辛辛那提大学体育中心（Cincinnati University Sports Center）是伯纳德·屈米（Bernard Tschumi）在美国的第一个建筑设计，外墙面表皮上密集的三角形玻璃窗和粗大的混凝土边框成为该建筑物的特色。辛辛那提大学体育中心，可以说既是一个独立的填充物，也是一个联系田径场的自由形式的建筑物。其不同寻常的飞去来器外形是为了最大限度地适应其严格限制的场地要求，以免导致它的曲线形状与现有的体育场和休梅克竞技场之间留下过多的剩余空间。它还给体育场提供了一个壮观的标志。

五层楼中庭连接了南北街道的入口，成为运动中心从顶层的运动办事处和地下训练室的公共空间。虽然体育中心、新礼堂和教室将主要由运动员使用，加利福尼亚洲俱乐部的学生和来自邻近大学的教师也可以共享运动场。

图 2.95　西班牙马德里开厦银行广场当代艺术馆 | 赫尔佐格＋德·梅隆，2008

马德里开厦银行所创办的当代艺术馆（Caixa Forum）代表了 21 世纪一个独特的社会文化中心。这个坐落在普拉多艺术大道 36 号的极有视觉冲击效果的建筑所在地离三大博物馆很近：普拉多博物馆、蒂森博物馆以及索菲亚皇后艺术中心。这里曾是一个老电厂，被赫尔佐格和德·梅隆进行了重新装潢设计。

这座电厂被改造后，它的位置又被重新标在城市地图上。这次改造将原建筑面积增加了 5 倍，达到 10000 m²。老电厂当初的 4 个立面被保存了下来，它们分别面对着 4 条街道，老电厂的砖立面用手工的方式进行了修复。现在的楼宇有 2 个让人一看便知的特点：它的垂直花园和"悬浮"。因为原来围绕电厂的花岗岩底座被拆除了，使得现在的新楼看起来好像漂浮在四面开放的公共大广场上一样。

开厦银行广场当代艺术馆拥有 2000 多 m² 的展厅、一座 322 个座位的影视厅、一个媒体库以及会议室和其他活动用的多功能厅、艺术品的保存和修复工作间以及仓库，另外还有宽阔的前厅、咖啡馆、纪念品书店和餐厅。它是一个开放的空间，展示古代艺术、现代艺术以及抽象艺术，并对音乐诗歌、多媒体艺术、时事辩论、社会活动以及家庭和教育学习班都敞开着大门。开厦银行广场的一座建筑的整面墙都被植物所铺满，那是建筑师与法国植物学家帕特里克·勃朗（Patrick Blanc）合作设计的垂直花园，它会随四季而变化。旧建筑的改造是赫尔佐格和德·梅隆所擅长的强项，伦敦泰特博物馆 2000 年的成功改造大大地提升了建筑师的威望，马德里开厦银行当代艺术馆的成功改造再一次体现了建筑师非凡的智慧与技巧。

图 2.96　英国西布朗维奇公共艺术中心 | 威尔·阿尔索普,
2004—2009

对于西布朗维奇公共艺术中心（The Public Arts Center in West
Bromwich）, 在 2000 年招标时, 建筑师威尔·阿尔索普（Will
Alsop）就提出了玻璃箱的概念, 同时也考虑到白天作为社区的艺术
活动场地。这种雄心勃勃的提案在后来变成了一个更为随意的建筑。
建筑于 2004 年开始动工, 位于市中心的西布朗维奇的环形道及皇后
广场购物中心之间。该计划的目的是使该中心有将近 9300 m² 的画廊、
工作室和展览空间, 以及餐厅和咖啡厅。其中包括建设一个巨大的
长方形紫红色的大楼, 表皮上有一些不规则的曲线形的玻璃窗, 它
们镶有银色金属框边。整个外形好似一个鱼缸, 也有人将它比做带
有不规则窗口的鞋盒。
西布朗维奇公共艺术中心 2008 年竣工, 2009 年全面开放。同年 3 月
获得凯文肖照明设计奖（Kevan Shaw Lighting Design Awards）。

图 2.97　以色列特拉维夫螺旋公寓 | 兹维·黑科尔，2001

"螺旋公寓"（Zvi Hecker）是以色列著名建筑师兹维·黑科尔（Zvi Hecker）的作品，位于以色列首都特拉维夫近郊的拉玛特甘城海拔 50 m 的缓坡上。该公寓有清楚的螺旋状外观，看似简单自然，却是经过相当精密的构思与设计，且耗费多年时间才得以完成。制成一个螺旋屋的想法本身虽然非常简单，但考虑到异常复杂的形状与所要求的精确度，就不是一件简单的设计了。这个建筑是从一个螺旋楼梯开始，逐渐扩大房子的比例。设计师在开始设计时，想法还未完善。例如，还没有懂得怎么将阳台和台阶伸出来，其他元素如墙壁和台阶也不知道怎样结合，这都是实际问题，当然还有一些其他元素也还没有完全想好。要在特拉维夫建造这样一座"阿格拉基姆"式的"非建筑"楼宇确非易事。在建筑比较低的侧面，让阳台对天空开放；在另一面，一个被遮蔽着的阴冷区域的楼层设计得较低。走廊使用凉快、遮阴的区域；公寓入口处有楼梯和电梯。建筑最重要的元素是内部庭院。

这栋公寓高 8 层，每层 1 户。每户的基本平面布局相同，像独户式的住宅那样拥有专用的通路、门厅，但各户的室内可根据户主的意愿进行重新设计和变换。每层楼都有一个可以仰望天空的露天平台，由于螺旋旋转的关系，锐角形的平台就成为下面楼层的遮阳板，同时也是该户的入口处。锐角形的阳台由相贯各层曲面的钢板构成，阳台底部装有反射玻璃。整个建筑展现了一个现代的、感性的、具有伊斯兰个性的集合体。此外，有一个很重要的空间就是螺旋体所围绕的中庭，此设计让住户享有一个独立而静谧的外部空间。墙面材料决定使用便宜的桃红色石头，将这些桃红色的石头嵌在天花板和外部墙壁上，与波纹状的金属板料结合，创造一个独特的建筑。镜子反射了大厦的内部，还有周围的树、光和天空。

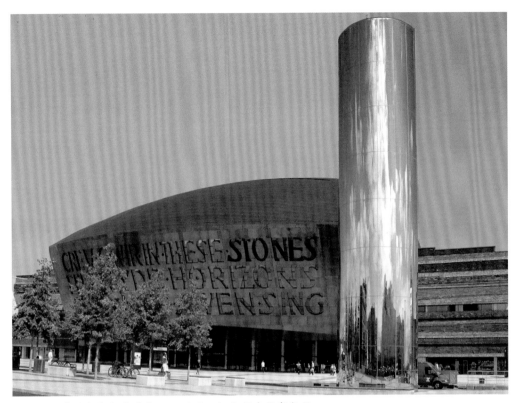

图 2.98　英国威尔士千禧中心｜珀西·托马斯建筑事务所，1996—2004

威尔士千禧中心（Wales Millennium Center），位于英国西南部的加的夫，建筑面积 35000 m²，为英国系列千禧年工程之最，由珀西·托马斯建筑事务所（Percy Thomas Architects）设计。威尔士千禧中心还是世界知名歌剧院威尔士国立歌剧院驻地，中心可容纳着 8 个艺术团体、8 个排演大厅和 1 个 1950 座的大剧场，是威尔士最大的艺术表演中心，被称为威尔士的"中央舞台"。这座建筑直接把"千禧"作为名字，木质结构的内壁设计有助于更好地增强音响效果，建筑外墙圆顶上面的刻字是威尔士诗人格温妮丝·路易斯[1]的诗作。

这座中心巨大的弧形青铜色屋顶从城市边缘就可以看到，这种材料虽然强调出了建筑的纪念形象，却没能成功地减小沉重的建筑体量，与周围建筑取得和谐，反而将其在视觉上封闭了起来。同时其巨大的体量占据了很多附属和服务空间，限制了景观视野。其成功之处在于音乐厅室内通过陶制铺装带来了几何进深感。建筑首层的主入口在音乐厅升起的观众席下部，同时两侧还有入口通向中厅和咖啡厅，中厅可以一直通往室外广场，其通透性带给了人们愉悦感。建筑设计可以满足室内外同时举行活动的要求，室外 5000 座的椭圆形下沉广场可以在夏季同时举行音乐会，此外广场中轴线上的水景雕塑强调出了千禧中心的入口，具有象征意义外观。威尔士千禧中心的钢顶结构体现了威尔士悠久的炼钢传统和技艺，屋顶的紫铜色是在钢板外面镀了一层氧化铜，为了显示加的夫的钢铁技术，镀铜钢板外皮全是用铆钉安装在钢架上。大楼的外墙铺着从威尔士板岩采石场采集的多种颜色的板岩。由石板层建成窄小的长条窗户，赋予岩层印象，它们描绘了海崖异色石层。紫色板岩来自彭林石矿场，蓝色的来自英担 Cwt-y-Bugail 矿场，绿色的来自 Nantlle 河谷，灰色的来自 Llechwedd 采石场，黑色来自科里斯。

[1] 格温妮丝·路易斯（Gwyneth Lewis, 1959—），当代威尔士杰出的作家，她出生于加的夫，从小讲加的夫语，中学毕业于一所双语学校，之后在剑桥学习英语，留学哈佛大学和哥伦比亚大学。2001 年获英国国家科学、技术和艺术基金会（NESTA）的资助，出航在历史上与加的夫有联系的港口。她用威尔士语和英语写诗，2005 年被选为第一位威尔士民族诗人。

图 2.99.1　中央美术学院美术馆｜矶崎新，2008

图 2.99.2　中央美术学院美术馆
入口和墙面

中央美术学院美术馆（CAFA Art Museum）于 2008 年 3 月竣工，位于中央美术学院校园内，是中国最具现代化标准的美术展览馆之一。美术馆建筑呈微微扭转的三维曲面体，天然岩板幕墙，配以最现代化的类雕塑建筑，展现中央美术学院内敛低调的特质，同时也与校园内吴良镛教授设计的深灰色彩院落式布局的建筑物充分融合及协调。美术馆总面积为 14777 m²，地上四层，地下二层，局部地下一层。展览及陈列面积共 4150 m²，其中二层为固定陈列展，展示古代书画和美院资深教授的赠画藏品，以及当今美院在籍教授的作品。企划展厅设置在三层及四层，均为天光围幕的敞开式现代化展厅，三层 11 m 高的展厅可为当代艺术展览提供充分的展示空间。美术馆藏品库房位于地下二层，1120 m²，采用国际最新信息技术和数字化管理，在软硬件方面均可达到国际水准。公共服务设施主要位于一层，其中报告厅可容纳 380 人，为学术研讨、专题讲座及新闻发布会等提供了便利场所。其他公共服务设施还有服务台、咖啡厅、书店等。
新美术馆的三个出入口采用了大面积玻璃幕，增加了建筑的通透性，同时又满足了采光的需要。美术馆外墙覆盖灰绿色的岩板，跟建筑的灰砖颜色相协调，协调中富有变化，整个外部结构整齐和谐、层次分明。建筑物内部，中间没有立柱，形成大面积展厅，展厅采光利用壳体的一个水平剖面形成类似月牙形和三角形采光顶，以自然采光满足对光线的要求。整个建筑外形独特，布局合理。矶崎新（Arata Isozaki）非常熟悉东方文化，他为中央美术学院设计的美术馆体现着东方化的特色，同时又融入了现代的设计理念，难能可贵的是该部分设计与原有的深灰色的院落式建筑风格相协调，可谓国内一流。

图 2.100.1　威尔士新港车站
| 尼古拉斯·格拉姆肖＋阿
特金斯集团，2009—2010

图 2.100.2　威尔士新港车站候车厅

威尔士新港车站（Newport Station）是新港市更新规划的一个部分。新港市是英格兰和卡迪夫之间的第一座城市，所以车站应该是非常显眼的。业主网络铁路公司希望车站的形式动人，成为新港市乃至威尔士的大门。新港市被一条铁路一分为二，每一边都有自己的特点。尼古拉斯·格拉姆肖（Nicholas Grimshaw）的设计体现了这个特点，创建了两个主广场，北广场为乘客的服务，南广场侧重商业方面，两个广场连接着结束旅程的旅客和旅游者。建筑两端的功能体现在车站周边的配套设施上。建筑两端分别设置票务和入口平台，外表面均采用连续的 ETFE[1] 和铝包裹成螺旋线。车站采用的空间形式反映了其功能：通过把旅客引导到桥上，再到达端头，从而理顺交通人流。钢结构外面包裹 ETFE，不仅创造了一个明亮通风的空间，而且由于材料轻，结构也轻了。建筑的顶部开了洞，使得室内更加明亮，并起到一定的结构作用。

[1] ETFE 的英文为：Ethylene Tetra Fluoro Ethylene，中文全称为：乙烯－四氟乙烯共聚物，俗称：F-40。ETFE 是最强韧的氟塑料，它在保持了 PTFE 良好的耐热、耐化学性能和电绝缘性能的同时，耐辐射和机械性能有很大程度的改善，拉伸强度可达到 50 MPa，接近聚四氟乙烯的 2 倍。

图 2.101.1　西班牙拉林市政厅｜曼西利亚 + 图侬，2011

图 2.101.2　拉林市政厅的内院

拉林市政厅（Lalín Town Hall）好似由重叠的圆柱组成，建筑群的大圆形空隙创建了一个中央庭院，入口就在那里。市政厅每层建筑都为圆形，一层层像是大圈上面堆放小圈，每层水平外侧的玻璃呈现青绿色的条纹，一个螺旋楼梯从高楼的中央一直通往一楼和地下室。这样的建筑设计十分新颖，为了保证建筑各部分之间能够有合理的空间关系，建筑师在设计时，做了大量的比较，不仅是二维之间的关系，还有三维的视觉感受。遗憾的是曼西利亚于 2012 年 2 月在巴塞罗那的一家酒店内突然去世，享年仅 53 岁。

图 2.102.1 奥地利因斯布鲁克地铁第四站出口 | 扎哈·哈迪德，2008

图 2.102.2 奥地利因斯布鲁克地铁第四站出口正面

北园（Nordpark）1.8 km 的索道铁路设置了 4 个新车站和 1 座跨越河流的斜拉悬索桥。索道铁路从市中心的议会车站开始，跨越河流通向 Loewenhaus 站，然后爬到因斯布鲁克北部的 Norkette 山，来到 Alpenzoo车站，终点站是 Hungerburg 村，在因斯布鲁克以上 288 m 处。在那里乘客可以搭乘线缆车抵达 Seegrube 山的顶峰。

扎哈·哈迪德（Zaha Hadid）是在 2005 年与承包商 Strabag 一起在竞赛中获胜的。这是哈迪德在该市的第二个项目，其设计的巴基塞尔（Bergisel）滑雪营在 2002 年完成，并赢得了 2005 年国际奥委会的设计金奖。哈迪德解释说，每个车站都根据其海拔高度和具体的场地条件来设计，并保持了整体建筑语言的流动性。这一方法对于铁路设计来说是很关键的，也展示出哈迪德最近的建筑设计手法中无缝形态的面貌。建筑师采用了一流的设计和制造技术，创造了每个车站的流线型美学。哈迪德建筑语言中的高度灵活性使壳结构适应不同的参数，从而保持了各个车站整体连贯的形式逻辑。两种截然不同的元素"壳和阴影"生成了每个车站的空间特征，双曲率玻璃在混凝土基座的顶部"浮动"，创建一个人造的景观，描述了运动和循环的轻质有机屋顶结构。这是哈迪德数字设计和施工设计的新成果。

哈迪德说："每个站都有自己的独特背景、地形、海拔高度和环境。我们研究冰川和冰块运动等自然现象，因为我们想使山腰上的车站的冰冻流形成天然的冰川语言。"

图 2.103.1 曼彻斯特媒体城步行桥 | 威尔金森·艾尔，2011

图 2.103.2 媒体城步行桥的支撑杆

曼彻斯特大运河在索尔福德码头附近 2000 年已经建了一座提升式开启桥，以便大船的进出。从 20 世纪 90 年代，索尔福德码头附近的大运河两岸建造了许多著名的建筑，如李伯斯金的战争博物馆、BBC 媒体中心和劳瑞艺术中心。但从战争博物馆到劳瑞中心要通过开启桥，绕了不少路，如果正遇到大船通过，还须等上更长时间。因此建一座开启式的步行桥让人们可以迅速过河已刻不容缓。威尔金森·艾尔（Wilkinson Eyre）是英国著名的桥梁设计大师，这次设计的媒体城步行桥（Media City Footbridge）与卡拉特拉瓦在都柏林设计的旋转桥相比较，形式不同，结构简单，价格便宜。这里没有用一个巨大的吊杆来悬吊桥面，而是采用了固定在旋转桥墩的 8 根竖杆，与后侧桥面的钢索形成八字形体系。后桥面在拉索的两侧留下了可以行走的较宽的路面，这样后桥面的重量也平衡了前桥面的重量所产生的力矩。这个设计的妙处在于 8 根竖杆与后面呈八字形分布的拉索体系保证了整桥的横向稳定性。

该桥自重 450 t，两个跨度分别为 65 m 和 18 m。它通过摆动 71 度给出 48 m 宽的航道。大桥的桥面是一个正交异性板钢箱梁，桥梁由 8 根钢锥形桅杆支撑。摆动机构建立在直径 13 m 的钢筋混凝土沉井基础内，桥墩水面上的直径为 7.3 m。

图 2.104.1　巴塞罗那阿格巴塔楼 | 让·努维　图 2.104.2　阿格巴塔楼的遮阳板近景
尔，2004

在巴塞罗那这个加泰罗尼亚的政治文化中心，2004 年，除去著名的安东尼·高迪设计的那个似乎永远无法完工的神圣家族大教堂外，在相距 1 km 的荣誉广场有一座高 142 m 的曲线轮廓的阿格巴塔楼（Torre Agbar），像是破土冲出的一股喷泉拔地而起。大楼的表面被透明、浅色、发亮的材质覆盖着，在阳光的照耀下，不断变幻着神奇的色彩。大楼的表面仿佛被水冲刷过一般光滑、连续而富有活力。这就是新建成的阿格巴塔楼，在巴塞罗那的天际线上，又多了一个不分昼夜的海市蜃楼，成为这座城市中最耀眼的标志性建筑之一，它使巴塞罗那向着国际大都市又迈出了一步。

阿格巴塔楼内层表皮是混凝土墙，外挂五颜六色的波纹铝板，由倾斜的玻璃百叶组成的外层表皮如同一张用精致的蕾丝编制成的网，给阿格巴塔楼穿上了一件透明的纱装。作为内层表皮的混凝土墙承受了建筑的荷载，外侧铝板的色彩由深到浅，由地面的暖色到天空的冷色，变化丰富。这些色彩由波尼（Alain Bony）设计，他用深红、朱红、橙红、橙黄、天蓝、深蓝、白色、浅灰色等组成了一幅现代艺术的马赛克拼图。至于嵌在拼图上的方形窗，则有着另一种随着时间推移而变化的色彩。

在阿格巴塔楼的设计中，努维尔如果对圣家族教堂、加泰罗尼亚传统文化一味地屈从和调和，那么将会出现一个平庸的、复古式的建筑；如果单纯地以自我为中心，强调全球化、国际风格，又会对城市景观造成伤害。努维尔最终选择了一种"文化回音"的方式让阿格巴塔楼融入了巴塞罗那的天际线之中。圣家族教堂、蒙萨拉特山的奇石、水和巴塞罗那的城市意象都成为他设计的源泉。这种方式不是对传统文化的克隆，也不是一种割裂，而是一种融入和延续，实现了民族性和世界性，地域文化与"普世文明"并存。正如努维尔所说："建筑不再是一个独立的行为，它是不断变化着的文脉连续系统中的一个事件，一个给建筑师带来额外责任的持久事件。"

这个建筑与伦敦的瑞士再保险大厦外形相似，但那"富有流动感"的色彩斑斓的外皮效果，使它与巴塞罗那的城市气质吻合，而与英国人保守的性格形成鲜明对比。

图 2.105　高雄体育场 | 伊东丰雄，2006—2009

高雄体育场（Kaohsiung Stadium）是为 2009 年在高雄召开的世界运动会而建造的可容纳 50000 人的体育场，也是世界上第一个没有封闭的开口体育场；体育场 14155 m² 的屋顶覆盖了 8844 块太阳能电池板，可以提供 110 万 kWh 的发电量，是全世界第一座完全由太阳能供电的运动场馆。开放式的体育场不需空调，自然通风。体育场闲置时，85% 的电力还可向周围输送。从空中看去，体育场像一条中国龙。建筑师伊东丰雄说："我希望民众一走出捷运站，就能感受运动比赛的热闹气氛，逐渐被引导至观众席。"

图 2.106　巴西阿雷格里港伊伯尔·卡马戈基金会 | 阿尔瓦罗·西扎，2003—2008

伊伯尔·卡马戈基金会（Ibere Camargo Foundation）是阿尔瓦罗·西扎（Alvaro Siza）生前设计的最后项目。在一个矩形停车场上，矗立着白色混凝土不规则的一个异形建筑，建筑采用河中的白色石头作为平台的颜色。环绕建筑的斜坡道像是手臂在拥抱着建筑主体，同时坡道又部分地分离了主体，形成了建筑物外墙的特殊形式。展览馆、教室、图书、礼堂，分布在中央大堂周围。在建筑的外部和内部，直线和曲线的对比、生态走廊和坡道、对称和不对称，创造了艺术与自然的对话。该项目几乎被视为是"雕塑"，它探讨了背景光、纹理、运动和空间，让游客与展出的艺术品产生直接关联。在阿雷格里（Alegre）港，人们第一次见到这样的建筑，它引起人们的好奇心和公众的期望。

图 2.107　美国佛罗里达州萨尔瓦多·达利博物馆 | HOK 建筑事务所，2008—2011

萨尔瓦多·达利（Salvador Dali，1904—1989 年）是西班牙超现实主义画家，以探索潜意识的意象著称，与毕加索、马蒂斯一起被认为是 20 世纪最有代表性的三位画家。圣彼得斯堡（St. Petersburg）萨尔瓦多·达利博物馆（Salvador Dali Museum）原建于 1982 年，面积 6320 m^2。原先的博物馆只有一层楼，展品包括油画、水彩、素描、雕塑等 2140 件永久收藏作品。

这次改建由 HOK 建筑事务所的建筑师晏·韦茅斯（Yann Weymouth）设计，建筑高度增加了一层，总高度为 22.9 m，在四方形混凝土墙的外侧，用 1062 块三角形玻璃板在两面墙和屋顶上面组拼成一个水蛭形的巨大的玻璃棚，玻璃天棚将阳光引入博物馆内，由于开口不大，照度恰到好处。室内有一个螺旋楼梯可以让观众直接到达屋顶的玻璃棚内，观看四周的景致。艺术品主要由博物馆的厚混凝土墙加以保护，玻璃棚的钢结构与三角形玻璃板都是通过计算机进行 3D CAD 设计的，之所以如此重视这个体量不大的博物馆的玻璃棚，主要是考虑到佛罗里达经常遇到的特大飓风，建筑设计保证可以抵御 200 年一遇的大飓风[1]。屋顶有 30 cm 厚的混凝土和 15 cm 厚的预应力混凝土，三角形玻璃板也有 38 mm 厚，加上钢架的支撑，它们足可以抵挡 4 级飓风。整个建筑可以抵挡 10 m 高的海浪，当飓风来临时，艺术作品被可靠地保护在一个完全封闭的混凝土构筑物内。该建筑还采用了海水循环系统来降低室内温度。

[1] 圣彼得斯堡在佛罗里达州半岛的西侧，不是大西洋飓风的主要迎风面，所以采用 200 年一遇的说法。

图 2.108.1　马德里 RIO 景观中的人行桥 | West 8，2009—2010

图 2.108.2　人行桥穹顶内的画

与通常实用的人行天桥不同，设计师在马德里曼萨纳雷斯河岸更新景观工程（Madrid RIO）中创造了一个能够感知河流的场所。一座有着粗糙混凝土穹顶的人行桥，两侧有着类似鲸鱼脊骨的钢缆。穹顶由西班牙艺术家丹尼尔·伽诺嘎（Daniel Canogar）绘制，经过天桥时可以观察到内部的马赛克装饰非常漂亮。同时，在穹顶的边缘装备照明系统，使得这件艺术品在灯光反射下更加绚烂夺目。桥梁结构尺寸为 47 m×8.5 m×8 m。穹顶可为桥上的人遮阴。该桥于 2010 年 4 月 24 日开通。

图 2.109　维也纳 T 移动中心 | 冈瑟·多米尼希，2002—2004

维也纳 T 移动中心（T-Mobile Center）不仅是一座
大型的办公楼，还是一个大型雕塑。建筑师冈瑟·多
米尼希（Günther Domenig）希望建立一个 280 m 长
的水平摩天楼，该项目实际使用面积为 11.9 万 m²，
包含了 3000 多名员工的办公室。建筑具有一个非同
寻常的比例，高 60 m 的卧式结构和一个 40 m 长的
机翼般悬楼，总长度为 255 m，成为维也纳最独特的
办公楼。大厦的建成开创了该地区新规划的扩充与
实施。

图 2.110　挪威哈马洛伊克努特·汉姆生博物馆 | 斯蒂芬·霍尔，2009

2009 年 8 月初克努特·汉姆生博物馆（Knut Hamsun Museum）开放时，正好是挪威诺贝尔奖得主克努特·汉姆生诞辰 150 周年。这座 2700 m² 的中心包括展区、图书馆和阅读室、咖啡馆以及为博物馆和社区共同使用的讲堂等。博物馆位于北极圈内，靠近汉姆生成长的农庄。汉姆生在 1920 年以小说《大地的成长》（Growth of the Soil）获得诺贝尔文学奖。

斯蒂芬·霍尔（Steven Holl）的灵感受到了挪威哈马罗伊（Hamaroy）自然风景的启发，通过传统的挪威木板教堂和草皮屋顶，尤其是汉姆生的早期文学作品《饥饿》（1890年）和《奥秘》（1892 年），使建筑师深深地感受到挪威和作家的魅力。这座建筑有着焦油般的黑木外墙，看上去很像是挪威中世纪的桶板教堂。在屋顶花园内，长长的竹子斜槽让人回忆起挪威传统的屋顶风格。讲堂则通过一条过道连接了主要建筑。这条通道经过一座较低的前厅，利用了天然地形将日光引入流通路径中。

克努特·汉姆生博物馆获得了 2011 年挪威 Byggeskikk 奖，评委会表示，克努特·汉姆生博物馆以令人激动和独特的方式实现了其功能性，外观采用了非传统但清晰和强有力的线条，并在挪威天际线上呈现了独特的自然表现力。

图 2.111 德国法兰克福 Mab Zeil 商场 | 马西米亚诺·福克萨斯，2008

德国法兰克福市内有两座很特别的商场 Zeilgallerie 和 Mab Zeil，这两个商场的设计完全不同，但都在同一条街道之上。Mab Zeil 商场的设计似乎显得更加疯狂，首先在外墙上有一个玻璃做的大洞，而这个大洞直接连接至室内的屋顶，形成玻璃天窗，之后玻璃墙会缓缓地弯曲至室内并穿过各个楼层，直至底层，仿佛一条玻璃龙骨。室内的空间和设计十分前卫，地板上的玻璃洞由三角形玻璃板纵横交错地重叠一起，确实使设计又多一分特别之处。网格式的天窗虽然花销昂贵，问题是如何把天窗设计得简洁漂亮吸引顾客，建筑师利用了三角形的钢框弯弯曲曲地组合成立体的漩涡形，并在商店中延伸，从而达到龙骨一样的效果。马西米亚诺·福克萨斯（Massimiliano Fuksas）善于在其作品中使用波浪形钢格玻璃网曲面，米兰新博览会也使用了这样的设计。

图 2.112　里昂橙色立方 | 雅各布 + 麦克法兰，2005—2011

里昂橙色立方（The Orange Cube）与图 2.55 所示巴黎时装与设计之城都是将原来的码头建筑加以重新改建，成为一个现代都市的规划项目。这个计划通过改建里昂的码头上的旧工业船坞，并将此建筑和一个文化和商贸计划融合在一起。

船坞原先主要由仓库、吊车和一些实用的部分构成。这一区域的改建带有实验建筑的意味。这个实验性的工程创造了一处新的景观，并与河流和周围环绕的小山相得益彰。在构想中，要突出强调的是独树一帜的橙色立方体。

橙色立方就是一个简单的立方体，为了采光、通风和观景的需要，其中一大块被"挖"去。形成的空洞在大厦的一个边角处，显示出与大厦平行内部楼层，并向屋顶平台延伸。重量很轻的外墙上看似很随意的开口一直延续到另一侧的外墙，这样看似怪异的设计也是为了配合旁边河流的律动。为了制造出这个大空洞，建筑师运用了一系列颠覆空间的数学方法，勉其其难地解决了看似无解的问题。外墙的角度、屋顶以及入口处的高度都是配合着那三个错落有致的圆锥截面设计的。这些不规则的设计创造出了一些空间，也为这座大楼的使用者提供了天然的采光。

空洞是基于大厅的拱形结构设计的，建筑师将其建于拱柱上用来加固墙体。这就使得两种建筑元素联合起来在大楼内部形成了一个新的空间；在面朝河流的这一面，大楼有四层办公空间分别在空洞边上。

橙色立方的另一个特点表现在墙面的设计上，墙面上大大小小有几千个孔，它们就好似人的"肺泡"，实际也是这样，这些孔建立起建筑的通风功能，在建筑中起着"肺"的功能。现代建筑中用"孔"作为建筑表皮的设计有许多，但这样的表皮还是首次使用在真实建筑上。

图 2.113　慕尼黑宝马世界 | 蓝天组，2007—2008

慕尼黑宝马世界（BMW Welt）由世界顶级建筑师蓝天组（Coop Himmelb(l)au）的沃尔夫·普瑞克斯（Wolf Prix）教授设计，是一座集新车交付中心、技术与设计工作室、画廊、青少年课堂、休闲酒吧等为一体的综合性多功能建筑。它新颖独特的双圆锥形设计风格，成为巴伐利亚洲首府慕尼黑的一个时尚新地标。建筑师设计的特色之一，是盖一个看似浮云的屋盖，其实这个巨大的"云"一样的屋盖并不重。这里只有 11 根柱支撑它，令它看上去更轻盈。蓝天组以设计"云"的屋顶著称，不过这朵"云"是蓝天组所设计的最大的"云"。建筑师沃尔夫·普瑞克斯曾说："早期设计方案中有许多柱，但为了让建筑更像一朵云，支柱数量慢慢减少。如今的屋顶造型突出了整个建筑飘浮和飞行的感觉。"屋顶重 3000 t，屋顶面积约 16500 m²，玻璃屋面 15000 m²，建筑工程艰巨。他又说："这座屋顶并非用来确定空间，而是用来区分空间。"少了柱子，那就更能灵活运用空间。除了 11 根柱子外，屋顶主要靠双圆锥（Double Cone）结构支撑。外观的三角形玻璃看似在飞快地旋转着，象征着宝马巨大的动力，这也是整座建筑的一大特色。双圆锥用做展览厅，每年更换展览 3 ～ 4 次。仰头望玻璃天花幕墙，最有旋转动感。从展览厅的玻璃窗向外望去，远处是四气缸宝马办公塔楼，它是 1973 年由卡尔·舒瓦茨（Karl Schwanzer）设计的，还有一个巨大的圆壶形的宝马博物馆也清晰可见。宝马公园内的这三大建筑生动地展示了宝马公司在世界上的地位。

图 2.114　纽约理查德·费舍尔表演艺术中心 | 弗兰克·盖里，2003—2007

巴德学院理查德·费舍尔表演艺术中心（Richard B. Fisher Center for the Performing Arts）的表演厅位于纽约哈得孙河谷。这个 10000 m² 的表演中心设有 2 个剧院，4 个舞蹈、戏剧、音乐排练室与专业配套设施。该项目的总费用达到 6200 万美元。纽约人称之为"美国最好的小音乐厅"。

该项目提出了许多工程挑战，其中最主要的是节能和环境系统，与盖里在西班牙毕尔巴鄂古根海姆博物馆合作过的科森梯尼（Cosentini）团队担任了这项任务。科森梯尼设计一个地热交换系统。地热井的地面作为散热器。它节省大量能源，易于维护。另外，它消除了冷却塔可能产生负面影响。由于没有使用化学药品，保证了环境不受污染。

创新思维对主剧场工程也是至关重要的。作为一个多用途场地，主剧场配备了一个封闭的声学塔墙和天花板，它们可以重新配置或更换，以适应不同的演出所需要的外壳。科森梯尼的解决办法是在声学塔墙内安置一个送风系统，使其能够快速连接到主风道送风管道的软管，使声学墙可以很快地进入工作状态。科森梯尼还对剧院的气流分布进行了计算机流体动力学分析，以确定剧院中最佳的（温度和空气流速）的环境条件。

弗兰克·盖里从 1996 年在西雅图音乐体验中心（Experience Music Project）的设计里就开始了大片的金属薄板结构，在 2002 年设计的俄亥俄州克利夫兰彼特·刘易斯大楼和 2006 年西班牙埃尔谢戈（Elciego）的里斯卡尔侯爵酒店（Marques de Riscal Hotel）中都使用了这种设计方法。但是到了 2007 年后，他的设计开始有所转变，例如图 2.17 的纽约巴里·迪勒总部就是明显的例子。

图 2.115　德国科特布斯大学图书馆｜雅克·赫尔佐格＋德·梅隆，2004

德国科特布斯大学图书馆（Cottbus University Library）的建筑设计充分体现了导入新信息与媒体服务的革命性理念，城堡式的数字图书馆外形体现了传统与现代的完美结合，享有"2006 年之图书馆"盛誉。图书馆平面呈圆弧十字形，但长边是短边的一倍多，像一个变形虫，它似乎像一颗水滴向四周流动和蔓延到了附近的景区。这个任意的形状是建筑师的即时艺术灵感，在表达建筑师们内心的一种情绪。这个位于校园门口的建筑，给学校和城市的空间带来了不同凡响的影响。弯曲的玻璃墙上印满了各种不同文字。当你围绕着图书馆转一圈，无论从哪个方向看它总是在不断地变化，但不显得突兀。从图书馆阅览室向外看，深浅不一的透明度使读者有一种神奇的雕塑感觉。

流动的雕塑形状使科特布斯大学图书馆服从了都市化的战略要求。都市化的设计也在楼内继续：建筑物的外形，生成了巨大的内部空间和各种阅览室，使它们能够有极大的自由度和灵活性。九个楼层板都有不同的形式。建筑师将它们做了处理，使它们不会完全覆盖整个楼层的墙面。对地板的自由切割，给了建筑师处理空间极大的自由度，使整个建筑产生一些非常活跃的套房空间。一些阅览室非常大，两三层高。大量的日光从建筑侧面或顶部的不同形状的玻璃非常慷慨地透射进来，使读者有融入自然的亲切感觉。

图 2.116.1　大连国际会议中心 | 蓝天组，2012

图 2.116.2　大连国际会议中心充满皱纹的外表皮

大连国际会议中心（Dalian International Conference Center）是沿城市主要轴线建造的，建筑师在山水式的风景中创造了一个地标性建筑物。蓝天组建筑事务所为大连国际会议中心设计了悬臂式会议空间和一个扭曲多面的建筑表皮。剧场和会议空间在建筑设计上与动感的室外穿孔材料相呼应，首层公共空间利用了参数化设计的表皮结构，直接反射了空间中的光线。能容纳 2500 人的会议大厅与大剧场相连，空间风格延续了蜿蜒弯曲的平面流动性。这个体量巨大的空间同时容纳传统的剧场、会议中心和小型房间。

有人说它像贝壳，也有人认为它像飞碟。负责该项目的蓝天组建筑师沃尔夫冈·海伊德（Wolfgang Haid）说，如果真做成一个贝壳，那就不利于今后的舒适使用。从设计角度，如果建筑外形照搬某个物体的形状，对于建筑师来说，那就是一个噩梦。对于大连国际会议中心外形像什么，多位建筑师都表示，"它并非是具体的"。这个问题没有太多意义，中国室内设计学会副会长姜峰说，大连国际会议中心所带来的震撼会超过以往任何建筑。

图 2.117　波士顿当代艺术研究所 | 伊丽莎白·迪勒＋理卡多·斯考菲迪欧，2006

波士顿当代艺术研究所又称波士顿当代美术馆（Institute of Contemporary Art, ICA），其新馆是波士顿近百年来首度兴建的美术馆，作为融合建筑设计及公共空间的敏感性之典范，成为波士顿未来的地标，地点就在南波士顿的范皮尔（Fan Pier）港，这里是波士顿最大片未开发的边陲地带，也是发展迅速的创意中心。面积 5574 m² 的美术馆提供 1858 m² 作为画廊使用，其他部分则作为多媒体表演剧场、书局、教学教室、艺术家工作室等公众活动空间。室内剧场包裹在三面玻璃之中，整个结构就像一本半开的书，周围延伸发展出餐厅及剧院。波士顿当代美术馆上半部就像个半透明的玻璃盒，画廊像华盖一样浮动在主体结构之上，并向外延伸直到艺术中心入口广场的上方，此外包围波士顿海港的公共人行木板步行道也要从波士顿当代美术馆新馆前方通过，成为与当代美术馆不可分割的一部分。

来自纽约的伊丽莎白·迪勒（Elizabeth Diller）和理卡多·斯考菲迪欧（Ricardo Scofidio）这对夫妻建筑师组合游弋在建筑与艺术、工程营造与概念设计之间的灰色地带。由于早期热衷于空虚体量、装饰艺术和表演，他们被称为杜尚主义[1]建筑师，他们的作品也只能流于概念和想象。ICA 想要进行新尝试的胆量与野心为造就一个与众不同的当代美术馆提供了契机。在 ICA 的设计中，"公共"部分是自地面向上而建，"艺术"空间则是自上而下。如建筑师所言："美术馆想要内向，而基地想要让建筑外向。这幢建筑必须有双重视景。"因此，最终的建筑是"一个自我意识很强的想要让人看的物体"，同时也是一架"机器"。这与 2002 年为瑞士世界博览会设计的"朦胧建筑"（Blur Building），已不可同日而语了。

[1]马塞尔·杜尚（Marcel Duchamp，1887—1968），纽约达达主义团体的核心人物。出生于法国，1954年入美国籍。他的出现改变了西方现代艺术的进程。可以说，西方现代艺术，尤其是第二次世界大战之后的西方艺术，主要是沿着杜尚的思想轨迹行进的。人们常认为达达主义有虚无主义的色彩，而它本身的目标也是在让世人明白，所有的既定价值、道理或者美感标准，都已在第一次大战的摧残下，变得毫无意义。他是超现实主义和朦胧思想的实践者。

图 2.118.1　哥本哈根双子座高尔夫假日公寓 | MVRVD，2003—2005

图 2.118.2　双子座高尔夫假日公寓内部环形走廊

双子座高尔夫假日公寓（Gemini Court Holiday Apartments）是位于丹麦首都哥本哈根海滨一个群岛码头（Brygge）上的住宅楼，它由两个种子储仓改建而成。转换后的双圆柱混凝土筒仓高 42 m，宽 25 m。筒仓内部呈空心状，由一圈圈的走廊环绕着，走廊上还有上下楼梯，可直接到相邻的楼层。两幢圆筒楼连在一起像数学中无穷大符号 ∞。自然光从屋顶直接泻下，照到了公寓的每一家。

公寓被固定在筒仓外部，沿其整个长度有落地窗和阳台。公寓下方的仓筒裸露着，向内凹进的空间让码头和街道连在一起，保证了交通。

图 2.119　阿姆斯特丹 ING 集团总部大楼 | 罗伯特·迈耶 + 冯·苏藤，1998—2002

建筑师巧妙地运用平坦狭长的地势，竖立一座修长而不高的庞然巨物。ING 集团总部大楼（ING House）以"自升式钻塔"托起，意喻太空母舰空降地面。配合 V 形倾向的全玻璃帷幕墙身及圆角钢板包围设计，造型确实大胆奇特。建筑师声称只运用了现在建筑材料去完成这个设计。为方便管理者，开发一条贯通大厦的主线通道，通道以透光玻璃包围，一边隔绝北向高速公路的噪音，另一边阻隔南面的阳光与热能。透过中央电脑自动控制，将自然微风从南边渗入并贯通大厦的室内空间。建筑师彻头彻尾打造了一个空中花园，并将它搬到大厦顶部的"天台"，里面包括有高级餐厅、休息间、会议间及职员餐厅。

图 2.120　德国埃森矿业同盟管理设计学院 | SANAA，2003

2006 年 7 月底正式落成的德国埃森矿业同盟管理设计学院（Zollverein School of Management and Design）位于埃森市郊外的一个旧煤矿遗址旁边，位于庞大的郊区中古老的煤处理工厂旧址上。工业遗址现已成为联合国教科文组织指定的世界文化遗产。为了与遗址上工业建筑的尺度相呼应，并为该地区创造出一个醒目的标志性入口，SANAA 提出了一个巨大的抽象立方体建筑方案。简洁方正的 35 m 的立方体和朴实的混凝土材料，在周围具有强烈历史气息的厂房与铁轨映衬下塑造出很强的标志性，显得特立独行，也与郊区细致的肌理形成对比。用传统的标准看，建筑的体量相对于其功能来说，可能过于庞大，建筑的体量不仅仅来自于城市的环境，也应根据建筑的功能要求。

矿业同盟管理设计学院立面上看似自由分布的密集方形窗口，实际制造了一种穿透性。妹岛曾经说过："确实有很多人认为我的建筑和日本的传统建筑相去甚远。但我觉得最重要的是透明性，而透明性并不等于玻璃。透明性是具多样性的，它意味了许多。而这也是日本传统建筑的特质之一。" 浅灰色的清水混凝土墙面上随机开了不同大小的孔洞，跳动着 134 块大面积玻璃，让建筑呈现出体量上巍然的气势之外，还能给人以轻盈的感受，为"透明"提供了更多可能。孔洞用来采光，并可俯瞰周围的工厂景观，由此将内部空间过渡到外部去。另一方面该建筑的屋顶阳台给人们带来了一种特殊的新鲜感，可以观景、感受阳光，还可以几个人小聚。底层的会议室的几个巨大的窗户不仅可以观察到整个外景，似乎把室内室外连通起来了。

图 2.121.1　德国斯图加特新梅塞德斯奔驰博物馆 | 联合工作室，2005

图 2.121.2　新梅塞德斯奔驰博物馆鸟瞰图

新梅塞德斯奔驰博物馆（Mercedes-Benz Museum）称得上是建筑业的又一杰作，它由世界著名建筑师本·凡·贝克尔（Ben van Berkel）和卡罗琳·博斯（Caroline Bos）创立的联合工作室（UN Studio）设计，运用了最新的建筑技术，从而实现了极为复杂的博物馆几何结构。从草案初稿到完工，建筑设计图都是基于三维数据模型。据了解，这个三维数据模型在施工阶段更新了 50 多次，总共制作了 35000 张施工图。建筑亮点包括能够承载 10 辆载重车、33 m 宽的无柱空间，以及所谓的"螺旋结构"。外窗使用了各不相同的 1800 块三角形窗格玻璃。参观者可以搭乘三部电梯来到 42 m 高的中庭。从这里延伸出的两条参观路线，在九层建筑物中呈螺旋状的斜坡一直下降到最底层，好似 DNA 双螺旋结构，从而体现出梅赛德斯奔驰品牌不断创新的原始理念。

就技术层面而言，三个叠合在一起的圆覆盖住作为中央主体结构的"三叶草"，即三座将容纳所有功能空间的立方体柱状塔楼。这样，中心变成了一个空旷的空间，形成一个三角的庭院，半圆的地板随中央庭院旋转形成水平的高地，空间上感觉会比较复杂，尤其作为整体而言，没有人能看到三叶草形式的存在。展现在眼前的却是一条无限往下延伸，吸引你迈出脚步的斜坡，以及在这样的路途中按年代顺序排列的各个时期的奔驰车。对参观者来说，仿佛是建筑物在顺着自己旋转，就像自己处在一个雕塑中，充满着对称的美感。建筑内部好似一座迷宫，线路的交错使人们产生错觉，有些路线是并行的，有的则完全没有连接，所以有时会看到其他的人和物，有时却看不到，就像捉迷藏一样。建筑师通过空间，展示了其作为魔法师的高明，不断的神秘感带给游客不断的惊喜。

图 2.122　法国洛林蓬皮杜梅兹中心 | 坂茂建筑事务所＋让·德·嘎斯汀建筑事务所，2010

位于法国巴黎的蓬皮杜中心（全称为蓬皮杜国家艺术与文化中心）素以大胆的造型和现代气息浓重的建筑设计著称，更以丰富的馆藏和陈列，不间断的临时展览位居全球现代艺术博物馆第一位。目前，蓬皮杜中心在法国东部城市梅兹建设的分馆建成，又一座现代气息浓郁的文化设施拔地而起。

蓬皮杜梅兹中心（Centre Pompidou-Metz）所处的洛林大区与德国、比利时和卢森堡交界，地理位置非常重要，被称为"欧洲的十字路口"。2003 年 1 月，经法国文化部同意，蓬皮杜中心和梅兹市对外宣布共建梅兹分馆的决定。日本建筑师坂茂（Shigeru Ban）的设计方案在随后进行的招投标中胜出。2006 年 11 月，蓬皮杜梅兹中心举行奠基仪式，工程持续 3 年多的时间。

蓬皮杜梅兹中心被媒体称为像一个巨型不明飞行物。波浪形的屋顶如六边形的大贝壳，从中庭至顶端耸立着一个高 77 m 的巨柱，象征 1977 年开馆的蓬皮杜中心。整个建筑的屋顶由东方传统建筑常用的木结构支撑，用云杉做成的总长 18 km，重 650 t 的横梁将屋顶构成网状结构，外面覆盖着 8000 m² 的半透明膜，使得该馆白天光线充足，晚上外观非常靓丽。在这个建筑面积 10000 多 m² 的现代艺术博物馆中，5000 m² 用于艺术展览。

1957 年坂茂出生于东京，曾就读于美国两所最具影响力的建筑院校——南加州建筑学院（SCI-Arc）和纽约的库伯联盟（Cooper Union）学院，之后他在矶崎新事务所工作，1985 年自主执业。尽管坂茂设计了世界上第一个用纸管作为主要结构构件的永久性建筑——日本神奈川县逗子市诗人图书馆（Library of a Poet，1991 年），但直到 1995 年他才因在神户设计的纸教堂而一举成名。然而，随着时间的推移，坂茂似乎已经放弃了那些曾经赋予他（纸质）作品以个性的那些理想了，蓬皮杜梅兹中心的设计就是最好的证明。

图 2.123　马赛老港镜面亭｜福斯特＋合作伙伴，2013

镜面亭（Vieux Port Pavilion）用高度反射的不锈钢制造，并以细长的梁柱支撑，构造简单的顶棚尺寸为 46 m×22 m。亭台四边都是开放式的，抛光镜面表层反映出历史性港口的景色，并且表层的边角逐步变细，以减少这座建筑的视觉影响。福斯特本人在谈及设计时表示，马赛港是一个非常有名和壮观的场所，通过简单的设计来塑造的这座亭台可举办各类活动，也可用做市场。其设计对应了气候条件，既提供了遮挡，也尊重了海港的空间，为之增光添彩。

众所周知芝加哥有一个能够反映出变形的人形的"肾形豆"，只要到芝加哥旅游的人总会到那里转一圈，肾形豆结构很复杂，当人们靠近时，就成了哈哈镜；福斯特设计的这座镜面亭，结构简单，站在下面，看到的都是真实的镜像，使人有亲切的感觉。从这个作品和福斯特的其他作品可以看出建筑师的设计风格，简单且具有丰富的内涵。

图 2.124.1　德国斯图加特虚拟工程中心 | 联合工作室，2008—2012

图 2.124.2　德国斯图加特
虚拟工程中心主楼

虚拟工程中心（Centre for Virtual Engineering）位于德国斯图加特的弗劳恩霍夫研究院内，该中心专注于调查研究不同学科的工作流程。其工作的重点是研究建筑物的原型，然后经过模拟使用和团队调查对建筑进行评估。这就需要对建筑物进行特别的考虑。一方面，一个开放、活跃、技术创新的结构十分必要（该建筑物在研究所内形成了交流中心），另一方面，规划和建设过程需要有独创性。

设计者本·凡·贝克尔表示："虚拟工程中心的设计展示出建筑如何对当代工作环境进行重新诠释，从而激发一种新的工作形式。交流是创新性工作方式的关键，这个设计就是通过建筑来实现各个方面的交流。"该建筑物位于弗劳恩霍夫研究院的一端，没有任何遮挡物，清晰可见，因此其外观需要在反映地方特色的同时，传达出其自身作为一个研究性设施和以未来为导向的科学实验室的特性。所以建筑的外观设计融入屋顶和层的元素，实现了建筑外观的完美转换。建筑似乎有意识地缩小自己，从而彰显虚拟的主题和电脑合成的制作过程。

建筑和设计元素统一于一个连贯的结构中，该结构部分开放，部分闭合。建筑平面图的设计包含曲线和直线两个几何元素，其外观渐变为锯齿形，同时保持了连续变换曲面的效果。锯齿形外观每层不一，每层的高度也从低层办公区到高层实验室区逐层变化。垂直外观包括了两种不同色调的遮阳板，用来突出变化的方向。

图 2.125.1　阿姆斯特丹米洛斯房屋 | HVDN，2008

图 2.125.2　米洛斯房屋的可开启的外层玻璃面墙

米洛斯房屋（Milos Housing）是围绕着位于沃特格拉斯（Watergraafsmeer）附近的阿姆斯特丹科学园中建设的较大的混合使用区的一部分。科学园现正转型为一个国际知识中心，毗邻着新的已经竣工的教学楼和相关企业。米洛斯是最西的大楼，其4～5 层的底座和一个 45 m 的塔，像一座现代化的城堡。米洛斯房屋四面环水，行人和骑自行车要通过桥梁进入大楼。封闭的内庭院铺设有木地板。因为紧靠边上的铁路，大楼建有双层幕墙：玻璃屏幕被放置在隔热墙外面，起着障音的作用。

图 2.126　纽约布朗克斯艺术博物馆 | 艾凯特托尼克建筑事务所，2006

布朗克斯艺术博物馆（Bronx Museum of the Arts）新馆的
建设标志着一个雄心勃勃的计划，并最终取代现有的布朗
克斯艺术博物馆。该项目一期工程包括新的画廊、管理空
间和一个户外雕塑区。拟议中央结构是一个更大的计划，
而艾凯特托尼克建筑事务所（Arquitectonica，西班牙加利
西亚语，"建筑"的意思）设计了额外的画廊、教室、礼
堂、儿童艺术中心和住宅大楼，将位于博物馆目前部分所
处 165 街的角落里。

艾凯特托尼克首先在人行道边设计了一个由不规则的多孔
玻璃和金属板制成的折叠屏幕墙。板的折角反映了墙面的
板裂缝深度。建筑的外墙像一个扭曲的折叠纸展开后的形
状，神秘地面对着街道。这种由垂直的金属带和边角的玻
璃构成的折叠式幕墙，的确极富戏剧化，让人驻足观望。

图 2.127　德国汉堡 Schlump 一号楼 | 于尔根·迈耶－赫尔曼建筑事务所，2012

Schlump 一号楼（Schlump One）位于安斯布特（Eimsbüttel）区的 Schlump 地铁站，此处原先的建筑已经烧毁。20世纪90年代的建筑现在已经被改造成一座办公楼，每层有四个可以出租的单元。庭院中现有的数据处理中心已被改造成一所私立大学，并扩大到包括了一个新的建筑。面对街道的立面上巨大的镶嵌玻璃构成了一个巨型树干雕塑般的图案，是该建筑的与众不同之处。建筑由德国的于尔根·迈耶－赫尔曼（Jürgen Mayer-Hermann）建筑事务所设计。

图 2.128　德国柏林沙特大使馆 | NF 建筑事务所 +BCB 巴特尔斯咨询事务所，2007

德国柏林沙特大使馆最大的特点是圆形大厅外的由铝合金条制成的充满阿拉伯元素的半透明幕墙。幕墙上面每一个单元由两个正方形铝条转动 45 度后构成了基本的图案单元，无数的小方块构成了幕墙。图 2.83.1 所示让·努维尔设计的卡塔尔多哈大厦和巴黎著名的阿拉伯世界研究中心的幕墙也是由类似的小方块组合成。

图 2.129　日本石川县金泽 21 世纪现代艺术博物馆 | SANAA，2006

金泽 21 世纪美术馆（Kanazawa 21 Seiki Bijutsukan）由妹岛和世的 SANAA 建筑事务所设计，并于 2004 年 10 月 9 日建成。美术馆尚未建成，就获得了威尼斯建筑双年展的金狮奖，备受世人瞩目。

金泽 21 世纪美术馆的主要建筑特色，就是正圆形的平面图形，这在美术馆的设计上可以说是绝无仅有的。这个正圆形的基地面积直径有 112.5 m，没有前方和后方的差别，也没有主要入口的标识。美术馆不高，有地下一层和地上两层，在圆形基地的空间中，除了展区之外，还有图书馆、教室和儿童空间。低处的展室由外围的玻璃墙采光。在圆形美术馆中，不规则地分布着大小、高低、方圆各不相同的特别展区，向上方伸出圆盘的屋顶，从远处看就像圆盘子上面的积木。

金泽 21 世纪美术馆没有分栋或分层展览的概念，它的设计原则是美术馆内的空间首先应该成为一个综合空间，同时又要有依展览而变化的弹性，彼此之间有强烈的关联。另一个设计原则是美术馆十分注重"人与环境"的价值，不论是观众、学者及美术馆工作人员，其活动范围（包括馆外空间）都必须被详细考量。因此建筑师最后提出的是一个海岛形的概念，也就是利用圆形将不同的展区集中在内部，而且最外围并非实墙，而是透明的玻璃落地窗，从而让"轻"与"透"得到淋漓尽致的发挥。于是美术馆犹如透明且飘浮的大扁圆岛一般，从外面环境也能对美术馆内部的活动一目了然。

此外，金泽 21 世纪美术馆，将 20 世纪的 3M 理念（也就是人类至上、金钱至上与唯物主义，Man、Money、Materialism）转化成 21 世纪的 3C 理念（也就是知觉、团体智慧与共存，Consciousness、Collective Intelligence、Co-existence），3C 理念成为此美术馆的成立宗旨和展览方向。基于这样的理念，美术馆是免费入场的。开馆一年，入场人次就超过了 100 万人。

图 2.130.1　瑞士洛桑劳力士学习中心 | SANAA，2004—2010

图 2.130.2　瑞士洛桑劳力士学习中心施工场景

瑞士洛桑劳力士学习中心（Rolex Learning Center）是 SANAA 建筑事务所设计的另一个"大胆而且高度实验性质"的建筑。作为瑞士洛桑联邦理工学院（EPFL）的一部分，这座学习中心将成为现代学习设施的典范。它位于风景优美的日内瓦湖畔，外形就像湖中的波浪，微微地弯曲着、扭动着。长方形的平面布局，使建筑像"一千零一夜"中的神奇的飞毯从天上徐徐飘下，还未完全摊平整。建筑整体好像是一个巨大的三明治，上下两层方形微微弯曲的混凝土层包了夹在其中的连续内部空间，沉重的混凝土结构表现出来的却是像羽毛一样飘浮着的"轻"，柔软的建筑外形与外界的地貌相呼应。建筑的内部空间完全是连通的，而不是像过去那样将教室隔离开来。这样的设计，使建筑的内部与外部联系在一起，学生好像不是在教室内学习，而是在风景优美的湖光山色中学习，很有些中国和日本古代绘画中在山涧流水的小筑屋中看着巍峨的山峦劲松、听着山涧溪水读书的味道。这里处处都显示出评审团称赞建筑物的特色："最少的材质面板"（Minimal Material Palette）、"很少的细节"（Spare Details）、"流动的空间结构"（Fluid Spatial Organization）。该建筑地面只有一层，地下有一层，波浪形的盒子外观将安静的学习区域与山脉和斜坡连接起来。学习中心里的多媒体图书馆收藏了约 50 万册书籍，一座多功能厅设有 600 个座位，学生工作间有 860 个座位，此外还有一座餐厅以及书店和银行等。EPFL 学生协会和校友办公室也设在这里。

这座建筑有两个外层，通过计算机模拟来形成最小的弯曲压力。两个外层之间是 11 个预应力拱形结构。小一些的外层由 4 个拱形结构支撑，各有 30～40 m 长，大一些的外层由 7 个拱形结构支撑，各有 55～90 m 长。这些拱形结构由 70 个地下预应力钢缆拉撑。底部光滑的木和钢结构通过精确的混凝土浇筑而达到最佳效果。建筑的轻盈和洁净看来都是一种巧妙的伪装。复杂的结构计算是一项繁重的工作，看似轻盈体态下的支撑件和基础，其实体量也非常庞大。还有那些隐藏起来的管线设备，为了使建筑看上去十分简洁，实际的工作量太大了。

这座建筑有着流动的奇特外形，所有的结构都很灵活。即便弯曲的玻璃立面都是单独切割的，可以根据自然和结构的运动独立进行移动。

SANAA 的所有作品都是一种光影的魔幻表演，如同光之于安藤忠雄的清水混凝土建筑，变幻的光线给材料单纯的 SANAA 作品增添了无穷的活力：外立面或者运用透明玻璃或者采用反光、穿孔的金属板材，其轻盈虚幻的建筑表面仿佛融化在日光中。玻璃在她手中表现出通透、不透以及半透的朦胧状态。她设计的空间充满了丰富的意趣，立面的风格则偏于简约单纯而时尚。

2010 年，由于这对年轻组合的独特的建筑设计风格，获得了建筑界的诺贝尔大奖——普利策奖。评语中写道："他们以异于常人的眼光探索连续空间、光线、透明度以及各种材料的本质，从而在这些元素间创造出一种微妙的和谐感。"普利策奖评审团的评语中这样写道："妹岛和世和西泽立卫的建筑截然不同于那些视觉爆炸式的、或过于修饰的作品，相反，他们始终追寻建筑的本质，这种追求赋予他们的作品以率直、经济和内敛的特征。"普利策奖评委会主席洛德·帕伦博（Lord Palumbo）表示："对于建筑本身来讲，SANNA 的作品同时体现出微妙和力量、明确和流畅，它非常巧妙但又不过度卖弄聪明。而从建筑设计的创造性上来看，这些作品成功地与它周围的语境结合在一起，同时它所包含的运动则又建立起一种丰满的感觉和经验上的丰富性。他们建立了一种非凡的建筑语言，这种语言从激动人心的协作的过程中涌现出来。"这个评语的确恰如其分地总结了最近 10 年来两位建筑师的作品。

图 2.131.1　英国威尔士国民议会大厦 | 理查德·罗杰斯，1998—2006

图 2.131.2　威尔士国民议会大厦休息厅内的蘑菇状木柱

2006 年在距图 2.98 所示威尔士千禧中心不远的地方，又一个现代化的新建筑拔地而起，它就是由著名建筑师理查德·罗杰斯（Richard Rogers）设计的威尔士国民议会大厦（National Assembly for Wales）。该建筑称为施耐德（Senedd）大楼，它被英国女王称赞为"技术与想象完美结合的标志性现代建筑"。

钢构架支撑的玻璃幕墙托着硕大的屋顶静静坐落在湛蓝的加的夫港湾上，屋檐用纤细的钢梁柱支撑，整个结构很像是一把雨伞；屋顶出挑很远，两端向上翘起，拾级而上，仿佛一只振翅欲飞的海鸟，又像中国古典建筑屋顶上翘的屋脊，紧紧抓住人们的视线。

罗杰斯的"技术美学"理念在这里得到了再一次体现：深灰色石基座的沉稳端庄，纤细钢构架的细致轻盈，无色玻璃幕墙的通透明亮。在上层的休息室里，巨大的屋顶保持着原有的样子演变成为波浪状的橡木天花板，波浪起伏的中心是一个巨大的蘑菇状的柱子。威尔士橡木穹顶的流动活泼，使建筑整体严肃的外表下平添几分亲切与温暖，完全符合一个政治性建筑所要赋予的社会象征意义。加的夫海湾明媚的阳光透过玻璃幕墙泻入上层平台，这是公众休息观光区，光线增添了空间的立体感，也模糊了室内外的空间界限，光影下的玻璃幕墙十分敏感地捕捉到邻近建筑的图像和色彩，还有加的夫海湾迷人的景色，建筑与城市环境融为一体。开敞透明的空间表达了公平合理的愿望，鼓励民众积极参与民主，极具隐喻性。

在休息室的正下方是辩论厅，它坐落于建筑的中心位置，呈环形布局，60 个座位依同心圆排列。最精彩之处当属其穹顶，一圈圈同心铝制环渐次缩小，摞叠而上，一直穿过上层公共平台与屋顶相连，形成一个圆环形的玻璃天窗圈。而从上层平台看来，仿佛一个巨型烟囱，依优美的弧线慢慢收缩最后消失于屋顶浅穹顶内。阳光从天窗中直射进来，在一圈圈铝制环中退晕开来，并随着时间的变幻和季节的更替发生着变化，像一种迷离的舞蹈。正是在这不断的变幻中，重新塑造着辩论厅的内部空间。透过休息室铝栅栏的缝隙可以清晰地看到中央木柱下面的议会会场，真有些难以相信。相对于诺曼·福斯特设计的柏林国会大厦的玻璃穹顶，这样柔和的建筑与人们印象中冷硬的议会大厦有着很大的差距，这也许是该建筑本身更深一层的亮点。

理查德·罗杰斯是最受尊敬的明星建筑师之一。他是英国当代建筑复兴的先驱和 20 世纪后期两个最受欢迎的建筑物（即蓬皮杜中心和劳埃德大厦）的设计人。作为整整一代建筑师的教父，他以其卓越的作品跨越了激进主义与人道主义之间的鸿沟。没有谁能像罗杰斯那样，把学院派的严谨与大众化的娱乐性恰到好处地融合在一起，而这正是罗杰斯的特长。他的关于伦敦功能分区、公共空间和沿河景观的规划，帮助英国工党形成了伦敦建设方针，并且对伦敦公共区域的发展产生了影响深远。他的乐观主义和对商业性建筑实践的积极投入或许会削弱他的理想主义，但是他完美的作品可以称为兼容并蓄的典范。他获得 2007 年度的普利策建筑奖，评委会称赞他的作品"表现了当代建筑历史的片断"。

图 2.132.1 荷兰格罗宁根欧洲教育执行机构与税务机关大厦 | 联合工作室，2006—2011

图 2.132.2 欧洲教育执行机构与税务机关大厦侧面

欧洲教育执行机构与税务机关大厦（Education Executive Agency & Tax Offices）是欧洲可持续的办公建筑之一。一条高 92 m 的起伏曲线重新定义了格罗宁根的天际线。场地位于一块不大的保护林地中，内部是两个公共机构，国家税务机关和学生贷款管理中心。建筑可容纳 2500 名办公人员，1500 辆自行车，675 辆汽车（地下车库）。建筑周围是大型城市花园和商业性多功能展馆。建筑的外观柔和，平易近人，与 20 世纪中期硬朗、冷冰、强权式的建筑外观形成对比，属于友好型的未来公共建筑。可持续典范设计包含了许多创新：减少用材，降低能耗（EPC 0.74），创造可持续的工作环境，提出了完全集成化、智能化的可持续性设计方法；将层高由 3.6 m 降到 3.3 m，为建筑节约了 7.5 m 的高度；同时降低对周围环境影响，建筑构架形成的微气候也有利于当地的人和动植物；排布在建筑外表上的白色翅片式导向板具有节能减排的作用，将环境影响降到最低，可以遮阳、挡风，改变日光渗透率，将大量的热量阻隔，降低了对冷气的需求。设计中精心考虑了电梯、楼梯和技术空间的位置，采用了 1.2 m 的结构网格，而不是 1.8 m 的常规办公室网格。

图 2.133.1　丹麦伽弥赫勒乌普体育馆 | BIG 建筑事务所，2013

图 2.133.2　丹麦赫勒乌普体育馆内部

这座由丹麦著名建筑事务所 BIG 设计的老赫勒乌普高中的体育馆（Gammel Hellerup Gymnasium）近期完工。项目位于哥本哈根北部，而这个高中其实恰恰是 BIG 建筑事务所创始人比亚格·英厄尔斯（Bjarke Ingels）的母校。

如果作为一个刚刚进入校园的学生，很难发现这里哪里有体育馆，甚至连操场都不存在。只有庭院内一个木板搭建的小山丘，其实体育馆就在山丘的下面。将体育馆安排在地面 5 m 以下的空间，既可以让不大的校园保证相对宽松的空间，同时地下空间受到气候因素影响也较小。弯曲的木梁屋顶让地下空间具有足够的活动高度，同时在地上形成了一个有趣的景观，成为一个充满活力的社交场所。山丘上高低错落的"小白树"在夜晚发出淡淡光亮，优美而浪漫，一个环形的坐椅随着曲线落在"山丘"上，同样投射下梦幻的光线，配合哥本哈根绚烂的夜色，效果相当科幻。

图 2.134　伦敦泰晤士河南岸碎片大厦 | 伦佐・皮亚诺，2012

高 310 m 的碎片大厦（The Shard），目前是西欧最高的建筑。大楼集办公、公寓、旅馆、SPA、零售商业、餐馆于一身，并有 15 层高的公共观景廊。它靠近伦敦桥车站，是"四分之一伦敦桥"（London Bridge Quarter）计划的一个部分。大楼将代替 20 世纪 70 年代的南华大厦（Southwark Tower）成为该地区的天际线，由于位于交通节点的中心位置，对伦敦的扩展起了关键的作用。

大楼优雅、轻快，富于细节。大厦的整体形态是下宽上窄，最后顶部的塔尖渐渐消失在空中，就像 16 世纪的小尖塔或帆船的桅杆。这个建筑将弥补基地不规则的形态。每一寸表皮都是由向内倾斜并依次向上生长的玻璃薄片覆盖，最后组成一个晶莹剔透的玻璃金字塔。大楼顶部几片尖细的玻璃碎片合抱在一起，互不接触，形成一个开放空间，为整座建筑提供一个可以呼吸的开口

大楼是"垂直城市"，人口增长的城市需要最大限度地利用空间。该大楼为伦敦中心地带提供了不同的功能空间，包括餐厅和咖啡厅、包含艺术设施的公共广场、5 万 m^2 的公用房、自然通风的冬季花园，大楼上层的酒店和公寓可以看到泰晤士河两岸美丽的景色。大楼在 68 ~ 72 层设置了公共的观景平台，观景台有自己独立的地面入口，预计每年将吸引超过 50 万名游客。在"碎片大厦"正式开放的典礼上，设计者伦佐・皮亚诺表示，"碎片大厦"只是一个经受风吹雨打的闪亮的尖塔，并不象着傲慢和权势。

图 2.135 伦敦兰特荷大厦 | 理查德·罗杰斯 2009—2014

兰特荷大厦（Leadenhall Building）位于伦敦泰晤士河北兰特荷（Leadenhall）街 122 号，俗名为"奶酪切割机"。这座 48 层、225 m 高的摩天大楼，在 2002 年的威尼斯双年展上就亮相过，拥有者是英国土地公司。它将在伦敦东部林立的大厦中拔地而起。玻璃立面包裹着钢筋结构，灯光和色彩效果将大厦装点得分外醒目，它的北立面很活泼，呈阶梯状。

大楼由 53571 m² 的写字间组成，办公楼层采用矩形的平面，随楼层高度上升逐渐变小，较低的楼层有较大的灵活空间。大楼没有沿用传统的中央混凝土核心筒来获得建筑的稳定性，而是采用全周边支撑杆来固定。巨型钢框架由阿勒普（Arup）公司设计。外墙的玻璃升降机的处理手法，类似于理查德·罗杰斯设计的劳埃德大厦。

这座大厦主要的缺点是建筑物的楼面面积相对较小（84424 m²），然而，建筑师希望该斜楔形设计，从舰队街向西看时，对圣保罗大教堂的视线影响较小。

伦敦市区原先的天际线就是劳埃德大厦和瑞士 RE 大厦那一块区域，伦敦桥在下游，圣保罗大教堂在上游，尽管没有别的大城市那样的高楼，但天际线还算柔和；后来在金雀码头开发了金融区，建立了不少高楼，但离城市较远，对城市没有显著的影响。游人多到格林尼治天文台和女王行宫去游览，而很少人去金雀码头。

2012 年奥林匹克运动会在伦敦举办，使伦敦市政府下定决心在圣保罗大教堂和伦敦桥之间的泰晤士河两侧各建一座高楼，以丰富伦敦的天际线，这就是图 2.134 所示的碎片大厦和该节的兰特荷大厦，还有早就开始建造的图 2.181 所示的"对讲机大厦"的建设由来。这样一来，当你站在伦敦桥上向西看去，碎片大厦在河的左岸，兰特荷大厦与"对讲机大厦"在河的右岸，几座大厦给伦敦的天际线填色不少。

阿尔哈姆拉大厦（Alhamra Tower）的每个办公室都有一扇窗户，整座大厦将科威特城以及阿拉伯海湾的美景尽收眼底。从外面仰望阿尔哈姆拉大厦，其曲线面纱般的"雕刻"外形与类似高度的摩天大楼截然不同。它将用做科威特城的办公大楼，其中最下面的5层辟为购物天堂，11层作为停车场，将购物商场和大楼一分为二。同加拿大的"弓楼"一样（见图 2.71），阿尔哈姆拉大厦被一个名为"天空大堂"（Sky Lobbies）的双层观景台分为3个区域。目前它是科威特城最高的建筑。高度约合 412 m，共 77 层（不包括地下 3 层）。SOM 建筑事务所的设计师十分聪明，如果将大厦建成直上直下的矩形板，宽面的抗风能力要差得多；如果建成槽钢形状，会让人笑话。他们在槽形的基础上加了些改进，让上下对角线方向的槽边向内翻卷，这样在视觉上产生了巨大的反差，让人感到十分新鲜。

图 2.136.1　科威特城阿尔哈姆拉大厦 | SOM，2010　　图 2.136.2　仰视阿尔哈姆拉大厦

图 2.137.1　美国纽约比克曼大厦 |　图 2.137.2　比克曼大厦局部
弗兰克·盖里，2006—2011

比克曼大厦（Beekman Tower）与附近的伍尔沃斯大厦，以及1914年由麦金、米德＋怀特事务所设计的纽约市政综合大楼一起，共同组成曼哈顿的新天际线，填补世贸中心在"911"之后的空缺。

这座楼就盖在世贸中心遗址（Ground Zero）旁边，从2006年开始施工，设计高度为267 m，建成之后，成为仅次于自由塔（Freedom Tower）的纽约第二高的摩天大楼。自由塔正在纽约世贸中心的遗址上进行重建，"911"之后，人们缓慢地平复着内心的创伤，这座高楼的渐渐耸起，似乎说明纽约人对超高层建筑的恐慌正在慢慢消退，同时，它也会成为纽约的新地标建筑之一，改变人们印象中的纽约天际线。

这是弗兰克·盖里在纽约的第一个作品。比克曼大厦的外观给人一种超凡脱俗、特立独行之感，钢铁外壳好似幕布一般垂下，充满了褶皱感。这也正是所谓的"白金贴面的高迪－巴洛克风格"。设计风格类似于他的一些标志性作品（例如布拉格的"舞楼"）。比克曼大厦不锈钢外立面呈现出宜人的波状结构，这一切要归功于其错落有致的单元结构形成的外观。外部曲线直抵不规则地面，尽管从远处看外观几无差别，但大厦每一层都有其独特之处，绝无雷同。

那些褶皱好似潺潺小溪，或是正在融化的冰山。当灯光和阳光照射过来，光影的舞蹈能让这座大厦在一天当中的任何一个时刻都成为灵动的风景。大厦的内部也同样充满了欢乐的氛围，外墙的褶皱不仅只有装饰效果，对于内部采光而言，褶皱在每一个部分都创造出一系列的间隔效果。内墙和有梦幻般波纹的外墙互相呼应，给人的感觉好像这个建筑是一个巨大的正在融化的香草冰淇淋。

比克曼大厦的外立面并非这栋建筑唯一迷人、奇特之处：它还呈现出一种独特的公共空间与私人空间共存的形态——大楼最底下的6层正在修建一所公立小学，大楼本身还包括零售空间、附近纽约市中心医院的办公场所及各种不同规模的公寓。实际上，楼内的设计更加沉稳。比克曼大厦外观设计出自盖里的手笔，但他并没有触及内部结构。盖里在接受采访时表示："我不喜欢专注于生活方式的建筑。我之前的一代建筑师习惯于设计一切，但我不喜欢。"

2013年底，自由塔建成，从布鲁克林大桥上看过去，自由塔英姿焕发，而右前侧不远的比克曼大厦像"棉花糖"似的软绵绵地站在一边，好像浑身在发抖。这的确有些让人遗憾，不知只重视"外观"的建筑师盖里看了有何感想。

图 2.138.1　德国沃尔夫斯堡斐诺自然科学中心 | 扎哈·哈迪德，2000—2005

图 2.138.2　斐诺自然科学中心内部空间

斐诺自然科学中心（Phno Science Centre）作为现代建筑史上的一大成就，其造型与结构在德国几乎可以说是史无前例的。整个科学中心就像一艘漂浮在沃尔夫斯堡上空巨大的宇宙飞船。船头两侧的墙体形成了挺拔的锐角，笔直扬上天际，又像破冰船，异常尖锐，气势凌人。6.7 万 m^2 的甲板、2.7 万 m^2 的混凝土结构、2000 支钢梁、600 km 的钢索，共同成就了这艘举世闻名的"天外建筑"。

流线型的建筑完全由混凝土铸成，没有缝隙。混凝土的外壳充满了质感，成片的玻璃采光窗以及大大小小、错落别致的风景窗相映成趣，营造出独特的魅力。由外至内的出入口是数个奇特的漏斗形门洞，用山体溶洞或漩涡来形容可能更为准确。建筑外立面的多角平面给人以稳定的视觉，但漏斗形的曲线不同，时刻流动着变化的状态。动与静、方与圆的对比刺激着每一位参观者产生强烈的探索欲望。从外面欣赏科学中心建筑体内的风景，抑或圆润抑或直白的拐角、线条处理，使得每一根视觉的轴线都经历了全方位的角度变化，每一处的视点都是流动的，尽管真正能够看到的轴线只有一小部分深入建筑内侧的中心景观。在冷峻的外表之下，飞船内部却别有洞天。缓坡形的曲线楼梯，看似未加处理的凹凸有致的钢架天顶，错层设计的拐角的梯田平台，犹如丘陵地形此起彼伏的展厅地板与屋顶的连接地带，甚至大大小小的水泡一般透着自然亮光的风景窗，将内部的光和影彻底打乱，又通过不同的线条与结构进行了重组，每一处都散发着探索的奇遇。视线忽明忽暗，时断时连，处处跳跃的音符，又好像卷曲与舒展的画卷。

斐诺自然科学中心自身便应该是探索与发现的有效空间，这里的流线设计便是从人类的探奇心理出发，通过多层的转换、弯曲、汇合、动荡，把视线无限解放，垂直的、平坦的、倾斜的不同的墙体、柱体相互冲撞结合，整个展厅成为最大的探索空间。哈迪德用"爆炸的粒子序列"对展厅的布局做了形象的比喻，整个展厅似乎是零碎的，所有的元件如天顶的钢架、错层的钢索、楼梯的柱体、倾斜的墙体、地面等等都像散落在四周一般，整个空间如此开放、自由、随意，游客可以根据不同的视觉引导与空间理解安排自己的探索路线。这或许便是建筑体本身与其功能用途结合得最为完美的地方。斐诺自然科学中心是德国沃尔夫斯堡的地标，哈迪德以此建筑物诠释"风景即为平面设计"的概念，创造另一种崭新的空间经验。

2004 年度普利策建筑奖第一次被授予一位女建筑师扎哈·哈迪德。在评审委员会宣布其评选结果时，凯悦（Hyatt）基金会的主席托马斯·J.普利策说："作为普利策建筑学奖的发起者和赞助者，我们看到极其独立的评委会第一次把荣誉评给一位女性，这是令人满意的。尽管她的主要作品的实体相对小些，但是，她已获得人们的广泛称颂，而且她的精神和理念甚至显示出未来发展的远大前程。" 普利策奖评委会主席罗特赫斯·柴尔德勋爵评论说："如同她的理论和学术工作一样，作为实践建筑师的扎哈·哈迪德对现代主义的追求是坚定执著的。她总是富有创造力，摒弃现存的类型学和高技术，并改变了建筑物的几何结构。"

建筑评论家艾达·路易丝·胡斯塔布雷谈到这次评选结果时说："扎哈·哈迪德是当代建筑艺术领域中最有天赋的从业者之一。从她的最早的绘画、模型和当前处于进展中的建筑物和作品中，可以看到其中始终含有原创的和强烈的个性视觉，这种视觉已经改变了我们观察和体验空间的方法。哈迪德的碎片几何结构和液体流动性比创造一个抽象且动态的美好事物要做更多工作，这是一种探索和表达我们生活于其中的世界的主要工作。"

图 2.139　墨尔本奈杰尔·派克学习和领导中心 | 约翰·沃德尔，2008

2004 年 5 月，墨尔本初等学校（Grammar School）公布的一项关于多曼（Domain）路的标志性建筑设计竞赛，结果由建筑师约翰·沃德尔（John Wardle）夺魁，为学校设计了一个新的建筑。奈杰尔·派克学习和领导中心（Nigel Peck Centre for Learning and Leadership）将学习和领导中心、图书馆及信息技术部门进行了整合，包括一个 240 座位的演讲厅及行政中心。

该项目通过一个透明的图书馆墙面改变了校园面貌。重点是提供各种媒体、电子传媒以及传统形式来获取知识的活动空间。由多种大小不同、形状各异类似于书本的方形窗构成了图书馆沿街的长条形的开放玻璃幕墙。从街上看去，公共空间、办公室、楼梯及图书馆内一排排的书架与各种新书欣欣向荣、整整齐齐地排列着，象征性地代表着知识和一个更为开放的机构。

约翰·沃德尔说："我们相信，当代图书馆是一个学习的地方，开放给外面的世界，充满了对形形色色新思想的充分讨论，同时还提供了更安静便于思考的空间。"

图 2.140　罗马 21 世纪国立当代艺术博物馆 | 扎哈·哈迪德，2009

罗马 21 世纪国立当代艺术博物馆（Museum of Art for the XXI Century）简写为
"MAXXI"，其中头两个字母代表 Museum of Art，即艺术博物馆，罗马数字 "XXI"
表示 21 世纪。这是一座用钢铁和玻璃搭建的现代建筑，但样子很像是一座曲折
繁杂的迷宫，看上去不像是美术馆，更像一件艺术品。建筑像是一个 "城市的
嫁接部分"，是场地的 "第二层皮肤"。建筑高低起伏，时而俯冲地面成为新
的 "地面"，必要时又高耸成为厚重的实体。图示的天窗是博物馆中央 S 形展
览廊道的 "龙头"，它的地板就成为与它重叠的各个展厅的 "天花板"。道路
藤蔓般地与开放的空间交错重叠，建筑与周围城市环境的人来车往交汇缠绕，
与城市共享公共空间。除了交通流上的关系，建筑的构成元素还与进出城市的
路网相平齐。博物馆和周边的弗拉米尼亚社区保持着和谐的关系，临街的立面
采用了较为传统的手法。有趣的是，这种多层藤蔓般的交错，让人联想到意大
利面条，似乎意大利面条有多长，它就有多长。哈迪德在阐述设计理念时说过
一段话："MAXXI 已不仅是一座建筑，而是一个群体。摒弃 '博物馆作为一个
个体' 的理念，而将其诠释为 '多个建筑的集合地'。它超越了博物馆的范畴。
作为一个都市文化中心，那些气氛浓郁、精彩入胜的展馆群组成了一个巨大的
流线型的都市场景。" 作为城市文化中心博物馆对城市的影响正在逐步展现出
来。2010 年 10 月，罗马 21 世纪国立当代艺术博物馆荣获斯特林大奖，成为欧
洲最杰出的建筑作品之一。

图 2.141　德国柏林联邦总理府 | 阿科塞尔·舒尔茨＋夏洛特·弗兰克，2001

德国联邦总理府（Bundeskanzleramt）是新建柏林政府区最醒目的建筑之一，它位于柏林市中心区，原柏林墙西侧。南北宽 120 m，北侧紧靠穿城而过的施普雷河（Spree River），南翼是柏林市内面积最大的"绿色之肺"——动物园森林区，正东及东南则是著名的议会大厦及其附属建筑，越过施普雷河再向北不远处就是新建的柏林新中央火车站。从东向西望去，总理府正门庄严、俭朴，辅以南北两翼的配楼群，陡增肃穆、凝重之感。总理府的南北墙面饰以淡米色的砂岩石板，东西墙面则一色白水泥，开春后各种绿色植物攀缘其上，生机盎然。走近并不高大的金属护栏，可见被称作"迎宾庭院"的一个不大的广场和点缀其间的绿地，中央建筑室外大地毯直接将客人迎到中堂。总理府东侧的正面露出了混凝土结构，而由混凝土屋顶形成的曲线正好与下方被绷紧的编织物相对应。这里，最引人注目的当属那座名为"柏林"的巨型金属雕塑，它高 5.5 m，重 87.5 t，出自于 2002 年去世的西班牙著名雕塑家希利达（Eduardo Chilida）之手。雕塑的含义本应见仁见智，但通常的解释为：张开的双臂、交错的肢体寓意东西方的和解。

联邦总理府由中间的 36 m 高的立方体 9 层主楼和较低的两侧翼楼群组成。建筑上部 18 m 高的半圆形是主楼的标志。联邦总理府的玻璃外墙使建筑透明、宽阔，12 m 高的石柱使玻璃外墙结构清晰，并且产生了内外响应的透视效果。联邦总理府主楼两翼总长 335 m，为办公区。总理府被德国人戏称为"联邦洗衣机"，主要由于侧门的一个大圆洞与四方形立面正好是一个"西门子"洗衣机的形象。连施罗德总理都埋怨，到处都是玻璃，什么都是透明的，没有任何秘密可言，这大概也表明了东西德国合并后的一种民主思想，其设计思想与议会大厦的透明的穹顶以及可以从穹顶看到议会开会的透明玻璃地板一样。

总理府建筑群的创作反映了阿科塞尔·舒尔茨（Axel Schultes）对古代文明纪念性建筑，特别是对索菲亚大教堂和尼罗河流域的神庙的兴趣。但建筑师也注意到尼采的话："好的东西摸上去都是轻巧的，就像母牛惬意地躺在草场上那样。"这肯定是一个让人松弛的场景。总理府基本曲线的布置形式形成了与正规欧几里得几何那种在规整的立方体中切出一个大圆的建筑形式形成了鲜明的对照。

图 2.142　北京连楼 | 斯蒂芬·霍尔，2005—2008

连楼（Linked-Hybrid）又称当代摩马（MOMA）寓所，意思是现代艺术博物馆一样的建筑楼群。它位于东直门迎宾国道北侧，建筑面积 22 万 m^2，其中住宅为 13.5 万 m^2，配套商业面积达 8.5 万 m^2，由纽约哥伦比亚大学教授斯蒂芬·霍尔设计。

这是一个具有独特建筑艺术形式的空间建筑群，充分发掘了城市空间的价值，将城市空间从平面、竖向的联系进一步发展为立体的城市空间。连楼也是当代房地产科技的发展与延续，连楼在实现高舒适度、微能耗的基础上，将大规模使用可再生的绿色能源。从可持续的观点出发，当代 MOMA 适当的高密度（强度）开发利用土地与大规模使用可再生的绿色能源是大城市发展的方向，是真正"节能省地型"的项目。

在当代 MOMA 的规划设计中，更多考虑了未来城市的生活模式，引入了复合功能的概念，它以穿越城市为主要目标，实现开放功能的城市社区，运用最新的建筑理念和技术，对可以服务超过 3500 人日常生活的所有活动和功能进行策划，当中 9 栋不等高的大楼被环状空中走廊联结。这里不单具有居住功能，而且还提供和谐地工作、娱乐、休闲消费之处。作为一个汇集精品商业与国际文化的开放社区，连楼充满生气与活力，创造了更和谐的国际化生活氛围，不仅为社区创造更舒适的环境，更多的交往机会，也将完善城市区域功能。

图 2.143　美国加利福尼亚钻石牧场高中 | 莫菲西斯建筑事务所 / 汤姆·梅恩，1996—2000

加利福尼亚钻石牧场高中（Diamond Ranch High School）位于巨大而分散的洛杉矶市中心东侧约 130 km 的一个陡峭的山坡上。汤姆·梅恩建议关键在于要简洁明确地表明建筑的内涵："这是两个不相容的问题，学校设计项目应该考虑到对孩子们的关照，另一方面，基地又不是一个常规学校的式样。"梅恩最早的提议是："在基地里不希望有一个建筑"，那个思想意味着父母们将孩子们留在一个天然的、而非故意建造的美丽的公园里。

在这里，莫菲西斯利用陡峭的斜坡地形塑造了一种扩大化景观的混合型场所，以模糊建筑与基地的界限，重新整合自然与环境。从东侧狭窄的入口台阶向上，突然出现一条东西向的步行道。步行道将学校一分为二，并组织了整个校园空间。它联系着北面的运动场与教室，并形成一个可以观看运动场上的棒球比赛自然的斜坡。南面的足球场嵌入山体之中，利用山侧的坡度，经济、便利地获得了看台区。从步行道顺宽大的台阶向上，便可从教室来到屋顶平台和足球场，同时自然形成一个以台阶为看台的学生剧场。步行街南北两侧建筑折叠、弯曲的屋顶就像漂移的地壳板块，从远处看，建筑形象与周围起伏的山体十分和谐。建筑墙体局部采用素面混凝土与玻璃，折叠起伏的屋面被金属波纹板从上至下地包裹起来，有时屋顶的侧面甚至占据了一面墙，使建筑的屋面与墙体不分彼此地融合在一起，建筑的尺度消解在这些不规则的几何体和波纹板的肌理中，从建筑的外表完全无法看出内部空间的变化。这个建筑具有"非建筑"的形象，建筑表现为抽象的游戏形式，成为"非逻辑、非秩序、反常规的异质性要素的并置与混合"。另外，在位于城郊的校园环境中，中央步行街提供了一种类似城市商业街的空间体验，使过往的师生感受到一种丰富、变化的城市文化；同时，为学生之间、师生之间创造了偶然性碰面的机会。它是莫菲西斯"线性序列轴线"、"建筑对生活中复杂性与偶然性回应"思想表达的延续。

与场地艺术现象学的影响一样，莫菲西斯的建筑师们主张："用阿格拉奇姆和格鲁恩（Gruen）的办公室伦理学"来说明他们的工作进展。在设计中他们继续保持对多种材料和色彩的运用，并且对材料的探索更加广泛。在建筑形式的处理上，一方面深化建筑的体量与体量间扭转和穿插的关系，另一方面采用"变异"的方法来处理，建筑表现出非理性的形式。最为重要的变化是建筑体量分解、离散表现得更加剧烈，建筑群中出现了许多"碎片"，如突然中断的墙、梁架和遮阳板等。钻石牧场学校的校舍正是这样的指导思想的产物，没有一个完整的形体，一切都是"碎片"的一部分；然而简单而独立的建筑结构却掩盖了相互关联的建筑物和公用空间之间的复杂性。

图 2.144.1　杭州中国美术学院象山新校区二期工程 | 王澍，2004—2007

图 2.144.2　典型的中国式的窗扉和门板

象山新校区二期工程（Phase II of Xiangshan Campus）由 10 座大型建筑与 2 座小建筑组成，建筑面积近 8 万 m²，包括建筑艺术学院、设计艺术学院、实验加工中心、美术馆、体育馆、学生宿舍与食堂。回望中国传统园林院落式的大学建筑原型，象山新校园最终呈现为一系列"面山而营"的差异性院落格局。建筑群敏感地随山水扭转偏斜，场地原有的农田、溪流和鱼塘被小心保留，中国传统园林的精致诗意与空间语言被探索性地转化为大尺度的淳朴田园。象山校园那么大一块地，王澍却把建筑全安排在围墙边上挤着，每幢房子的间距又很密。这种建造方式，就是要让出 50% 的用地还给自然，保留原来的土地。因此象山校区里保留了大量的农田，这些农田可以用做农业的耕作。

"造房子，就是造一个小世界。"这是王澍时常同自己同事提起的。这里很像中国的山水画，有山有水有树。当然，也有房子。但房子在整个环境中，显得相对次要，而不是占有标志性的位置。在中国传统文人的建筑里，有比房子更重要的东西，这是和西方建筑学截然不同的一种建筑学。王澍认为"建筑和环境的关系"的最基本理念应该是："自然比建筑重要多了。""中国传统文化一直是弱势群体，象山校园可以看成是一个弱势群体以某种自信的方式发起挑战。"

象山新校区二期工程似乎在给未来的建筑师一个提示：如何经营你手中这块土地，这里说到的是规划，就像科斯塔和尼曼耶当初所做的巴西首都巴西利亚的规划，40 年后，这座城市现在已经成为世界文化遗产了；而象山新校区二期工程所给出的宛如园林式的学校规划布局，将传统和现代有机结合的教学楼，若干年后，是否也成为中国城市建设的"样板"？！

王澍，1963 年生于乌鲁木齐，1985 年毕业于南京工学院建筑系，1988 年获南京工学院建筑研究所硕士学位，业余建筑工作室创办人，现为中国美术学院教授、中国美术学院建筑艺术学院院长。

图 2.145 北京 SOHO·尚都 | 彼得·戴维森，2005—2007

SOHO·尚都的建筑面积为 17 万 m²，占地 2.2 hm²，位于北京 CBD 内，整个项目处在朝外商业圈、建国门商业圈和国贸商业圈三圈交汇的黄金地带。由一个拥有443 户商铺的 5 层商业街和 2 座拥有 270 个办公单元的中等高度的写字楼组成。两座主写字楼中间由低层的玻璃走廊及商业街廊连接而成。SOHO·尚都的设计灵感来自于形成自然界中万物的形状及图案，建筑风格突破传统的横平竖直，形式更加大胆前卫，是一座惊人的、充满多变几何形状的玻璃大楼。澳大利亚 LAB 实验工作室的建筑大师彼得·戴维森（Peter Davidson）的超酷玻璃外立面，使其成为北京最具视觉冲击力的商业项目。

图 2.146 太原市考古博物馆 | 保罗·安德鲁，2007—2012

安德鲁（Paul Andreu）与其新合作方 Richez Associés 事务所在
北京市建筑设计研究院（BIAD）的设计咨询配合下，共同开
发了这个项目，并特别设计了展览层、主体结构与立面结构：
博物馆的五个主要体量均为椭圆锥体，以垂直的 Kliplock 面板
覆盖，而中间的玻璃连廊强化了两种立面的对比效果。

图 2.147.1　西班牙 W 巴塞罗那酒店 | 里卡多·博菲尔，2010

W 巴 塞 罗 那 酒 店（W Barcelona Hotel），俗称贝拉酒店（帆船酒店），由里卡多·博菲尔（Ricardo Bofill）设计。它的外观颇具艺术感，由两座楼组成，一座正方体造型，一座风帆造型。风帆造型让人想起迪拜的帆船酒店，只是 W 的建筑外墙采用的是梦幻蓝的玻璃外墙，仿佛和大海融为一体。酒店矗立于海湾的一角，附近的沙滩很长。户外泳池窄而长，从酒店延伸向大海。酒店高 99 m，共有 473 间客房、67 间套房，一间酒吧，坐在里面可看到城市全景，还有一个水疗中心和健身中心，室内和室外游泳池及其他设施。W 酒店现在已经成为巴塞罗那的标志性建筑。

图 2.147.2　W 巴塞罗那酒店在地中海沿岸像一只风帆

图 2.148　中国国家大剧院 | 保罗·安德鲁，2002—2007

在人民大会堂西侧，一大片草地围绕一个方形湖泊，湖上有一座银白色的椭球体建筑，像从蔚蓝色水面浮出的一颗珍珠，它就是谈吐文雅、气质浪漫的法国人保罗·安德鲁设计的中国国家大剧院（National Centre for the Performing Arts）。

中国国家大剧院位于长安街南侧，与人民大会堂毗邻，距天安门与紫禁城约 500 m。建筑的外观呈流线型，总面积约 149500 m²，就像一座岛屿浮现在湖中心。钛金属壳围成了一个长轴 213 m、短轴 143.64 m、高 46.285 m 的巨型椭球体，地下最深处 −32.50 m。椭球的球面被弧形玻璃罩分成了两部分，玻璃罩的底部宽为 100 m。椭球形屋面主要采用钛金属板，壳体表面由 18398 块钛金属板和 1226 块超白玻璃巧妙拼接，中部为渐开式玻璃幕墙，营造出舞台帷幕徐徐拉开的视觉效果。主体建筑外环绕人工湖，人工湖四周为大片绿地组成的文化休闲广场。人工湖面积达 35500 m²，水深 40 cm，水池分为 22 格，分格设计既便于检修，又能够节约用水，还有利于安全。

大剧院内有三个剧场，中间为歌剧院，东侧为音乐厅，西侧为戏剧场，三个剧场既完全独立又可通过空中走廊相互连通。在歌剧院的屋顶平台设有大休息厅，在音乐厅的屋顶平台设有图书和音像资料厅，在戏剧场屋顶平台设有新闻发布厅。歌剧院主要演出歌剧、芭蕾和舞剧，有观众席 2416 席；音乐厅主要演出交响乐、民族乐、演唱会，有观众席 2017 席；戏剧场主要演出话剧、京剧、地方戏曲、民族歌舞，有观众席 1040 席；南门西侧是小剧场。同时还包括对公众开放并和整个城市融为一体的艺术及展示空间。安德鲁说："4 个剧院应各有特色，不能千篇一律，更不能都像会议大厅。4 个剧院之外的空间、走廊等，应称作是'第 5 剧院'，也要有特色和魅力。"

安德鲁在中标后说，"我对中国国家大剧院的理解主要有 4 点：第一，地点决定了它的象征意义：旁边的人民大会堂象征国家的最高权力，而大剧院则应该成为文化的代表；第二，它是一个新的、庞大的重要建筑，一个可代表新世纪的建筑，一个倾注了人们强烈愿望的建筑；第三，要有完备的社会功能，就是说，好用，而且人们爱用；第四，外观要吸引人，有文化感、历史感。"

6 年的实践运作表明，国家大剧院的设计是非常成功的；目前每个月的演出场次排得满满当当，许多国家的交响乐团都希望能够在这里演出；大剧院变成北京人气最旺的地方之一。正如安德鲁所说，国家大剧院已经成为中国当代的文化中心。这个从 1959 年为国庆 10 周年就开始筹建的国家大剧院，经过了近 50 年的等待，终于变成了现实。

图 2.149 哥本哈根水晶大厦 | SHL 建筑事务所, 2010

"该大厦屹立在一片空旷的地区, 透明光滑的几何外观就像是可以看到的光芒一样, 漂浮于广场之上。" SHL 建筑事务所 (Schmidt Hammer Lassen Architects) 的合作伙伴金·霍尔斯特·詹森 (Mr. Kim Holst Jensen) 如是说道。"大厦的设计旨在和广场相互辉映, 和周围的城市相互辉映。"

就外观和规模而言, 水晶大厦 (The Crystal) 位于城市和海港之间, 与周围的建筑和谐相处。在建筑的南侧, 参考了"大象屋"三角形顶点的设计, 创造出了一个主要的入口空间。在普嘎斯街和哈姆珀斯街 (Puggardsgade and Hambrosgade) 的拐角处, 从建筑下面的走廊可以清晰地看到纽卡丽特 (Nykredit) 总公司和海港的绝美景色。建筑设计贯穿了多功能、灵活和高效的特点。标准楼层平面图围绕的天井成"之"字形, 确保所有的工作台都能够获得很好的采光, 能够欣赏到迷人的景色。楼层面的布局使得办公室和会议室区域均能够成为开放空间。组成大厦建筑系统的三维钢框架结构就是一个巨大的建筑元素, 建筑里没有用柱子支撑, 从而使办公空间的灵活性达到了最大化。装有双层玻璃系统的建筑外观融入了太阳能幕墙, 同时也配备有微妙的丝绢网设计, 这样可以缓和太阳光的直射, 使建筑内部的光线均匀而柔和。

水晶大厦屋顶上覆盖着高效率的光伏电池板, 每年可发电 80000 kWh。此外, 三层内玻璃幕墙提供了极好的保温效果, 尽管办公楼完全透明, 它的能耗极低, 为 70 kWh/m^2, 这意味着水晶大厦比相同建筑要减少 25% 的能耗。

图 2.150　伦敦圣乔治码头塔 | 百老汇·马利安，2011

圣乔治码头塔(St. George Wharf Tower)，也被称为沃克斯豪尔塔，由百老汇·马利安(Broadway Malyan)设计，是伦敦正在沃克斯豪尔兴建一幢摩天住宅大厦，也是圣乔治码头发展的一部分。塔高 181 m，有 50 层楼，建成后它将成为英国最高的单纯住宅楼。

塔独特的平面图概念是基于凯瑟琳车轮形状，通常每层五个公寓之间有墙壁分开，隔离墙从中央核心筒辐射出去。该塔楼是一座绿色建筑，由英国绿色技术公司 Matilda 制造的风力发电机组，将提供塔的普通照明，同时创造了几乎零噪音和振动；在塔的底部，用真空泵将温度较高的地下水吸到地面以供冬季公寓取暖。相比于类似的建筑物，塔楼仅需要 1/3 的电能，所产生的 CO_2 排放量为相同大楼的 1/2 到 2/3 之间。塔楼采用了三层玻璃，以减少冬季热量的散发和夏季热量的进入，两层玻璃之间的 LOW-E 玻璃[1]和通风百叶窗，也可以以进一步减少阳光直射热量的吸收。

[1] Low-E 玻璃又称低辐射玻璃，是在玻璃表面镀上多层金属或其他化合物组成的膜系产品。其镀膜层具有对可见光具有高透过率及对中远红外线高反射的特性，使其与普通玻璃及传统的建筑用镀膜玻璃相比，具有优异的隔热效果和良好的透光性。

图 2.151　墨尔本维多利亚艺术学院思想中心｜米尼菲·尼克松，2001

维多利亚艺术学院思想中心（Victorian College of the Arts Centre for Ideas）用了500万美元将图书馆进行了进一步扩展，增加了咖啡馆和学生、工作人员的休息室。建筑师米尼菲·尼克松（Minifie Nixon）应用计算机软件在建筑的门面上设计了几个圆锥形，正规的圆锥形与平面的交线是一个圆，有趣的是在这里几个圆锥形以直线相交，而且这些锥形的轮廓大致为五边形形状。看上去的确有些不可思议，然而仔细注意会发现所有的圆锥形中都有放射状的褶皱。进一步的观察可以发现有的褶皱是向外凸的，有的褶皱是向内凹的，这样通过褶皱的变形，让圆锥形与平面的交线由曲线变成为直线。

这是一个相当复杂的数学问题，一个可展圆锥面的形成相对比较简单，几个不同大小的圆锥形以直线相交成五边形就复杂多了；好在米尼菲·尼克松利用计算飞机的凹形盘状 Voronoi 的软件，达到了这个目的。

早在 20 世纪 90 年代，弗兰克·盖里设计毕尔巴鄂古根海姆博物馆时，就利用了设计飞机曲面的软件，当时将支撑曲面的钢架变成了几千个杆件。博物馆建成后，盖里高兴地说："没想到，曲面与料想的一样！"现在用计算机设计复杂曲面已经没有什么困难，但像维多利亚艺术学院思想中心这样的表皮还是第一次。这个门面让维多利亚艺术学院出够了风头。

图 2.152.1　哥本哈根联合国城 | 3×N，2011

图 2.152.2　哥本哈根联合国城局部

新联合国城（UN City）位于哥本哈根北港区海港边，平面呈八角指针形，总面积 4.5 万 m²。据了解，这一建筑采用海水冷却系统，几乎不需要额外电力来冷却建筑。屋顶安装了 1400 多块太阳能面板，预计每年可为建筑提供约 30 万 kWh 的电能。在节水方面，该建筑预计每年可收集 300 万 L 雨水用来冲洗马桶。建筑立面覆盖层为白色多孔铝质百叶窗，这是建筑师 3×N 和承包商 Pihl 专门为联合国城开发的。百叶窗不但能遮挡强烈的日光，还不会遮挡视线和自然光线。遮阳板开合通过电脑控制。建筑内部中心的雕塑似的黑色大楼梯格外夺人眼球。在日常生活中，楼梯雕塑般的形式也格外吸引联合国工作人员使用，这样一来，这段楼梯也为联合国各个组织机构营造了对话、合作和非正式会议的场所。建筑本身的八角星也同样有着寓意——指向世界各个方向，联合国的作用就像一个指南针，哪里有困难指向哪里。

马丁·路德教堂（Martin Luther Church）的建筑原型是一座17世纪的古典教堂，此次的改造内容包含一座新教会教堂、一个避难所、一个教堂大礼堂以及其他附属设施。据蓝天组称，该项目的创意源自"桌子"，建筑师用类似桌腿的四个钢构架支柱支撑起整个屋顶结构。该项目还借鉴了罗马祭奠堂的艺术表现形式，用简单的当代几何曲线诠释了祷告室的天花板。

扭曲的屋顶是整个项目的噱头。建筑师在屋顶上设置了三个巨大的天窗，这样一来自然光就能够直接倾泻而下，给教堂内部提供日间照明所需的充足的光线。该设计也与宗教神学原理紧密相关，三个天窗暗示着"圣三位一体"的宗教概念。通过这三个高耸的天窗设计对光线和透明度的设置，营造了一个神圣的犹如天堂般的氛围。这座形态独特的建筑运用造船的金属加工和制造方法来建造，结构框架通过平面焊接建立起来。它们被规则排列的梁架支撑，将结构荷载传递至下方的四根支柱。暴露在外的8mm金属表皮涂有一层防护涂料，同时，室内墙面覆盖了一层丝网以便与天花板相连接。

位于教堂前院的雕塑造形钟塔是教堂建筑四个组成部分之一，也最引人注目。从中世纪开始，但凡教堂都有钟塔，它们背负着一方水土的地标和防御的功能，现在只剩下纯粹的象征意义。蓝天组设计的这个高20m、墙体厚8～16mm的钟塔楼，仅用8t重的水平框架结构就支撑了起来。构造方式与教堂扭转的屋顶相似，都是将钢板焊接在一起，再包裹在混凝土基础内部。建造后的钟塔楼线条好像画笔勾勒出的一般，极具雕塑感，整个建筑在感觉上也显得更加高挑。

图 2.153.1　奥地利海恩堡马丁·路德教堂
| 蓝天组，2011

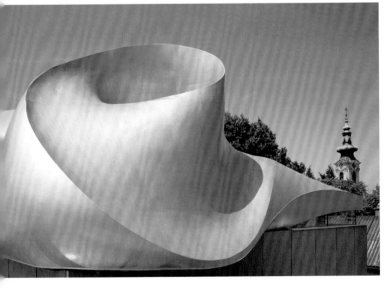

图 2.153.2　马丁·路德教堂
上方的天窗

图 2.154.1 巴塞罗那论坛 2004
建筑 | 赫尔佐格＋德·梅隆,
2005—2007

图 2.154.2 鸟瞰巴塞罗那论坛
2004 建筑

1992 年巴塞罗那举办了奥林匹克运动会以后,加泰罗尼亚 (Catalonia) 的首府巴塞罗那提出了一个文化奥林匹克运动会:巴塞罗那论坛 2004 (Forum Barcelona 2004)。这个建筑项目位于城市北部,可利用土地大约有 200 hm²。这里是地中海边缘的一块空地,从城市意义上讲是一块"没有人的土地",位于与地中海沿海交接的对角线大道的末端。从城市规划角度看,建筑师设想让这个重要的历史大道用一个醒目的标志与新海岸线连接。赫尔左格和德·梅隆说:"我们不是把大厦作为在开放空间中的一个独立对象来规划的,而是决定设计一个可以产生和接合表达这个公共空间的结构。这些考虑几乎不可避免地导致了一个被举起的水平三角形式的方案。这个形式不仅与项目周围理想地协调,包括整个区域在内,也是对这个位于城市正交社区 (Cerda) 栅格的外围街道和对角线大道[1]之间场地的特殊位置的一个完美的表达。"Witman 在《人民报》(De Volkskrant) 评价这个论坛建筑时说:"从远距离看,它类似一块蓝色楔形蛋糕,当你走近时,可以看见大厦的外表是七高八低的,就像 20 世纪 70 年代涂灰泥的墙壁。由于从边缘切出的口子和在三角中间的垂直孔 (分布于大厦各处的采光孔),它看起来有一点像瑞士多孔干乳酪片。"论坛建筑于 2000 年进行设计方案竞赛,2001—2002 年为设计阶段,2004 年主体建筑建成。

该建筑的外形呈三角形,边长 180 m,高度 25 m,被托在 7 m 高的柱子上。在大楼的蓝色粗糙的墙面上镶着形状怪异的玻璃,它们将城市的容貌不完整地映在这里,以此表明论坛大楼与城市的联系。该大楼有一个有 3200 个座位的大礼堂和一个占地近 5000 m² 的展览大厅。

这个地标性的建筑建成后备受争议,被认为是与文化奥林匹克运动的理念与象征性相距甚远,美学上也有严重缺陷。因此,在评选 2005 年密斯·凡·德·罗大奖时,尽管入围到最后 5 名,仍然没有选上。

[1] 参阅图 2.211 的附注。

图 2.155　伯明翰塞尔福里奇百货大楼 | 未来系统设计公司，1999—2003

伯明翰塞尔福里奇百货大楼（Selfridges）的整个设计，可以说是融合了都市、历史、文化、环境、交通、商业、零售、休闲、娱乐的成功案例，由未来系统设计公司（Future System）的简·凯普里奇（Jan Kaplicky）和阿达曼·莱维特（Amanda Levete）设计。与伦敦牛津街上的塞尔福里奇百货大楼的新古典造型完全不同，伯明翰的塞尔福里奇百货大楼呈现的是未来主义的建筑形式，建筑曲面与用地的曲线完美契合，外形柔软，婀娜多姿，边角圆滑，包裹整个屋顶，立面与屋顶浑然一体，这种富于美感的表现形式也同时昭示出它的功能——百货商店。作为一栋位于闹市区的商业建筑，外观呈流线型，波浪般起伏的外墙由15000张铝制碟片覆盖，仿佛银光闪闪的鳞片，据说是受到时装设计的启发。壮观的 7000 m² 玻璃"飘浮体"覆盖在好似露天的拱廊上，仿佛是原有步行街的自然延伸，将两个核心百货商店联系起来。酷似鲸鱼的曲面屋顶从购物中心上面跨过，将屋顶立面融为一体。不同立面有不同的材料和造型，强化了多种建筑体量组合的概念。前卫奇异的造型吸引了大批顾客。

图 2.156.1　日本今治市伊东丰雄建筑博物馆 | 伊东丰雄，2011

图 2.156.2　伊东丰雄建筑博物馆的拱顶建筑内含有一间工作室和图书馆

获得 2013 年普利策建筑奖的伊东丰雄终于拥有了自己的建筑博物馆（Toyo Ito Architecture Museum），这也是日本首座个人建筑博物馆。博物馆位于日本濑户内海的大三岛，其外形仿佛轮船甲板，站在"甲板"上可以远眺濑户内海。伊东丰雄曾经说过："20 世纪的建筑是作为独立的机能体存在的，就像一部机器，它几乎与自然脱离，独立发挥着功能，而不考虑与周围环境的协调；但到了 21 世纪，人、建筑都需要与自然环境建立一种连续性，不仅是节能的，还是生态的，能与社会相协调的。" 博物馆的基地面积为 6295.36 m²，钢棚面积为 194.92 m²，银棚面积为 168.32 m²。钢棚里面展览着伊东作品的手稿，银棚则是它的工作室。建筑外形是一个多面的三维立体结构，向着不同角度倾斜的表皮板面形成动感和铜质般的美感，这种美感在茂密的场地内形成强烈的现代的形象。而且建筑内部结构层次分明，立体空间仿佛雕塑一般有棱有角。这样的建筑构思是伊东根据当地的地貌经过反复推敲形成的。这种结构大胆而又新颖，保证了空间的最大化利用。建筑选址时考虑如何使建筑融入已有的环境，而不是改变周围的环境来匹配建筑。和博物馆相邻的拱顶建筑内含有一间工作室和图书馆，拱顶和玻璃围墙之间的空隙没有任何围挡，采光和通风效果都很好，是这座建筑的最大特色。伊东丰雄经常谈到建筑的"生态""协调"等主题，看过伊东丰雄建筑博物馆，才知道这并不是一句空话。若不是大师本人对建筑和生态环境拥有同等的热爱，这座看似笨重、实际却很灵巧的建筑也不可能矗立在世人眼前。

博物馆的展示内容除了介绍伊东丰雄的生涯轨迹、主要作品和贡献之外，在对现代建筑进行深入探讨与理解的同时，也将展开年轻建筑师的教育。此外，还试图透过地域之间的交流以及和其他建筑师的合作，来促进该地域的经济活动，并向全国以至于全世界积极地传递出最新的建筑资讯，同时也期许能够促进当地的旅游以及和世界的交流。

濑户内海是日本最美丽的游览地之一，那里山水风景不是大开大合，而是十分宁静安详；与中国的千岛湖有些相似，只是濑户内海要比千岛湖大得多，山也高些，水更蓝。在濑户内海泛舟游览能够感觉到自然界中的"禅意"。伊东丰雄将自己的博物馆建在水边，就像是将自己融合于家乡美丽的山水之间，真是妙不可言。日本建筑师都主张建筑与自然的融合，例如安藤忠雄、妹岛和世、隈研吾的作品中都有这样的内涵，这与日本的历史建筑文化是密切相关的。只要到京都和奈良走一趟，看看那里的历史建筑，例如"法隆寺"、"东大寺"等庙宇，或者京都的桂离宫，就会对日本建筑师那种宁静、不喧哗的设计方法有深刻的体会。单单比较东京表参道的几家专卖店，就可以看出日本建筑师和西方建筑师的区别。图 2.7 是瑞士建筑师赫尔佐格和德·梅隆的青山 PRADA 旗舰店，其设计特点是由金属框向裹着的菱形凹凸的玻璃板，使墙面像泡沫似的反复变化。这个设计是相当前卫的，具有明显的西方特点。图 2.41 是妹岛设计的克里斯汀·迪奥表参道店，不均匀的横条和玻璃内半透明的业历允薄膜显示了日本建筑的一种朦胧感。图 2.48 是伊东丰雄设计的 TODS 名牌服装店，L 形平面和混凝土树杈似的里面，包裹着一层半透明的薄膜，这种创新让"建筑的外表也成为建筑的结构"；半透明是两位日本建筑师的风格，而透明（哪怕是扭曲的）是欧洲建筑师的风格。再如图 2.38 所示由荷兰 MVRDV 设计的表参道环流商店，建筑师就是特意要人们看清楚他的建筑是旋动的。区别在于欧洲建筑师们的作品是要人们一下子就看懂，而日本建筑师的作品是让人们仔细想想后，再去品内在的意蕴。就像东西方的人们谈恋爱，西方人外在、直接；东方人内在、含蓄。

图 2.157　美国西雅图公共图书馆 | 雷姆·库哈斯，2004

耗资 1.6555 亿美元的西雅图公共图书馆（The Seattle Public Library）内部空间宽敞明亮，用色大胆活泼，创造出一个现代化的生活休闲空间，巧夺天工的立体设计，让你处身室内亦能感到户外的绿化氛围。置身于馆内就算不阅读看书，纯粹欣赏建筑物就是一种视觉享受。西雅图公共图书馆显示了建筑大师库哈斯近年来的雄心。库哈斯试图通过这个设计披开概念的面纱，寻找到其背后的理性支撑。正是通过对图书馆形式的深入反思，库哈斯才得以有针对性地提出其空间布局策略，实现了对传统图书馆从形式到内容的全面颠覆，以及都市建筑空间与媒体虚拟空间的首次结盟。

西雅图公共图书馆不仅获选为时代杂志 2004 年的最佳建筑奖，2005 年美国建筑师协会的杰出建筑设计奖（AIA Honor Awards），还赢得了纽约各杂志的高度赞誉，被称为"本时代修建的最重要的新型图书馆"，该馆在 5 月 23 日开馆当天，就吸引了 26000 人前往参观。折板状的建筑外形呼应西雅图错移山脉与转折河流的地景，11 层楼高的量体里结合了传统书籍与当代网络的图书馆，是城市中不需预约的公共客厅。

建筑如此吸引人，首先在于外皮全部采用玻璃幕墙外置的镶嵌做法，而且巧妙地将各块玻璃幕墙的接缝隐于菱形钢架网格上，使建筑外部形成连续又光滑的表皮。这种玻璃幕墙在白天是馆内读者观望都市的屏幕，而在晚上则是人们观望图书馆的屏幕。

建筑在底层和顶层都有大面积的出檐部分。底层的出檐使建筑与街道之间形成大片的遮阳区域，这个区域也可以作为人们室外的公共休息场所。顶层的大出檐则有效地为底部的藏书库遮挡了阳光，这些出檐部分也使用了单独的斜拉钢梁加固。

波兰华沙新地标 Zlota 44 大厦（Zlota 44 Tower）由于法律问题拖延数年，在 2013 年正式投入使用，该建筑高 192 m，共 54 层。Zlota 44 大厦涵盖商业区和地下停车场，但其主体部分将用于居住，包括 226 套公寓和 30 间豪华套房。建筑被分解为 3500 个单元，其中 1500 个单元是不相同的；它们由起重机逐个吊装拼接。Zlota 这个名字来源于建筑的战前地址，它旁边是波兰最高的建筑文化和科学宫（高 237 m）。作为土生土长的波兰人，李伯斯金一直梦想为这座城市的天空增添新的风景，他相信用于居住的建筑将成为装点城市的主要部分，这座欧洲最高的住宅楼将进一步丰富华沙的天际线。李伯斯金为他家乡设计的标志性建筑物与他在其他国家设计的博物馆相比较，要简洁得多，没有过多的棱角，没有梦幻般的大体量的镶嵌；该建筑因其流畅和明亮的形式被称为"玻璃帆"，一段优美的弧线与几乎透明的颜色和顶部特征，使建筑像奥运会的火炬，表示了建筑师对故乡的敬重。

图 2.158　华沙 Zlota 44 大厦 | 丹尼尔·李伯斯金，2008—2013

图 2.159.1　华沙国家体育场 | GMP，2008—2012

图 2.159.2　华沙国家体育场顶棚拉伸装置

华沙国家体育场（Stadion Narodowy）是一座顶棚可伸缩的足球场。体育场主要用于足球比赛，并是波兰国家足球队的主场。球场有 58500 个座位。体育场在 2008 年开始兴建，于 2011 年 11 月完工。体育场有一个可伸缩的 PVC 屋顶，它可以从球场中心的尖塔上展开。设计受到了德国法兰克福商业银行球场的启发（该体育场同样拥有可伸缩的顶棚）。

华沙国家体育场外墙面采用红白两色，它是波兰国旗的颜色。体育场的座位同样也采用了这两种颜色。外墙由自西班牙进口的有颜色的网包围，遮盖着内部的框架结构。体育场是一个开放式的结构，也就是说外立面不封闭。所以，尽管体育场的屋顶可以封闭，体育场内的温度却可以和环境温度保持一致。这种外墙结构同样使得看台下的房间可以获得自然通风和自然照明。华沙国家体育场获得 2013 年度国际奥委会 / 体育和休闲设施的国际协会（IAKS）铜奖。

178

图 2.160.1　西班牙莱昂音乐厅 | 曼西利亚＋图侬，2002

图 2.160.2　西班牙莱昂音乐厅

莱昂音乐厅（Ciudad de Leon Auditorium）是一处文化新空间，被看做能够使人与自然的关系形象化的事物。它由一个表演厅和一个小型展览馆组成，一连串相连但又独立的房间能容纳不同规模和种类的展览。每一个锯齿状的房间形成了一片连续但空间相异的区域，它向其他的房间和庭院敞开着，提供了纵向、横向及斜向的景观视线。表演厅是现实主义的一次实践，较小的尺度既经济又不影响使用，在城市中也不显眼。基于这种认知，导致展览馆展厅被单独放置在的一边，将表演厅和展览馆分开，建在原先的旧建筑场地上，以凸显出新的视觉秩序来。表演厅安置在展览馆稍后的位置，以此来强调展览馆表面的造型。最后展览馆变成了两个不同的体量，一个是简朴、封闭的大厅，而另一个则是开放明亮的画廊和聚会空间。

图 2.161.1　华沙波兰犹太人历史博物馆 | 拉赫戴尔玛＋马赫兰姆基，2005—2013

图 2.161.2　波兰犹太人历史博物馆的墙面

波兰犹太人历史博物馆（Museum of the History of Polish Jews）建立在原先的华沙犹太人纪念碑的前面，正面对着纪念碑，两者保持着恰当的距离。波兰犹太人历史博物馆采用了分层的立面设计，将预先喷涂的铜与玻璃相结合。博物馆有着象征性的开裂的立面，朝着波浪状的墙体打开。在这里，一个由垂直、交错的玻璃和铜板构成的规则的网格切割了整个建筑表面。铜引发的对比效果是波兰犹太人历史博物馆设计的关键所在。"活的"绿色铜表皮上刺着方孔以便通风，这与用白色的希伯来文和拉丁文字图案装饰的玻璃形成了强烈的对比。在其后面，立面镀上了相应的有垂直褶皱的绿色铜板，镶嵌了一些窗口。最后外立面的建成是现场等大实物模型的试验结果，旨在打造在竞赛中获奖的亮绿的垂直褶皱的设计构想。铜和玻璃参差不齐、强烈而有序的外观节奏与建筑有机的、自由的形态形成了对比，代表了红海的分割与脱离。拉赫戴尔玛（Lahdelma）和马赫兰姆基（Mahlamki）的意图是让装饰玻璃和绿色波纹铜板背后先进的LED照明系统在建筑中发挥关键性作用。

博物馆正面的纪念华沙犹太人聚居区反对纳粹的起义纪念碑，也成为博物馆的重要元素。

图 2.162.1　加拿大多伦多锡姆科波浪桥｜West 8+DTAH，2009

图 2.162.2　加拿大多伦多锡姆
科波浪桥桥面

锡姆科湖是加拿大安大略省东南部湖泊，位于休伦湖的佐治亚湾和安大略湖之间，多伦多北 65 km，锡姆科波浪桥（Simcoe Wavedeck）据称是模仿湖水的波浪而设计的。21 世纪以来，许多城市公共艺术品都从大自然索取灵感，这个桥也不例外。这座小桥很特殊，不是专门用来帮助游人过河用的，而是更多带有娱乐项目的功能。整座桥由木制结构做成，形状呈波浪形，有大波浪和小波浪，最高的波峰离水面仅有 2.6 m。如果只需要过桥，那么通过小波浪就可以了；如果希望在这里游戏一会儿，可以选择大波浪，去尝试如何才能渡过这一个波浪桥。现在的设计，既具有观赏性，又成为散步休闲的好去处。同时孩子们很喜欢，拿它当滑梯玩。

阿德里安·古兹（Adriaan Geuze）1960 年出生于多德雷赫特（Dordrecht），他在瓦赫尼根（Wageuingen）大学攻读景观建筑学学位。1987 年毕业后不久，即在鹿特丹与保罗·凡·贝克（Paul van Beek）一起成立了 West 8 工作室。1993 年，古兹发表了引起很大争议的荷兰区域规划方案，提出 Randstad（荷兰的阿姆斯特丹、鹿特丹、海牙和乌特勒支四个最大城市构成了被称做 Randstad 的大都会，它的中心是一个称为"绿心"的大森林地带）应当进行超低密度（Ultra-Low Densities）的建设活动，以避免对生态系统的破坏。这一主张激怒了荷兰建筑界，他们坚信与传统的荷兰郊区相比，社区建设的高密度是必需的。古兹认为，当今社会日益成为个体的集合而非和谐的整体。正是基于对当今社会的这种感性认识，他提出了自己的主张。在流传很广的散文《加速中的达尔文》（Accelerating Darwin，1993）中，他强调和谐环境的营造并非依赖建筑技术或材料的改善，而是通过"城市居民创造文化的自觉"来实现。

图 2.163　英国莱斯特曲线剧院｜雷法尔·维尼奥里，2008

莱斯特曲线剧院（Curve Theatre）是建筑师雷法尔·维尼奥里（Rafael Vinoly）在英国的第一个项目，曲线剧院设在市中心的文化区，剧院的外曲面随着街角转动，它是莱斯特的表演艺术中心。剧院配备了两个演出剧场，一个有750个座位，另一个有350座位的礼堂提供了一个更小的空间，里面有表演杂技的"飞行系统"。剧院内32 t 重的钢幕墙把舞台和门厅分隔开来，墙面可以提升，让建筑外面的人也可以一瞥舞台上的演出。开放式的门厅采用了玻璃立面，从外面可以看到咖啡厅、酒吧及舞台。这种透明的效果反映了设计背后的经营理念——让艺术为各个层面的大众所接受。

玻璃幕墙外侧是百叶窗幕墙，它覆盖了建筑的四层。从外面也可以看见两个礼堂空间，公共门厅环绕在它们周围，它的含义被构思成"群岛"。这些都表现了建筑师故意缩小剧院和观众之间的距离的意图。办公室和其他设施都设在后面红色的长形翼楼里，那里包含了其他空间和更秘密的装置。

图 2.164　伦敦主教门大厦 | KPF，2008—2016

伦敦主教门大厦（The Bishopsgate Tower），由 KPF 建筑事务所（Kohn Pedersen Fox Associates）设计，高 228 m，设计办公面积为 7400 m^2。地处瑞士 RE 大厦和劳埃德大厦那一片金融区内。2008 年进入设计阶段，2009 年 3 月开始打桩，桩的深度为地平面以下 65.5 m，2009 年底，打桩完成。此后由于资金问题，延误了一段时间。2013 年 4 月，有人提出，小尖塔（Pinnacle 主教门的昵称）将不会根据当前的设计进行建设。然而 2013 年 12 月，经过广泛的设计审查，提出只改动室内设计，基本保留外部形状。据了解，新的设计可能需要进一步得到有关方面的论证同意。2012 年英国《泰晤士报》评出目前在建十大建筑工程时，将它归其中。媒体评论认为："一种建筑外形，在一个人手里是宝贝，在另一个人的手里就是废物。虽然主教门大厦可能在伦敦有一定的冲击力，但在世界摩天大楼中它实在算不了什么。唯一入选的理由是，这座大楼实在太符合伦敦这座城市的身份了——世界金融中心。"一句评语说出考量新生城市地标的标准——既然不能承载这座城市的历史，那便要凸显在这座城市里的定位。

图 2.165　瑞士伯尔尼保罗·克利中心 | 伦佐·皮亚诺，1999—2005

保罗·克利中心（Zentrum Paul Klee）是为了纪念瑞士艺术家保罗·克利，并作为永久收藏其作品与展示之用。除了展场空间及库房外，里头还有表演厅、视听室、儿童创作空间、工作室、基金会办公室等主要空间。保罗·克利中心位于瑞士伯尔尼郊区一处高速公路旁的小丘上，若从道路这端向建筑望去，只能看见大波浪的钢架藏在连绵不断的阿尔卑斯山脉里，俯瞰时，才能发现建筑物悄悄地融入大地之中。虽然钢结构部分就是常见的冷冽刚硬的型钢，但是美丽的流线造型，会立刻给人们一种视觉享受。而室内空间布局与家具更是具有秩序、完整、简洁、简单、柔和的现代品质。

在绿意浓浓的伯尔尼郊区，保罗·克利中心由三座相连的波浪形建筑组成，如若与当地风景连成一体的小山。皮亚诺把它命名为"风景雕塑"。三座小山似的建筑通过一条被称作"博物馆大街"、长 150 m 的通道相连。光线、虚浮及自然是表现主义大师保罗·克利作品中的三大元素，也正是这三个元素启发了伦佐·皮亚诺按照这个原则建造博物馆。"克利是 20 世纪最多产也是全能的艺术家之一。他的天分是多方面的，因此很容易引起误解——似乎你可以任意地选择一种方式来理解他。克利曾是包豪斯一位多才多艺的教师。他的课并不是把所有的艺术形式混在一起，而是让不同的艺术形式相互深入，相互浸润，其中潜藏着诗一样的含义。在克利的作品里，你能找到任何你想要的东西，但很深刻，也很复杂。因此我们有了这样的想法：宁愿找一个地方，挖地破土，创造出一件'地景艺术'的作品，而不只是建一幢高楼。"伦佐·皮亚诺为自己的设计做了这样的注解。由于克利的作品非常脆弱，常常是画在纸上的水彩画，甚至是画在纸上的油画，把这些脆弱的作品暴露在光线下显然非常危险。因此"博物馆大街"那部分，伦佐·皮阿诺尽量避免使用自然光。

皮亚诺揣摩捕捉"雕刻家之魂"的影子，无形的双手赋予绵延大地动人的姿态，让人们看见美术馆宛如丘陵的形态与山野无缝地融合，美好的山脉无边无际地蜿蜒，博物馆建筑体与其所收藏克利作品就隐藏在这里，深沉、平静与安宁。皮亚诺设计的这个博物馆能够有机地与当地山丘融为一体，与贝聿铭设计的京都美秀博物馆相比，风格不同，但毫不逊色。

图 2.166 哈尔滨中国木雕博物馆 | MAD 建筑事务所，2013

这座 200 m 长的建筑用金属包面，坐落于一个密集的住宅区内，为当地城市环境增添了一些文化和超现实的意象。

中国木雕博物馆（China Wood Sculpture Museum）体现了 MAD 建筑事务所的一些前卫概念和设计特点，将印象派和抽象派的本质放在了多少有些日常化的环境当中。在这座 1.3 万 m^2 的建筑中，固体和液体的形态被模糊，反映出当地多雪的自然景观。建筑的外部用抛光钢板覆盖，反射出周围不断变化的光影和景色。实体墙减少了热量的损失，而不断扭曲的墙面上的天窗将北方微薄的光线引入进来，照亮三个内部展厅。博物馆陈列了当地制作的木雕和绘画作品，尤其是放映冰雪世界的当地景观作品。在大型的现代化城市背景下，博物馆自身是对自然的一种新的诠释。博物馆和城市之间的超现实的交融打破了城市外壳的单调，以新的文化场所的姿态振兴了当地的环境。

然而，建筑师的上述设计思想事实上没有达到目的。如此长得像一条巨蟒一样的扭曲的博物馆，横卧在住宅区的大街旁，没有也不会和现代化城市融为一体，强烈的对比反而破坏了城市自身的秩序。因此，前卫建筑作品不是可以任意设计和安置的，正像前面隈研吾说的"负建筑"是让建筑"消失"在环境中。这座博物馆不是"消失"在市区里，而是千方百计地让人们注意到它的存在，这就背离了"建筑作品与周围环境协调"的设计原则了。

再如图 2.65 所示库哈斯设计的葡萄牙波尔图音乐厅，不大的体量，也不像李伯斯金的作品那样"豪放"，如果不加专门的说明，一般老百姓还以为"不就是一座房子吗，就是有些不规则"！与城市其他建筑不会发生"冲突"，于是它"消失"了。

图 2.167　上海环球金融大厦 |
KPF，1997—2008

上海环球金融中心（Shanghai Global Financial Hub）是以日本的森大厦株式会社（Mori Building Corporation）为中心，联合日本、美国等 40 多家企业投资兴建的项目，总投资额超过 1050 亿日元（逾 10 亿美元），由 KPF 建筑事务所的威廉·C.路易（William C. Louie）设计。原设计高 460 m，工程地块面积为 3 万 m²，总建筑面积达 38.16 万 m²，毗邻金茂大厦。1997 年初开工后，因受亚洲金融危机影响，工程曾一度停工，2003 年 2 月工程复工。当时中国台北和香港都已在建 480 m 高的摩天大厦，超过环球金融中心的原设计高度，由于日本方面兴建世界第一高楼的初衷不变，对原设计方案进行了修改。修改后的环球金融中心比原来增加 7 层，即达到地上 100 层，地下 3 层，楼层总面积约 377300 m²，建成高度 492 m。

大楼楼层规划为地下 2 层~地上 3 层是商场，3 ~ 5 层是会议设施，7 ~ 77 层为办公室，其中有 2 个空中门厅，分别在 28 ~ 29 层及 52 ~ 53 层，79 ~ 93 层是酒店，将由凯悦集团负责管理，90 层设有两台抗风阻尼器，94 ~ 100 层为观光、观景设施，共有 3 个观景台，其中 94 层为"观光大厅"，是一个约 700 m² 的展览场地及观景台，可举行不同类型的展览活动。97 层为"观光天桥"，在第 100 层又设计了一个最高的"观光天阁"，长约 55 m，地上高度 474 m，超越加拿大国家电视塔的观景台与迪拜塔观景台的高度（地上 440 m），成为未来世界最高的观景台。

大楼在 90 层（约 395 m）设置了 2 台抗风阻尼器，各重 150 t，使用感应器测出建筑物在风中的摇晃程度，及时通过电脑计算以控制阻尼器移动的方向，减少大楼由于强风而引起的摇晃，而预计这两台阻尼器也将成为世界最高的自动控制阻尼器。

按照最初设计，大厦顶部的防风孔为圆形，这个造型在国内引起强烈反响，认为这是"马刀＋太阳旗"，经过交涉后，圆孔改为现在的倒梯形孔。与别的摩天大楼相比，这个大厦的造型没有什么特色，与不远的金茂大厦也构不成呼应关系。

图 2.168.1　德国美因茨社区中心 | 曼努埃尔·赫　图 2.168.2　美因茨社区中心希伯来字母墙面
茨，1999—2010

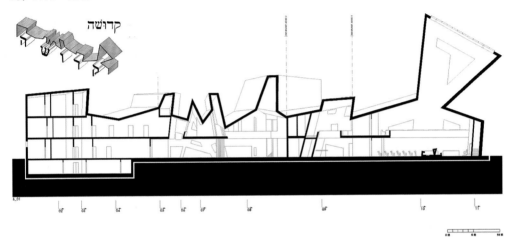

图 2.168.3　美因茨社区中心希伯来字母墙墙面剪影

建筑师曼努埃尔·赫茨（Manuel Herz）曾是丹尼尔·李伯斯金的雇员，曾与他同时参与柏林犹太博物馆的设计。1938 年，美因茨的犹太人社区中心曾被纳粹烧毁，1999 年赫茨在建筑的招标竞赛中获得头筹。新建的美因茨社区中心（Jewish Community Center Mainz）的外形由 5 个希伯来字母组成，它的深绿色波纹釉陶立面的设计语言充满了奇特的表现力，给建筑建立了标志性形象。希伯来文 Qadushah 的怪诞抽象剪影是指神圣和祝福的意思，用文字的形式转向结构，使结构的内涵有了质的升华。建筑内部可容纳 400 人同时做礼拜。与各地的犹太教堂一样，它的功能与形式基本相同：家具放在东侧，神龛里保存着托拉（Torah）卷轴和摩西的 5 本羊皮纸圣书。内部没有华丽的装修，如同慕尼黑的犹太教堂，建筑内部的墙壁被涂上金色。

图 2.169　华盛顿新闻博物馆 | 波尔舍克建筑事务所，2008

波尔舍克建筑事务所（Polshek Partnership Architects）设计的世界上最大的新华盛顿闻博物馆（Newseum），坐落在国家大草坪（National Mall）的东北角，玻璃立面正对着宾夕法尼亚大街，2008 年建成开放。该项目由詹姆斯·S. 波尔舍克（James S. Polshek）和约瑟夫·L. 弗莱舍（Joseph L. Fleisher）合作完成。他们认为博物馆构成了"历史纪念物对话"的一部分，这是因为它周围的邻居赫赫有名：旁边是加拿大大使馆，街对面是国家美术馆。波尔舍克说，"从某种意义上来说它是华盛顿脉络中的一部分"。而且，它也是被称为"美国第一大街"的宾夕法尼亚大街上最后一个开放的场地，位于国会山和白宫之间。

参观者进入博物馆时，会看到一块 22.6 m 高、重达 50 t 的田纳西大理石，上面镌刻着第一修正案的文本。进入博物馆，参观者将搭乘透明玻璃电梯，俯瞰 27.5 m 高的大堂，来到 7 层楼的顶部，进入到 1.5 mile 路径的 14 座展厅和 15 座剧场。2 座长 76 m 的组合结构创造了无梁柱的内部空间。

当地评论家对它的设计毁誉参半。建筑师罗杰·K. 刘易斯（Roger K. Lewis）在《华盛顿邮报》上撰写文章称"从美学上很有气势，而且表现了深思熟虑后的城市设计"。但是，建筑评论家菲利普·肯尼科特（Philip Kennicott）写道，"从美学上来说一无是处，它太过喧闹，太过生硬而且很不协调"。该建筑被称为"三维的报纸"、新闻的"世界窗口"，然而看上去像是多种建筑形式的堆积，处在宽阔的宾夕法尼亚大街上，巨大的建筑体量将一些美学上面的缺陷无形地化解了。

图 2.170　葡萄牙保拉·瑞哥历史博物馆 | 爱德华·索托·德·莫拉，2006—2008

保拉·瑞哥历史博物馆（Casa das Histórias de Paula Rego）位于葡萄牙里斯本卡斯凯什斯（Cascais）镇，它的设计借助了地区历史性建筑的某些空间元素，将其重新进行现代化诠释，这里我们能看出来的是两个金字塔形的结构，还有建造中采用的红色混凝土。场地上原有的树林被容纳进设计，作为基本的设计元素，四个高低不一的翼结构组成整体建筑。大楼被分成不同的房间，一个接着一个，围绕着一个较高的中央大厅，这里是临时的展览厅。该建筑充分表现了爱德华·索托·德·莫拉（Eduardo Souto de Moura）与阿尔瓦罗·西扎一脉相承的地域主义和极简主义的设计风格。

图 2.171　纽约罗斯地球与太空中心 | 詹姆斯·史德华·波尔舍克 + 托德·施黎曼，2000

罗斯地球与太空研究中心（Rose Center for Earth and Space）位于美国纽约中央公园西侧占地 7 hm² 多的自然历史博物馆中。该博物馆收藏与研究的主题为"人类与自然的对话"，致力于探索人类文化、自然世界与天体宇宙。建筑师詹姆斯·史德华·波尔舍克（James Stewart Polshek）将该中心的设计构想定为"宇宙大教堂"，游客在空间中探索经历宇宙的奥妙与惊奇，有如朝圣者走进中世纪大教堂中所感受到的震撼与敬畏。空间的安排与设计配合博物馆展示主题，大小球体的设置象征星球，说明宇宙的形成与相互关系。中央设置一座直径 26.5 m、重达 1.8 t 的金属合金球体——海登天文馆（Hayden Planetarium），悬浮在一个巨大的玻璃正方体中。在经过改建的海登天文馆里，人们可以通过世界上最大的视觉模拟装置观察外层空间。这里集中了人类所掌握的所有关于宇宙起源、进化、大小和年纪的知识及实物标本；30 m 高的玻璃帷幕墙由晶莹剔透、铁质含量很低的玻璃制成。在海登天文馆的下面，有两个大厅。游客可以通过地球大厅探索地质、气候、板块构造等，在宇宙大厅内可以探索行星、恒星、星系和更多的领域以及宇宙从大爆炸开始一直演变至今的全过程。参观该中心有如漫步于太空之中，感受浩瀚无边茫茫宇宙的演化。

图 2.172　维也纳现代艺术博物馆 | 奥尔特纳 + 奥尔特纳建筑事务所，2001

维也纳现代艺术博物馆全称为现代艺术博物馆维也纳路德维希基金会（Museum Moderner Kunst Stiftung Ludwig Wien，MUMOK），坐落于维也纳巴洛克皇家建筑区内，这是一个由多个博物馆组成的区域。博物馆的设计理念是让历史建筑与当代建筑共存。从外部看，博物馆犹如一个深色封闭的石块，屋面的四角微向下弯曲。立面与屋面由深灰色的玄武岩覆盖，石块在砌筑时有意显出凸凹的痕迹，使这个灰黑色的大家伙与周围的巴洛克建筑形成了鲜明的对照。

一个 10 m 高的室外台阶将人们导入高处庭院平台 4 m 的入口。建筑内部，35 m 通高的中庭将屋顶的采光分配给各个楼层，中庭的两侧为展厅。上部展厅由屋顶天窗获得自然采光，而两侧墙上的窄条长窗与顶层的横向窗户既可采光，也可以让参观者向外眺望。

现代艺术博物馆被称为现代艺术设计的样板之一，奥尔特纳 + 奥尔特纳建筑事务所（Ortner & Ortner Baukunst）将简洁严谨的现代建筑风格成功地融入巴洛克式的建筑环境之中。尽管它和其他博物馆一样都得抬头仰望，但冷峻的灰色石墙、简单的线条还有高耸的入口台阶，使建筑本身就是一项艺术杰作。

图 2.173　北京中央电视台总部大楼 | OMA，2010

2002 年 12 月，大都会建筑事务所（OMA）在中央电视台总部大楼（CCTV Headquarter）设计竞标中，击败了其他 5 家建筑事务所，成为大赢家。OMA 的方案是一个变形的巨门，这个方案与中央商务区 CBD 的总体规划更为协调，最后，该方案以全票通过。

专家评委的意见是：这是一个不卑不亢的方案，既有鲜明的个性，又无排他性。作为一个优美、有力的雕塑形象，它既能代表新北京的形象，又可以用建筑的语言表达电视媒体的重要性和文化性，其结构方案新颖，可实施，会推动中国高层建筑的结构体系、结构思想的创造。专家评委认为能实施这一方案，不仅能树立中央电视台的标志性形象，也将翻开中国建筑界新的一页。

该方案由两座楼构成，主楼的两座塔楼双向倾斜 6 度，在 162 m 高处被 14 层高的悬臂结构连接起来，两段悬臂分别外伸 67 和 75 m，在空中合龙为 L 形空间网状结构，总体形成一个高度达 234 m 的扭曲的闭合环状巨门。子楼在主楼的后面，为一个变形的 L 形大楼，竖直部分高度为 160 m，作为楼群的补充。

中央电视台新大楼所面临的挑战不是它的形式，而是要完成这种形式的工程设计和施工问题。高层建筑结构设计方面最困难的三个问题：倾斜、悬挑、扭转，央视新大楼占了两项：倾斜和悬挑。好景不长，许多院士、教授、建筑师联名上书国务院，对该建筑的安全性提出了质疑。随后国务院组织专家进行论证，多经计算机分析与反复辩论，设计做了修改，最终通过论证，重新复工，但工程已延误了一年。

从 2005 年，这个庞然大物就被北京老百姓称为"大裤衩"，为什么北京老百姓对中央电视台新大楼有"大裤衩"的称谓，估计还是不习惯这种巨大体量的建筑物非常规的设计理念，即斜楼与悬挑结构对地球引力的挑战。世界高层建筑学会"2013 年度高层建筑奖"评选于 2013 年 11 月 7 日晚在美国芝加哥揭晓。中央电视台新大楼获得最高奖——全球最佳高层建筑奖。北京现在最高的楼是国贸三期大厦，高 330 m。东侧不远处高 528 m 的中国尊正在建造，预计 2016 年竣工。中央电视台新大楼东南侧是使馆区和高档住宅区，不至于让央视新大厦失去天际线中大楼的形象。这显示了北京市对这一地区的规划早已成竹在胸。

德国建筑师冯·格康曾经说过这样一段话："我觉得遗憾的是，库哈斯与可持续性之间并没有什么关系，至少他在中国的项目是这样。在中国的外国建筑师，可能有这样的想法和需要：他们希望展现自己的实力，做一些让世人目瞪口呆的建筑，而中国恰恰提供了这个土壤可供实验。"

图 2.174　法国里昂汇流博物馆 | 蓝天组，2014

里昂汇流博物馆（Musée des Confluences）是一个"意识研究、发现创造性质疑"的平台。或者更为直观地说，博物馆整体上好像一条大船，它由岛上南端的公园延伸而来，船首即是所谓的"水晶"。它的内部是一个透明的大堂，大堂的竖直方向还有一个巨大的玻璃井，这是有形、可度量的入口结构。绘有直线的钢铁框架上有大玻璃板，从多个角度反射了周围环境，形成了一个清晰的角度网。作为一个面向城市的"透明都市平台"，水晶是外部世界和内部建筑之间的转换器。

与其相对应的"云"在形态上类似于一个被柱子抬高的体量，含有一连串的黑色不透明的盒子，不接收自然光，因此，这里是举行展览的理想之地。10 个盒子中的 7 个留来用做短期展览，其他的 3 个则永久保持在一个不断变化的重要的信息平台上。云也包含行政办公室，漂浮在混凝土地基之上，后者把两个截然不同的元素同一个贯穿整个博物馆的连接空间联合起来。屋面也是碎片化的拼图，不同的细分网格和密度适应了屋面几何的转换。由剖面模型中可以很清晰地看到割裂地表而产生的冲突，碎片化的手法仿佛是 20 世纪 90 年代解构主义的回音。

图 2.175　西班牙巴伦西亚美洲杯帆船赛的亭台 | 大卫·齐普菲尔德，2006

由大卫·齐普菲尔德（David Chipperfield）设计的西班牙巴伦西亚美洲杯帆船赛的亭台（Foredeck Building）荣获 2007年斯特林建筑奖，这是阔别欧洲 155 年的美洲杯帆船赛的核心建筑。建筑面积 1 万 m^2 的亭台有 4 层，由一系列水平的层面堆叠和移位组成，既遮挡了阳光，又营造了没有视线障碍的观海平台。远远看去，4 层楼被水平伸展的白色楼板所划分，中间竖向支撑的墙面是绿色玻璃。缓缓的坡道、宽敞的平台铺满了实木和白树脂材料木地板，线条、体块对比十分鲜明。白色楼板一层比一层更大幅度地出挑，简单、简洁、简约，独特的造型使之成为海边重要的标志。白色钢铁装饰、白色合金天花板，使建筑轻盈且不失稳重，风格与功能完美统一，满足重大帆船赛事的要求。观赏台大楼甲板提供令人难以置信的 360 度全景功能，可以一目了然地观看摩托艇以320 km/h 的速度飞驰而过的壮观场面。这座规模不大、安静的海边新建筑，真算得上极简主义的典范！

图 2.176.1　马德里水晶之塔 | 西萨·佩里，2009

水晶之塔（Torre de Cristal，西班牙语为玻璃塔）是马德里四塔楼商务区中的一座，于 2009 年建成，高 249.5 m。上图右侧的大厦为诺曼·福斯特设计的，也被命名为水晶大厦，它的高度为 250 m，于 2008 年年底建成，西萨·佩里设计的水晶塔楼为马德里第二高楼。

图 2.176.2　水晶之塔和其他三座高楼形成了马德里的标志天际线

图 2.177 维也纳多瑙河城土星塔 | 汉斯·霍莱茵 + 海因茨·纽曼, 2003—2004

这座被命名为"土星塔"(Saturn Tower)的大楼是汉斯·霍莱茵(Hans Hollein)与海因茨·纽曼(Heinz Neumann)于 2003 年设计建造的办公大楼, 与维也纳多瑙河城的其他建筑一样, 维也纳人也给它起了一个神话名字。90 m 高的建筑位于多瑙河城的西北部, 共有建筑面积 57200 m^2, 其中 33000 m^2 对外出租, 平均每楼层约有 1400 m^2。塔楼有 28 层高, 在第一个五年里在地下层安排了 330 个停车位供工作人员使用, 楼顶有 385 m^2 的露天阳台, 可以将多瑙河城的壮观景色一览无余。

与维也纳的哈斯商厦一样, "土星塔"充分展示了霍莱茵的设计手法: 多层次有机的组合, 变化的形式给人们带来了视觉上的异样感受, 然而, 建筑形式并不夸张, 恰如其分地表现了后现代主义的设计理念。

图 2.178.1 广州大剧院 | 扎哈·哈迪德，2004—2010

图 2.178.2 广州大剧院大剧院，背景为广州国际金融中心

图 2.178.3 广州大剧院内景

广州大剧院（Multi-Functional Theater）为英国设计师扎哈·哈迪德的作品"圆润双砾"，这是与奥地利蓝天组的"激情火焰"和北京市建筑设计研究院的方案"贵妇面纱"在 2002 年竞标后确定的。广州大剧院的设计异乎寻常，方案的后现代性特征非常突出：外部设计成跌宕起伏的"沙漠"形状，与周边高楼林立的现代都市形象构成鲜明的对比。主体建筑造型自然、粗野，为灰黑色调的"双砾"，隐喻由珠江河畔的流水冲来两块漂亮的石头。这两块原始的、非几何形体的建筑物就像砾石一般置于开敞的场地之上，设计既融合了勒·柯布西耶的粗野主义风格和后现代建筑的隐喻理论，又发挥了哈迪德自己的动态构成设计手法。虽然哈迪德把歌剧院比作两块宁静的石头，但极具动感的流线造型仍然可以让人们联想到石头被冲刷的过程和流动的珠江。技术评审委员组认为，广州大剧院要独一无二，不应该模仿 20 世纪五六十年代传统的三段式歌剧院，如友谊剧院。另外，北京国家大剧院已经采用规则的几何形体———"鹅蛋形"设计，因此采用非几何形体、非规则的外形设计，不失为一个好思路。广州大剧院位于珠江新城南部，总用地面积达到 4.2 万 m²，建筑面积约 4.6 万 m²，其中包括 1800 个座位的大剧院、4000 m² 的大厅及休息厅、2500 m² 的多功能厅和其他配套设施。建筑外部设计成跌宕起伏的"石块"形状，顺着高低不平的小路步入"石块的峡谷"之中，再经室内合成光影的照射，让人们进一步感受到艺术的魅力。建筑的设计理念来自于广州"海珠石"的传说，位于珠江畔的两块石头般的建筑将新城中的高楼大厦平缓地过渡到川流不息的珠江，自然而然地与周边环境融合在一起。

广州大剧院整个造型的外围护，用悬挑结构和连续墙代替以往盒子建筑的梁柱结构，分不出哪根是梁，哪根是柱，都是倾斜或扭曲的，其最大的倾斜角度竟达 30 度。广州大剧院的折面很多，很难分出主和次的关系，梁和柱子的区分也变得朦胧不清，很多情况下是靠面与面之间的相互拉扯的作用来对结构整体产生支撑作用的。

广州大剧院结构比鸟巢还要复杂。"大石头"外围护钢结构，共有 64 个面、41 个转角和 104 条棱线。这么多的面却没有一个与地面垂直，施工难度之大难以想象。网壳两个平面夹角最小为 79 度，最大为 177.5 度。"小石头"共有 37 个面、18 个转角、54 条棱线。网壳两个平面夹角最小为 43.9 度，最大为 174.1 度。

广州大剧院是由全球顶级声学大师、迄今唯一活跃在声学界的声学界最高奖"塞宾奖"得主马歇尔·戴（Marshall Day）设计。马歇尔·戴对广州大剧院非常重视，他已经 75 岁了，为了这个项目先后 4 次前来广州。"双手环抱"式看台，是声学家马歇尔 20 多年的创想，应用在歌剧院也是全球首次，广州大剧院不规则的形状正好让它有了用武之地。在声学测试过程中，工程师们曾建议对音乐厅的后墙稍加改动，哈迪德为之大怒，一切都不能动。最后通过了多次试验，采取在后排的边角处的墙面上贴上一系列折角形反射钢片，才使剧院内每处的声响都达到标准。这是一个了不起的成就，广州大剧院成为世界上第一个没有吊挂反射板，在大厅内处处都能够得到美好的听觉享受的歌剧院。

要将"圆润双砾"的非几何形体设计从图纸变成现实，就要克服前所未有的施工难题。鸟巢起码有 1/4 节点是对称的，而广州歌剧院没有一个节点相同。建造使用的每一个钢件都是分段铸造再运到现场拼接，每一个节点从制造、安装均要在空中准确三维定位。况且目前国内对如此复杂的钢结构还没有规范可循，工程师们只能摸索着进行。他们在施工设计与施工过程中，逐渐体会到哈迪德设计的艺术内涵。正像悉尼歌剧院改变了"一个城市的面貌"，广州大剧院可能由于其独特的前卫设计理念而对中国建筑界产生深远的影响。

图 2.179　西班牙天然气公司总部大楼 | EMBT，2006

西班牙天然气公司总部大楼（Gas Natural Office Building）是巴塞罗那巴塞罗尼半岛最壮观的建筑之一，塔高 86 m，外观完全由玻璃覆盖。它设计独特，建成后立即成为巴塞罗那市最典型的标志之一。

这个建筑由著名建筑师恩里克·米拉莱斯（Enric Miralles）和贝内黛塔·塔格里亚布（Benedetta Tagliabue）夫妇设计，他们的想法赢得了青睐。壮观的 22 层玻璃塔楼蜿蜒显眼，形状怪异夸张，被人们称为"超级电脑"，现已经成为巴塞罗那地平线上的一个新地标。

一个向水平伸出的臂楼在第 5 和第 10 层塔楼之间，这使塔楼看上去特别与众不同，且具有坚强的个性，从建筑学角度使大楼融入整个建筑群及周边城市。

图 2.180.1　英国西约克郡赫普沃斯美术馆 | 大卫·齐普菲尔德，2012

图 2.180.2　赫普沃斯美术馆正面

赫普沃斯美术馆（Hepworth Gallery）位于韦克菲尔德市中心以南克莱德河河岸古老的滨海区，以 1903 年出生在此的芭芭拉·赫普沃斯命名。场地位于韦克菲尔德海滨保护区内，若干由砖块和石头建造的著名的工业建筑都曾位于此地。新建筑坐落在克莱德河的呷角——克莱德河最靠近历史中心的河湾和一系列水闸之间伸展的土地上。本地区大部分的地质结构是由各种不规则形体紧密结合形成的砾岩，这种形态促成了画廊内在组织结构的形成。美术馆是该城市既有画廊的重新迁址的扩建项目，既有的收藏包含英国和其他欧洲国家著名的艺术作品，这个画廊另外还增加了 30 多件由当地艺术家芭芭拉·赫普沃斯创作的独特作品。美术馆由 10 个大小不同的梯形块组成，它们与周围小规模的工业建筑相互回应。每个单一体量代表一个独立的空间，其大小和形状都十分独特。建筑师选择了有色混凝土这种强调画廊雕塑外观的建筑材料。水系分布两侧，视野开阔，建筑因此没有前后之分。建筑的体块组成了室内的房间，上层画廊的大小是根据展品的规模进行设计的，底层的房间包含其他的展厅功能：表演空间、教育工作室、公共设施、管理和后侧空间。尽管赫普沃斯美术馆被英国皇家建筑师学会评为 2012 年度最佳建筑，但是美术馆的野兽派设计并未被当地人民所接受。

图 2.181　伦敦对讲机大厦 | 雷法尔·维诺里，2013

对讲机大厦（Walkie Talkie）是伦敦人给伦敦塔附近一座独特形状的摩天大楼取的名字，由雷法尔·维诺里（Rafael Vinoly）设计。位于伦敦金融城的这座大厦高 160 m，从基座开始向上张开，楼层越高，楼层面积越大。顶部的三层设有一座空中花园，并对公众开放。这座大厦可提供 6.4 万 m² 的办公空间。

对讲机大厦地处芬丘奇（Fenchurch）街 20 号，由土地证券（Land Securities）公司和金丝雀码头集团联合开发的，是一组高端建筑中的一座。这些建筑都位于伦敦金融城，例如罗杰斯事务所设计的兰特荷大厦，也被称为"奶酪切割器"（见图 2.135），KPF 建筑事务所设计的位于主教门的赫伦塔（见图 2.235）。

对讲机大厦是在 2009 年获得规划许可的，但是因为经济危机，直到 2010 年底才开始动工。该项目于 2013 年年底完成。上面三项建筑的完成，对伦敦泰晤士河北侧的天际线有着良好的影响，它们都在圣保罗大教堂和伦敦塔之间，人们观望它们的视线基本上不受阻挡。伦敦金融城的架构已经完善，这座保守的城市现给人们的印象是真正开始走向开放了。

有一个小插曲，当大厦迎河面的玻璃安装完成时，大厦凹面的玻璃反光（实际上就是凹面镜的聚焦作用）将一些停放在大街上的汽车外表的 PVC 塑料烧焦了，这引起了伦敦市民的愤怒，于是市长要求对建筑表面形状进行修改。修改后，其楼层面积从 94379 m² 增加到 100008 m²，大厦的总高度和体量没有改变。诺曼·福斯特的"腌黄瓜"的曲面是外凸的，阳光射在上面只能发散；而对讲机大厦的"前卫"凹形曲面对阳光的聚焦大概是设计师预先没有想到的。

图 2.182.1 列日居尔曼高铁火车站 | 圣地亚哥·卡拉特拉瓦，2009

图 2.182.2 列日居尔曼高铁火车站的月台

列日居尔曼高铁火车站（Liège-Guillemins Train Station）是欧洲高速铁路网络的重要节点，是来往于伦敦、巴黎、布鲁塞尔和柏林必不可少的环节。圣地亚哥·卡拉特拉瓦（Santiago Calatrava）的列日居尔曼高铁火车站连接了列日以前由铁轨分隔开的两个截然不同的地域——城市北边典型破落的 19 世纪的城市地区和 Cointe 山以南的优美居住区。

新车站由钢、玻璃和白色混凝土建成。设计师用透明度的设计概念与城市对话。透明度是由拱顶钢肋和玻璃传递出来的，拱顶两侧坡形向下与侧面的月牙形玻璃遮阳蓬相连。车站主体为一个 200 m 长的巨大拱门，拱高 35 m。建筑费用为 3.12 亿欧元。车站共有 5 个站台（三个 450 m 长，两个 350 m 长），五大站台 145 m 长的檐蓬也直接由拱顶延伸出来。巨大的玻璃建筑取代了传统的外观，并建立了车站和城市内部之间的直接互动。此外卡拉特拉瓦又设计了一个长拱吊桥让公路直接到达车站，大大地方便了郊区出行的人们。

卡拉特拉瓦设计过几个火车站，其中 1994 年里昂 TGV 车站给他带来了巨大的声誉，其次里斯本车站也是一个了不起的作品。里斯本车站的站台遮阳蓬是独立的，而列日车站的站台遮阳蓬与车站拱蓬连在一起，人们到别的站台不必过天桥，这就方便多了。

用"诗篇"二字形容卡拉特拉瓦的作品是合适的，因为它们带给人们的不仅是张力与美感，同时提出了新的设计思维与创造模式，那就是技术探索与文化理念表达的统一。其创造性的表现进一步诠释了建筑的复杂性，告诉我们建筑的进一步发展可以并且必须跨越不同的相关领域。圣地亚哥·卡拉特拉瓦这样的"多面手"在当今这个专业主宰各个领域的时代显得尤其难能可贵，他以其渊博的学识与创造性的处理手法将建筑、雕塑、机械与结构技术完美地结合在一起。人们在领略其作品强烈视觉冲击的同时开始对建筑的本质进行新的思考。

图 2.183.1　曼彻斯特新伊斯灵顿薯条公寓｜威尔·阿尔索普，2006—2009

图 2.183.2　曼彻斯特新伊斯灵顿薯条公寓楼局部

薯条公寓（Chips Apartments）位于曼彻斯特市中心东北部，是 2002 年东曼彻斯特城市发展总体规划中的组成部分。设计力图创造多功能混合型单体住宅楼，将住宅、工作室及供游览者就餐的主餐厅集于一身。
人们早已盼望曼彻斯特新伊斯灵顿（New Islington）的开发，威尔·阿尔索普设计的这座像三个薯条堆在一起的公寓是其中一个十分显眼的项目。薯条公寓三面环水，好像在一个半岛上面，它共有 9 层 142 套居住房。公寓建筑长 100 m，宽 14 m，可与这个地区残留的维多利亚时代的工业建筑媲美。顶层巨大的刻字般幕墙上面写着罗奇代尔（Rochdale）和阿什顿（Ashton）运河的名字，表明对这两条河流的尊重。9 层住宅分在 3 个条带里，它们分别涂上了黄、紫和褐色。3 个条带像水蛇行走时左右摆动的状态，就像动画片中的某一个瞬间。中间层是 3 条中颜色最深的，两侧还有 9 m 的挑臂悬出，远处的窗子有时会微微地颤动，创造了一种沉重的感觉。这幢建筑已足够标示出一个潜在的区域，展望着未来的发展前景。

图 2.184　德国达姆施塔特科学中心 | 维纳建筑事务所，2004—2008

2007 年，在德国黑森州南部达姆施塔特市，一个以达姆施塔特命名的科学中心（Darmstadtium）正式开放。它是一个多功能的会议中心，与别的科学中心不同的是它的名字。1994 年在达姆施塔特工业大学的研究所里发现的新的放射性元素"鿏"（Darmstadtium），这个新元素排在元素周期表中 110 位，当重离子研究协会（GSI）确认它是一个化学元素后于 1997 年正式公布，使黑森州达姆施塔特和这个元素联系在一起。

维纳建筑事务所（Wiener Architect）的建筑师塔里克·沙拉比（Talik Chalabi）对达姆施塔特科学中心的创意是所谓"卡拉"（Calla），即由玻璃和钢制成的"马蹄莲花"。"卡拉"是主要大厅的玻璃屋顶的一部分，形状类似于一个开放的花杯。这种独特的建筑结构，从楼顶向下延伸，变得越来越狭窄，稍微有些弯曲变成一个伸展约 20 m 的垂直结构，最终在二层地下室结束。它不仅在视觉上引人注目，也具有了很好的功能。从那里收集的雨水可以作为厕所、空调及室外灌溉用水，通过卡拉交换房间内的热空气或冷空气，同时让所有自然光以各种不同方式达到第二个地下层。

具体实施卡拉是一项艰巨的任务，建筑师用"ArchiCAD"软件标明每个建筑元素的三维坐标。三年艰苦的施工使工程师保罗·施罗德和他的团队最终相信他们的"ArchiCAD"被证明是可以完成如此复杂任务的工具。

图 2.185　荷兰乌特勒支 KPN 办公楼 | 菲尼道·波康涅特，2008

KPN 办公楼（KPN Building）毗邻 A2 高速公路新办公楼，包括 2 个塔楼，高度分别为 9 层和 10 层，间距超过 30 m 外，在水平方向半地下宽敞的大堂将 2 个楼连在一起。该建筑也将通过第 6、7 和 8 层的 "桥梁" 相连，跨度为 21.6 m。该大楼有 14000 m² 的可出租楼面面积，由菲尼道·波康涅特建筑事务所（Veenendaal Bocanet+ Partners）设计。

图 2.186.1 意大利沙乐华总部大楼｜西诺·祖齐建筑事务所等，2011

图 2.186.2 沙乐华总部大楼多面的板楼

西诺·祖齐建筑事务所等（Cino Zucchi Architetti and Park Associati）设计的意大利博尔扎诺沙乐华总部大楼（Salewa Headquarters），坐落在博尔扎诺高速公路附近一个独特的区域内，成为一座"景观"建筑，与周围陡峭的悬崖峭壁形成对话关系。新建筑不但容纳了新的工作空间和一个室内攀岩体育馆，还旨在提供一个能让公司与供应商、合伙人、客户进行互动与交流的空间。新总部大楼代表了日常生活不同元素的汇合点：从体量尺度、社会尺度和沟通尺度到工作风格与休闲生活。沙乐华总部大楼由一系列多面的板楼与塔楼组成，其中包括一座 50 m 高的结构，它将成为博尔扎诺市最高的建筑。该项目采用了电镀上色的微孔铝表皮，能保护建筑内最暴露的部分，还结合使用了大面积的竖直玻璃覆盖层，因此产生了水晶般的视觉效果。纤细的、像金属板一样的支柱和精致的保护层相映成趣，不但确定了建筑立面，还突出了可见区域与不可见区域的对比效果。这个建筑群位于一个地形十分特殊的位置，象征着一个信息交换的场所，这里所说的信息交换是物质与非物质关系密集网络之间的信息交换，这种关系构成了这个现代公司的生命本质。

图 2.187　阿联酋阿布扎比首都门 | 阿布扎比国家展览公司，2011

阿布扎比建造的首都门（Capital Gate）最近经吉尼斯鉴定，被确认为"世界上最斜的人造塔"。首都门倾斜 18 度，是比萨斜塔倾斜度的近 5 倍，后者倾斜度为 4 度。

但是，与比萨斜塔不同，这座 35 层 160 m 高的首都门是故意建得这么斜的，不像比萨斜塔是因为地基不牢而逐渐倾斜的。那么，这是如何做到的呢？开发首都门塔的阿布扎比国家展览公司介绍，这座塔从第 1 层到第 12 层都是垂直的，再往上，每一层的波纹板依次超出 300 ～ 1400 mm，形成倾斜的形状。为了搭配出塔楼弯曲的形状，728 块菱状玻璃面板上的每一片玻璃都不相同，摆放的角度也不一样。为了让这座建筑能够承受倾斜所造成的重力、风压力和地震压力，整座斜塔建造在密集的网状钢筋之上，光是地基就打了 490 根桩，深度达到地面以下 30 m。

阿布扎比国家展览公司（ADNEC）表示，首都门还是世界上已知的首次使用预拱度核（Pre-Cambered Core）[1] 的建筑，打造预拱度核添加了 10000 t 钢和 15000 多 m³ 的钢筋混凝土。首都门的官方网站写道："它的不对称性，震惊国内外。"

阿布扎比国家展览公司主席苏坦亲王表示，"首都门"被誉为阿联酋首都阿布扎比的标志性建筑，象征着这座城市的未来，它也因此成为全球最伟大的建筑之一。

[1] 预拱度核是这样一种结构，它的拱脚生在核心筒上，其拱的方向指向上图的右方，于是用从拱上面伸出的高强度拉索拉住外倾的部分。最后建筑倾斜的弯矩都传递到核心筒上，这样建筑要打更多的桩来抵抗弯矩。

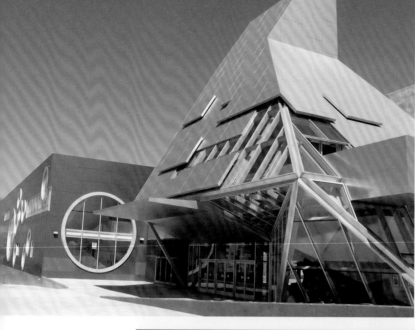

图 2.188.1　洛杉矶第 9 中学｜蓝天组，2004—2009

图 2.188.2　洛杉矶第 9 中学最高的塔、环形滑道和图书馆

由蓝天组设计的洛杉矶第 9 中学（Central Los Angeles Area High School #9）已于 2009 年 9 月落成。这座视觉和表演艺术学校位于市中心的格兰特（Grand）大街上，附近就是盖里设计的"华特·迪士尼音乐厅"和拉法尔·莫尼欧设计的"我们的天使和淑女教堂"，第 9 中学为这个地段又增添了一个新的标志。沿格兰特大街的教学楼立面装饰了大块的圆形玻璃窗，显得独特活泼。学校有 1 座 1000 席的剧院和 7 座建筑体：1个剧场，4 座教学楼，1 座图书馆和 1 间咖啡厅，可供 1800 名学生学习。作为学习与教育的标志性建筑，图书馆堪称"知识空间"被设置在校园中心，形状类似一个倾斜的圆锥。蓝天组的设计主要是保持教学上富有想象力的特性，既有趣又有未来感。从远处看去，建筑群如雕塑一般。剧院舞台上空有一个酷似"9"字形的斜塔，一条类似滑水道的环形步行道围着剧院舞台盘旋而下，金字塔般的塔楼外面覆盖了半透明的金属与膜的组合材料，在此可以俯瞰全城。这不仅是洛杉矶市艺术气息的标志，同时也是对洛杉矶第 9 中学身份的确认。楼内设置了会议和展览空间。运用建筑符号传达洛杉矶市民对艺术的执著，是蓝天组对该建筑设计理念的表达。就像国际象棋一般，几座雕塑感十足的建筑重新塑造了总体规划中那种直角的安排方式。

图 2.189　法兰克福雷迪森布鲁酒店｜约翰·塞弗特，2005

在高速公路交汇处和展览中心之间的雷迪森布鲁酒店（Radisson Blu Hotel, Frankfurt），高度为 96 m，已成为具有主导地位的城市景观。一个蓝色的玻璃立方体，被当地人称为"蓝天堂"，外墙构件由两个新月形的框架给出了酒店的形态。大厦为长 136 m、宽 85 m 的奇特建筑，由大体积混凝土桩支撑。大厦好像是一家游乐场的摩天轮从周围地区冒出来，显得十分醒目。"我们的目标是开发一种革命性的酒店，为客人在逗留期间提供一种真正的体验。设计的创新特点从材料和细节体现出来"，建筑师约翰·塞弗特（John Seifert）说。庞大的光盘似的造型吸引了人们的视线，但"蓝天堂"的圆形深蓝色 Ipasol[1] 玻璃幕墙更让人眼前一亮。酒店总建筑面积为 37500 m²，其中 2500 m² 的大厅是德国最大的大厅之一。酒店 20 层楼中有 18 层楼在蓝色圆形玻璃幕墙内，圆盘内共有 428 套住房，每套住房都有自己的玻璃幕墙。蓝色 Ipasol 玻璃幕墙有较高的透光率（40%）、较低的总能量透过率（24%）和高效保温性能（微克值 1.2），这些措施大大地改善了居住条件，也是"蓝天堂"受欢迎的原因之一。

［1］Ipasol 玻璃是在玻璃上面镀上一层极薄的金属，既能够保证透明度，又可以反射掉一部分热量，是一种极好的可持续发展的建筑材料，现在已被广泛使用。玻璃的颜色随着所镀金属的不同而变化。

图 2.190.1　葡萄牙布拉加市体育场｜爱德华多·索托·德·莫拉，2004

图 2.190.2　布拉加市体育场侧面

布拉加是葡萄牙北部城市，该市迫切需要一个自己的比赛场。与其他体育场相比，布拉加市体育场（Braga Municipal Stadium）有一个与众不同的地方，它建在卡斯特罗山前采石场的山坡上，是卡斯特罗山的第一个重大项目。钢筋混凝土结构构成了看台与标志线。三个圆形的画廊横穿越看台；事实上，球场的另外两侧没有看台，使体育场显得十分开放，人们在观看比赛的同时还可以浏览周围怡人的景色。体育场好似处于一处梦幻般的地形环境中，有着时尚新颖的外形。

另一项不寻常处是球场的看台上的混凝土遮阳蓬顶是由一系列的钢缆（220 m 跨度）托住的。这样的设计是前所未有的，简单而节省。爱德华多·索托·德·莫拉（Eduardo Souto de Moura）曾跟随阿尔瓦罗·西扎学习，西扎 1998 年设计的里斯本葡萄牙展览馆中有一个凉棚，屋顶是由预应力混凝土薄板下垂形成的，布拉加足球场遮阳蓬的设计正是采用了这个设计特点，它入围了 2005 年密斯·凡·德·罗大奖的最后评选，尽管未能评上，但也说明这个设计创新的价值。好在它还是获得了 FAD 基金会 2005 年第 47 届建筑奖。2009 年，他设计的保拉·瑞哥历史博物馆，获得了巨大的成功。2011 年，德莫拉终于获得了普利策建筑奖，这是获得此项大奖的第二位葡萄牙人。

普利策奖评审团主席 Palumbo 爵士引用评审团的意见，表示 2011 年度索托·德·莫拉获奖的原因在于过去 30 多年来，索托·德·莫拉的作品能够呈现出当代的风貌，却也同时回应了建筑传统里的多种元素。而且在索托·德·莫拉的作品中有一种看似矛盾却同时并存的特色，既有力量又谦逊包容，既张牙舞爪却又能细致微小，伸张公权力的同时也保持个人的亲密感，实在难得。

图 2.191　西班牙里斯卡尔侯爵酒店 | 弗兰克·盖里，2006

里斯卡尔侯爵酒庄是西班牙著名的葡萄酒庄，成立于 1860 年。为了增加酒的知名度并吸引游客参观，酒庄请建筑师弗兰克·盖里进行改造。造价 7000 万欧元的里斯卡尔侯爵酒店（Hotel Marqués de Riscal）构成了独特的风景，紫色斑点覆盖的金属板在灼热的空气中闪耀着。酒店对于游客来说是个天堂，不仅提供住宿，还能享受酒浴和用葡萄为原料的治疗方法。酒店共有 14 个房间，并配有餐厅、会议中心、博物馆和温泉浴室，被称为世界上最昂贵的酒店。餐厅则提供了一系列优质葡萄酒和菜肴。

新建筑室内空间面积大约为 3298 m²。建筑外观看起来有些像一架飞机（至少从某个角度看起来很像），其内外面均镀上金色、银色和玫瑰色的钛，还有石材和玻璃，同时设计还采用了自然的白色砂岩来塑造建筑的顶部。酒店现代感的线条和钛钢的结构，完全呼应了博物馆的设计，好像是对古根海姆博物馆的回应。

图 2.192　美国辛辛那提大学校园娱乐中心 | 莫菲西斯建筑事务所 / 汤姆·梅恩，2006

辛辛那提大学的后现代建筑已经有两座，一个是彼得·埃森曼（Peter Eisenman）设计的建筑、艺术、规划学院，另一个是伯纳德·屈米设计的体育中心，在体育中心一侧，汤姆·梅恩设计了这个娱乐中心（Campus Recreation Center）。流动的建筑似乎是对校园娱乐中心的最好概括，迂回曲折的空间，将各种不同的场所——教室、宿舍、校园商店、餐厅、游泳中心等紧密地联系到了一起。

作为一处不协调的建筑，校园娱乐中心并没有表现得有多么突兀，相反，却与辛辛那提大学紧密联系在了一起，成为表达这种不协调的"和谐者"。建筑师的这种设计理念，无非是希望人们能够更多地投入到校园的绿色怀抱中。屈米的大型露天体育中心如同波浪一样起伏着，这种设计元素仿佛就是一道屏障，将校园与喧嚣的都市隔开，不断地延伸到通往校园绿化的主干道。

建筑第一层，主要有 3 个公共建筑设施，你可以沿着步行街道进入上层或者下层的娱乐设施。此外，通过一条主要街道，穿过攀岩墙和果汁吧，就可以进入整个建筑大厅。当然也可以选择到健身区、篮球馆或者游泳馆。千万不要忽视建筑外面的小路，那里可以俯瞰整个东区新建的篮球馆。而体育场北侧有一座桥，穿过它就可以直达美食广场。三层主要是学生的公寓，目前已经有 4 个宿舍，这里也是欣赏整个校园的最佳地点，不仅可以欣赏整个体育中心，还可以尽情欣赏整个校园的美景。整个大楼占地 3.25 万 m²，包括一个由 2 个游泳池、篮球馆、壁球场、多用途室、健身房和举重馆组成的娱乐休闲中心，此外，还有美食广场、学生公寓、超市、大型会议室以及体育场等设施。

图 2.193　比利时安特卫普法院 | 理查德·罗杰斯 +VK 工作室，2005—2007

安特卫普法院（Antwerp Law Courts）是 21 世纪初具有特殊形象的城市
公共建筑之一。像许多项目一样，它反映了以民主和人道的承诺为前提
时人们对一个城市的看法。

安特卫普法院由罗杰斯建筑事务所和比利时 VK 工作室共同设计，被看
做是一个城市的门户，成为城市中心和施尔德河高速公路的联结门户。
它有 8 个不同的民事和刑事法庭以及包括 36 处分庭的法官律师办公室、
图书馆、餐厅与 1 个宏大的公共大厅，宽敞的公共大厅（被称为传统的
"沙德双人舞"的空间）连接着 6 个辐射翅膀似的住宿空间。建筑的屋
顶结构十分惊人，像晶体一样覆盖在审判室抛物面屋顶上面。这样不但
可以获得充足的照明，以最佳效果获取自然光，同时保证在听证室内有
低速的自然通风，还可以让雨水得到回收。该建筑创造的手指景观是一
个与众不同的奇妙构思，成为城市的新标志。

图 2.194.1　熊本县水俣车站｜渡边诚，2004

图 2.194.2　熊本县水俣车站内部

日本著名的新干线高速铁路网始建于 1964 年间的东京和大阪两大城市。目前新干线已经达到了九州岛南部，257 km 的南段 2004 年春季开放了一半。本段有 4 个车站，其中之一是水俣市站（Shin Minamata Station），它是熊本以南第二个车站。渡边诚（Makoto Sei Watanabe）设计的车站空间完全用通长的钢条封闭起来，只有铁轨的两端是开放的。站台需要能够防风防雨，以及防止强阳光的照射，同时还要防止列车通过时噪声对外界的干扰。

车站的屋顶和墙壁是由许多矩形单元件连续扣合形成的集合，设计开始通过想象一块矩形板条沿着墙面滑行，突然在某一刻停住了，然后检查它可以遮蔽多少阳光和挡住多大的风。通过多次试验，形成了车站的外壳，板条相互平行的不同部分具有不同的表面角度，它们的作用既可以反光——不同角度导致不同的反射光，又可以让正在运行列车的噪声通过上翘的缝隙向外扩散。这些不同角度的板，让人们在一天和季节的不同时间段，看到不同类型光的闪烁，的确十分神奇。这种变化，就像一个太阳时钟。特别是朝北向，闪烁着的粼粼波光的变化提醒人们美丽的八代海关水俣站到了。

图 2.195　以色列拉宾纪念中心 | 摩什・萨夫迪，2000—2007

以色列拉宾纪念中心（Yitzhak Rabin Center）于 2010 年 1 月 19 日正式开馆。该建筑展示两个平行的故事：以色列国家社会的历史和拉宾的传记，其展品集中在该国历史转折和发展点上面临着的国家呈现出的冲突、社会的挑战和难题。沿着走廊，与展品叙述互相交织的是伊扎克・拉宾与该国历史不可分割的人生故事。为了纪念拉宾对人民和国家的奉献精神，基金会于 2000 年 11 月 15 日成立。拉宾纪念中心的主题是"为了和平，为了友爱"。

由国际知名建筑师摩什・萨夫迪（Moshe Safdie）设计的拉宾纪念中心采用美国总统图书馆的模式，包括博物馆、档案馆、图书馆、文化教育处和公共空间。在两侧大厅上方设计了通用形状的玻璃钢夹层屋顶，用胶和螺栓来闭合高密度玻璃纤维制成的玻璃钢屋顶板段的缝隙。

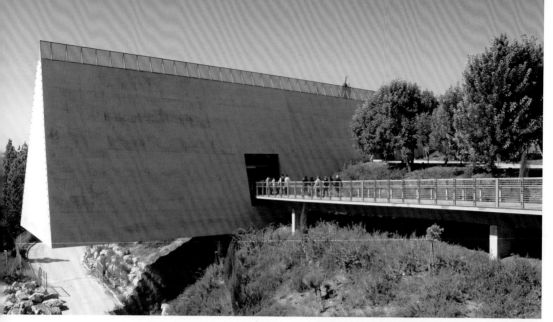

图 2.196.1 以色列犹太大屠杀纪念馆｜摩什·萨夫迪，1993—2005

图 2.196.2 以色列犹太大屠杀纪念馆内部

以色列犹太大屠杀纪念馆（Yad Vashem Holocaust Martyrs and Heroes Remembrance Authority）是以色列官方设立的犹太人大屠杀纪念馆。该机构非常重视教育，在众多学者的组织下，已经成为世界上最主要的犹太人大屠杀教育和研究中心之一。在长达半个世纪的漫长历程中该机构一直搜集有关大屠杀的资料，共积累了 6000 万份文件、26.3 万张图片和其他书面、音频和视频证据。

以色列耶路撒冷纪念山上新建的"犹太人大屠杀纪念馆"为该机构长达 10 年的重要计划。新的纪念馆建在原来纪念馆不远的地方，整体建筑物类似一个三角形，是一座 152.4 m 长的长脊式建筑，主体采用混凝土与玻璃，埋隐于纪念山中。

纪念馆入口与游客中心位于长脊的一头，以悬臂三角柱悬出，有如穿出山谷飘浮于空中。地势较低的另一头为纪念馆出口，由从山丘侧穿出的弧状薄墙如双翼朝天翘翘。沿着纪念馆中央走道设置各展览厅，顶部采用 18.3 m 长的细长天窗。部分埋藏于水平面以下的展览厅，隐藏在进入纪念馆入口的直接视线中，随着参观者的前进路线，各展览厅以章节的形式一一呈现犹太人大屠杀的历史事件。其展品包括从波兰当时的犹太人围城中所运来的地砖、街灯和被没收的银器等物品，还有 4000 多双在奥斯维辛毒气集中营被毒杀者所遗留下来的旧鞋。展览路线端点为人名纪念堂，是纪念馆中最具戏剧性高潮的纪念空间。9.15 m 高的圆锥形构造开口朝天，顶部置放着大屠杀中牺牲的百万犹太人姓名与个人纪录，下方则由天然岩床凿出的圆锥体纪念那些无名的牺牲者。

以色列犹太大屠杀纪念馆不只是陈列第二次世界大战期间犹太人被纳粹屠杀的事件印记，更希望在这里建设一所特别研究、讲述大屠杀事件的学校，让世人牢牢记得在纳粹统治期间人类的黑暗面。

图 2.197.1　阿姆斯特丹高迪大厦 | 尧斯特·方克建筑事务所 +ZZZP 建筑事务所，2004

图 2.197.2　阿姆斯特丹高迪大厦背面

安联广场高迪大厦（Plaza Arena Gaudi Building）为阿姆斯特丹东南办公建筑群的一部分，由尧斯特·方克建筑事务所（Joost Valk Architecture）和 ZZZP 建筑事务所（ZZZP Architects）设计。它位于靠近阿姆斯特丹主要足球场安联广场，这里已成为一个商业和贸易的热闹街区。安联广场的每幢建筑物引用一个有名的历史人物来命名，像"密涅瓦"和"达利"（Minerva and Dali），这栋被称为"高迪"的办公大厦有 5500 m² 的外表面由阳极氧化铝铺装。为了突出垂直节点，微微伸出的酒吧安置在垂直墙面内。

图 2.198.1 墨西哥瓜纳华托国家基因实验室 | 十人建筑事务所，2007—2010

图 2.198.2 瓜纳华托国家基因实验室长廊

瓜纳华托国家基因实验室（National Laboratory of Genomics）属于农业研究学院。实验室根据地基所处实际地形进行设计布置，结果形成了一个新的地域形式，体现了内部机构的工作性质。实验室建在此处，主要原因是希望在室内和室外、实验室和场地之间设立一系列调控过渡阳台。空旷的廊道创造了幽静的景观庭院，使光进入大楼。嵌入式实验室为研究人员提供了工作和隐秘的私人空间，容易控制环境对实验的影响。与此相反，行政和礼堂空间表明了建筑的技术性和社会性要求。

透明度和幕墙的精确度形成了建筑的景观，但结构和周围环境之间的反差提醒了它们在高科技基因学研究中的极端重要性。项目中几个松散的建筑几乎起到了伪装效果：似乎这是一个搞阴谋的地方。建筑由十人建筑事务所（TEN Arquitectos）的建筑师恩里克·诺定（Enrique Norten）设计。

图 2.199　英国威尔士阿伯里斯特威斯艺术中心 | 海瑟维克工作室，2007—2010

阿伯里斯特维斯艺术中心（Aberystwyth Arts Centre）位于威尔士大学内部。为了满足威尔士众多艺术机构的需求，这个中心由大量的艺术作品陈列室组成，这些陈列室都建造在树林之中。

艺术中心的设计非常引人注目，工作室由8个陈列室小屋排成一排。每个小屋均由简单的木构架大棚构成，然后在外部覆盖上褶皱的不锈钢材料，不锈钢能让建筑看起来闪闪发光，非常前卫。陈列室之间有足够的距离保证了照明和通风，外部的不锈钢褶皱外皮系统是用一个特殊的装置制作的。特殊的不规则形式将不锈钢包裹系统制作成精巧的类似维多利亚裂痕的样子。在不锈钢皮内部，还夹有CFC泡沫材料，起保温作用。艺术中心陈列室会随着时间的推移进一步融入周围景观。由海瑟维克工作室（Heatherwick Studio）设计的阿伯里斯特威斯艺术中心获得2010英国皇家建筑师学会奖。

图 2.200.1 英国利物浦回声剧院 | 威尔金森·艾尔 + 布罗·哈珀德，2008

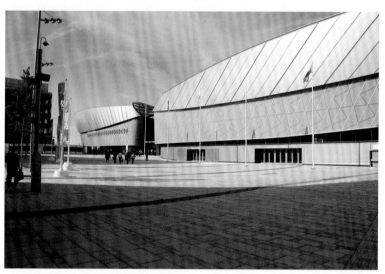

图 2.200.2 英国利物浦回声剧院

从空中俯视，回声剧院（Echo Arena）宛如一本打开的书。利物浦回声剧院由两部分组成：一个舞台和一个会议中心。整个舞台拥有 7513 个永久性座位，它们围绕着三层适合于室内运动的中央地板，音乐会时的最大包容量为 10600 座。若随地就座，容量可增加至 11000 个。会议中心在一楼，有一个 3725 m² 的多功能厅，可容纳 1350 个观众席，它上方有 18 套客房。如果将剧院与会议大厅合在一起使用，有 7000 多 m² 的展览面积。这种独特的设计在欧洲是绝无仅有的。会议中心的舞台组合在一起，可以举办各类复杂的活动，包括举办音乐会、体育赛事、儿童娱乐活动和各种大型会议。2008 年开幕以来，已定期举办过多次世界顶级音乐会。建筑由威尔金森·艾尔和布罗·哈珀德（Buro Happold）设计。

图 2.201.1 英国伯伯明翰图书馆 | 迈肯努建筑事务所，2013

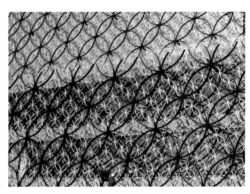

图 2.201.2 伯明翰图书馆金属环锁链表皮

伯明翰图书馆（Library of Birmingham）位于伯明翰仓库剧院旁边的一个空旷的停车场上，是英国最大的公共图书馆和欧洲最大的区域图书馆。图书馆由3.1万 m^2 的玻璃和钢结构组成，楼高10层约60 m。工程耗资1.89亿英镑，预计每天能够接待1万名读者。图书馆及其毗邻的伯明翰REP剧院和交响音乐厅构成了该市的文化中心。

荷兰先锋建筑设计事务所迈肯努建筑事务所的弗朗·胡本（Francine Houben）战胜了包括福斯特、威尔金森·艾尔、霍普金斯、FOA和OMA在内的著名对手，获得了设计权。

这座建筑由堆在一起的4个矩形箱体构成，这种交错的排列方式创造了各种各样的树冠和台阶。迈肯努建筑事务所在设计这座建筑的外观时，引用了这个城市的珠宝象征，在金、银、玻璃外墙立面覆着闪闪发光的金属环锁链表皮。一个稍微倾斜的地板通道改变了前庭到后门在建筑水平线上的变化，从这里也可以引导游客进入后面的小说区，再往里深入就是建筑基础地区的儿童图书馆和音乐区。

建筑师创造了一个凹式庭院作为一个非正式的圆形剧场。3个主要的阅读室在建筑中心交错，圆形大厅衍生出3个分支。在这里有一排排的书架和成群的研究室，周边还有椅子和长凳，可以欣赏到下面广场的景观。

档案室占据了上部空间，建筑顶部的一个椭圆形空间被设置成莎士比亚纪念馆，在这里几乎有威廉·莎士比亚的全部作品及手稿（或副本），共43000册。

图 2.202 西班牙巴伦西亚阿格拉会展中心 | 圣地亚哥·卡拉特拉瓦, 2009

卡拉特拉瓦于 1998—2005 年完成了巴伦西亚艺术与科学城(City of Arts and Sciences)的庞大工程,包括天文馆、菲利普王子科学艺术科学宫和最后完工的索菲亚皇后大剧院,从而使这个地区成为一个巨大的文化综合体。艺术与科学城的兴建给巴伦西亚带来了巨大的声望和经济效益,于是 2006 年科学城又做了新规划,现在位于菲利普王子艺术科学宫的另一侧,一座类似于雅典的斯特林安桥的弯弓曲线梁斜拉桥已经完工,不远处就是新建的阿格拉(Agora)会展中心。建筑的外形好似一个钢肋头盔,同时在建筑的顶部有一个可伸缩的屋顶片层,当它向上升开时,建筑就像被两片贝壳包围。在几分钟之内,这个重 2000 t 的屋顶和平衡重可以被迅速地打开和关闭。阿格拉会展中心长度大约为 100 m,宽度约为 65 m,屋顶开放时,高约 85 m,里面安装有可移动屋顶结构推动所需的机械、液压和电气设备。

这座建筑被看做是一个多功能中心,以为市民和游客服务为主要目的,内部有一个体育馆,可以进行网球公开赛,容纳 500 人观看。此外,它又是一个会议或表演的场所,可以举办各种活动。

图 2.203　白俄罗斯明斯克国家图书馆 | 克拉马连科 + 维诺格拉多夫，2006

白俄罗斯国家图书馆（National Library of Belarus）于 2005 年底建成后，便成为明斯克的一座新地标建筑，同时也成为白俄罗斯的国家标志之一。维克多·克拉马连科（Viktor Kramarenko）和迈克尔·维诺格拉多夫（Michail Vinogradov）设计了钻石状的玻璃结构，让人想起了雷姆·库哈斯设计的西雅图图书馆。这座投资约 8 千万欧元的建筑，在 72 m 的高空中有一个宏伟的瞭望台，各个馆厅一共拥有约 2000 个座位，同时还拥有一个媒体会议中心。23 层的书库设计成钻石的形式，象征着知识的巨大价值。建筑外侧覆盖有 24 个玻璃面板，白天和夜晚都像真正的钻石在闪闪发光。4646 个颜色变化的 LED 发光二极管围绕在建筑四周，有效地创建一个平面 25 m×25 m、直径 62 m 的显示器。每颗星星夹具带着 3 个 1 W 的红、绿、蓝的 LED 配装在金属复合板上。其结果是，观众们能够从几百米以外观察到一幅幅动态的令人难以置信的精彩演示。这是一个非凡的照明设计师的创意。

图书馆的入口处安装了一部 360 度的滑动弧形门，充足的光线让馆厅显得更加宏伟宽阔。

图 2.204.1 西班牙奥维耶多会展中心 | 圣地亚哥·卡拉特拉瓦，2011

图 2.204.2 奥维耶多会展中心中庭的遮阳篷

奥维耶多会展中心（The Palacio de Exposicionesy Congresos Ciudad de Oviedo）是一个椭圆形建筑，总占地面积 15640 m^2。包括 3 个楼层，1 个巨大的大厅和 1 个能容纳 2050 人的大会堂，另外还有 14 个模块化的会议厅。椭圆形会堂的四周为 U 形框架所围合。该结构最壮观的部分是椭圆形大会堂屋顶上的遮阳篷，它们由长 50 ～ 100 m 的钢杆肋条构成，外沿成为一个弧形，就像美国密尔瓦基艺术博物馆的两个会扇动的遮阳篷一样，这个遮阳篷可以随着阳光的强弱做上下移动。当然这些动作都是由计算机控制液压油缸来完成的。

三层楼的建筑却有多个停车场，最多可容纳 1777 辆车，楼内共有 52000 m^2 的商场，分布在三层和地下楼层。该中心可以举办大型国内和国际会议，7000 m^2 的酒店可以提供 144 间客房（包括 36 间套房）。建筑的 U 形"臂"将被用来作为区政府（占地 11000 m^2）的办公室。

卡拉特拉瓦的重要贡献更在于他所提出的当代设计思维与实践的模式。他的作品让我们的思维变得更开阔，并使我们更深刻地认识我们所处的世界。他的作品在解决工程问题的同时更加突出建筑的形态特征，这就是：扭动的、飞升的、流动的自由曲线；通过工程技术的合理运用，将建筑结构的外在形式及结构自身的内在逻辑完美地结合在一起，充分展现了他的表现主义艺术形式；运动贯穿于结构形态中，也潜移默化在每个细节里。

卡拉特拉瓦认为，如果用非常复杂的概念来解释建筑那是非常荒唐的。对此他的解释是：建筑同任何活体生物相比都简单得多，但是除此之外，还要确定内部关系，从力的平衡到实用的因素以及建筑物本身的美观问题。从这个意义上来讲，他认为有些建筑设计师试图或者说曾经试图称此类建筑为和谐建筑有些夸大其辞。卡拉特拉瓦声称，在这个或者那个特定的时期，不管它模仿了或者没有模仿大自然，也不管因为它们形似树状或者因为涉及人体解剖学的概念，建筑只是一个简单的内部次序的体现。

卡拉特拉瓦设计的作品似乎都处于运动状态，所以评论家称它的设计是"运动的诗篇"，然而进一步体会，会发现他的作品有"音乐的韵律"，让人产生梦幻般的感受。他与其他建筑师的区别在于他不但是建筑师，同是又是经验丰富的结构工程师。因此，他不但理解建筑艺术的美，更重要的是一旦他心中有了美的艺术形式的想法，知道如何去表现它们。此外，建筑师很少有人懂得结构设计的，因此，像连杆结构的设计根本无从谈起。许多建筑师设计好的作品，其结构设计则由专门的公司完成。如悉尼歌剧院的结构设计由阿勒普公司完成，它的施工几经反复和修改，许多改动都是伍重和阿勒普的工程师互相商议的结果。诺曼·福斯特的许多建筑，也是请阿勒普公司进行结构设计的。这样往往会使原来的设计由于无法施工而不断加以更改，耗费了许多时间。而卡拉特拉瓦在做建筑设计的同时，就已经考虑好了结构与施工设计，所以他的设计都会很快得到实施，这也成就了他成为多作品的建筑师。卡拉特拉瓦清新大胆的创造，让人们仿佛又看到美的回归。以技术能力探究人类制造美的潜力，以科学规则创造的建筑又与自然交相辉映，大有与文艺复兴时期一脉相承的气度。当然建筑师，特别是 21 世纪的青年建筑师，的确可以天马行空随心所欲，但好的建筑构思最后只能画在纸上，也是十分遗憾与可惜的。卡拉特拉瓦的杰出成就给了我们重要启示。

图 2.205 法国里尔大都会现代艺术博物馆 | 曼纽勒·戈特德，2008

距离里尔 10 km 的阿斯克新城（Villeneuve d'Ascq）的现代艺术博物馆扩建后更名为里尔大都会现代艺术博物馆（Lille Métropole Museum of Modern），闭馆 4 年多进行翻修及扩建工程之后于 2010 年重新开放。这是设计巴黎香榭丽舍大街雪铁龙旗舰展厅的建筑师曼纽勒·戈特德女士的新作品。扩建部分由四条蛇形条带环绕在原建筑的后部，尽管由于原博物馆后侧只有很少的空地；如果简单地在原建筑的东西两侧加建新的建筑，就失去了新建部分的品位。新建筑主要从内部展现自身，新颖的材料与流畅的连贯性呈现出其独有的建筑风格。这四条建筑被建筑师称为"香槟画廊"（Brut Galleries），到了东侧，它们都连通了。与众不同的是建筑的端部布满了各种形状的孔，好像镂空屏风，阳光将它们的影子透射到室内，花斑状的影子削弱了室内光的强度，使展室别有一种风味。

由于里尔位于巴黎、伦敦、布鲁塞尔三点中心，靠近阿姆斯特丹和科隆，所以大都会博物馆可与欧洲其他的著名艺术博物馆进行直接交流，这也是扩建博物馆的初衷。

图 2.206.1 美国内华达州卢鲁沃脑健康中心 | 弗兰克·盖里，2010

图 2.206.2 卢鲁沃脑健康中心后面的办公楼

美国内华达州拉斯维加斯的克利夫兰卢鲁沃脑健康中心（Lou Ruvo Center），由多个偏矩形结构组成，用白色石膏与玻璃材质覆盖，一侧布满了钢壳结构。

盖里的设计将建筑分割成单独的一双翅膀：办公室和主翼大厅。弯曲钢片的构成似乎将流动的楼层和相反方向的规则的楼层统一在同一个建筑中，凭借其复杂，相互缠绕的折叠钢表皮，拉斯维加斯政治家希望盖里设计的卢鲁沃脑健康中心与克里夫兰诊所协会的合并将会给拉斯维加斯带来更多的医疗游客。

图 2.207.1 瑞士巴塞尔诺华校园盖里大楼 | 弗兰克·盖里，2009

图 2.207.2 盖里大楼内景

诺华校园盖里大楼（Gehry Building, Novartis Pharma A.G.Campus）真的像是草原上的一幢奢华的山庄，盖里大楼位于校园绿化区和南部的中央位置，建筑由若干个变形的六面体堆砌而成，像一朵花样向四面绽开。表皮全由玻璃覆盖，形成了全透明的建筑空间，设计理念似乎将室内与室外空间最大限度地联系起来，也更为广泛地提供了员工之间的联系。建筑内部数个小型公共区域促进人们会面闲谈进行交流。正对园区绿地的窗户和巨型滑动门可引进自然风。地下层是校园员工学习的工厂，而顶层有一个全由玻璃天花板和天窗包围的可容纳600人的礼堂。这个礼堂可以一分为二，同时举行会议。中庭联系了建筑的各个部分，让自然光线从屋顶直接射进所有办公楼层，直至地下的礼堂。

图 2.208.1　德国埃森蒂森克虏伯大厦 | JSWD 建筑事务所＋柴克斯和莫雷尔，2013

图 2.208.2　蒂森克虏伯总部大楼的遮
阳板

蒂森克虏伯以前是弗里德里希·克虏伯铸钢厂。现在建成的埃森蒂森克虏伯总部大楼（ThyssenKrupp
Quarter Essen），由 JSWD 建筑事务所（JSWD Architects）和柴克斯和莫雷尔（Chaix & Morel et Associés）
联合设计，是 50 m 高的方形大厦。建筑由玻璃和钢组成了立面，使用了地热能和高效率能源；设计的重点
是引领潮流的发展，成为生态可持续发展的工作场所。埃森蒂森克虏伯总部大楼获得了德国可持续建筑委
员会（DGNB）的论证，被评为黄金级；约 700 棵树，众多的绿地和一个 200 多 m 长和 30m 宽的水道改善
了该区域的小气候；回收废气，将余热重复使用；新开发的防晒系统，包括 40 万块集中控制板条，用以遮阳，
创造舒适的室内温度；蒂森克虏伯总部大楼屋顶的雨水，被收集输送到毗邻克虏伯园的湖中，大大促进水
质的改善。

图 2.209 曼彻斯特碧塔姆塔 | 伊恩·辛普森建筑事务所, 2006

碧塔姆塔楼（Beetham Tower）在当地常被称为希尔顿大厦，由伊恩·辛普森建筑事务所（Ian Simpson Architects）设计。它有47层，是英国第7高楼。25～47层是公寓楼，包括219套公寓，6500 m^2 的高质量办公空间和1座2.14万 m^2 的希尔顿饭店。它是一座吸引人的细长玻璃大厦——顶部的玻璃"刀片"增加了它的高度。23层有一座"天空酒吧"以及会议设施、舞池、健身中心、商店和餐厅等。

这座耗资1.5亿英镑的大厦主体高157 m，如果加上尖顶部分高度为171 m。它将俯瞰目前曼彻斯特最高的建筑 CIS 大厦（高118 m）。建造时也超过了当时英国最高的住宅楼——伦敦的126 m高的 Barbican 大厦。大厦顶部安装有14 m高的钢网与玻璃组成的"刀片"，相对来说，是一个刚度不大的薄片，又处于建筑的顶部，在风的作用下，会产生振动并发出一种类似于口哨一样的奇怪噪声。噪声的频率相当于262 Hz。后来虽然做了处理，但随着风向的变化仍然能听到这样的噪声。这大概是原先设计时没有想到的。

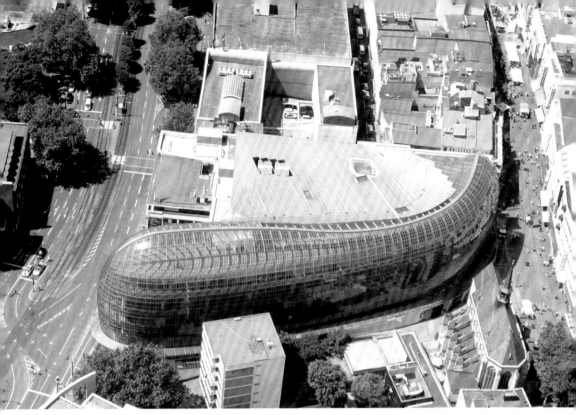

图 2.210.1　德国科隆百货大楼｜伦佐·皮亚诺，2005

这座被当地老百姓称之为"玻璃鲸"的新百货大楼（P&C Department Store）在科隆似乎具有里程碑的意义，因为它的奇特造型赋予了城市一个新的地标。支撑玻璃幕墙的主要是多层叠合的木板结构，与皮亚诺设计的努美阿基伯乌文化中心一样，这种框架式的木结构玻璃幕墙结构表现出建筑的质感和优雅。这个建筑的高玻璃门面和框架式结构、高度复杂的玻璃面板，创造了我们正在寻找作为先例的建筑。木结构的玻璃幕墙显示了建筑师对新型结构形式的探索，支撑玻璃面板的高度成熟而优雅。当进入建筑的尾部转身向前看时，会体验到建筑特有的神韵和美丽。

图 2.210.2　科隆百货大楼的玻璃幕墙

图 2.211.1 巴塞罗那 ME 酒店和对角线大厦 | 多米尼克·佩罗, 2008

图 2.211.2 巴塞罗那对角线大厦

巴塞罗那 ME 酒店（Hotel ME Barcelona）原先为加泰罗尼亚首府巴塞罗那的 Habitat 集团设计，如今归 ME 接管。酒店构成了巴塞罗那城市特色的两大方面：一是城市的水平网格，这是塞尔达城市规划[1]的遗迹，所有道路都通向大海；另一个就是动态的垂直风景，笼罩视野的圣家族大教堂和蒂维达沃山就是最佳实例。巴塞罗那可以让人解读为一座水平城市，建立在著名的塞尔达城市规划法的几何准则基础上，它又可以是一座垂直城市，因为这里屹立着如圣家族大教堂、奥运村大厦这样的建筑，而最重要的垂直风景还要数电信大楼周围山坡上的郊区和蒂维达沃山。对巴塞罗那本质的这种解读指引我们构想出一座根基深埋在水平城市之中的建筑，而垂直的体量和屋顶却被镌刻在垂直城市中。这种形态创造出对于体量的演绎：后方的立方体建筑作为基座，一座长方体塔楼在纵向的两侧分别切去一块，其中一半保持着一飞冲天的姿态。这个破裂的"完美几何体"创造了一种动态的形式与体量，赋予屹立于水平城市中的大楼侧面一种都市感。"对角线大厦"被视成为方向建筑，它正处于对角线大道的端部，标志了巴塞罗那新小区的入口处。这个雕塑状的建筑由黑色玻璃制成，有银光闪闪的反射和细纹理。不同厚度的这些平行线能够过滤自然光线并提供良好的视觉环境，就像一张巨大的五线谱，根据需要划分。到了晚上，黑色的外观消失，建筑物内部灯光点亮并变得透明。这两座楼组合成一个整体，相互映衬，使巴塞罗那在竖直方向和水平方向都设立了一个新的标志。

[1] 塞尔达（Cerdà）是现代城市规划的奠基人之一，巴塞罗那城市规划是塞尔达理论的一个经典范例。现代巴塞罗那是在塞尔达为埃伊桑普雷区（Eixample）所做的规划项目的指引下生成的，它在最近几十年的巴塞罗那城市更新中非常有影响力，主要特征表现在城市的网格布局与穿越网格的对角线大道。

图 2.212.1　丹麦圣十字教堂 | KHR，2001—2008

图 2.212.2　丹麦圣十字教堂内部

从外面看，丹麦圣十字教堂（The Church of the Holy Cross）好像由 2 个相互交错的固体石头组成，而在建筑的顶部有一个玻璃窗大十字。这座天堂般的圣十字教堂位于哥本哈根附近的威宁。其特征和安藤忠雄的光之教堂一样，用光把象征上帝的十字架送给信徒们。不同的是，光之教堂的十字架给人以敬仰感和距离感，无形中给人以严肃和压迫感；而丹麦的圣十字教堂，阳光从上而下，就像从天堂赐给人们的祝福，让教堂内的信徒感受到上帝是那么的亲近，加上外部美丽环境相衬，人们宛如置身天堂之中。该建筑获得 2009 年密斯·凡·德·罗大奖。

图 2.213.1　新加坡玛丽娜湾双螺旋桥｜Cox Group+Arup，2010

图 2.213.2　玛丽娜湾双螺旋桥的遮阳篷

玛丽娜湾双螺旋桥（Marina Bay Double Helix Bridge）由 2 个相互穿越的螺旋链构筑而成，外层的螺旋链构成了桥的主体，内部的螺旋链上面安置了一些遮阳篷。2 个螺旋链之间用钢杆拉撑，加大了螺旋拱的刚度。双螺旋桥想要体现的意义是生命的 DNA，即"生命与延续、更新与成长"。该桥用了两年半时间建造，桥和公园总建筑费为 8290 万新元。供行人使用的弧形双螺旋桥长 280 m，宽 6 m，符合马拉松赛道的国际标准。它是环绕滨海湾 3.5 km 步行环道的一部分。螺旋桥将前湾地区的滨海中心和滨海南区连接起来，日后还可分别通往金沙滨海湾和滨海湾花园（Gardens by the Bay）。桥上 4 个圆形瞭望台的地板上有圆形玻璃"窗"，让人们能看到桥底下的情形。桥上某些部分还有玻璃顶盖。

图 2.214　伦敦威利斯大厦 | 诺曼·福斯特，2004—2008

由建筑师诺曼·福斯特爵士设计和英国土地开发公司开发的威利斯大厦（Willis Building）位于菩提街 51 号，是伦敦主要金融区的金融城办公大楼。它正好位于罗杰斯爵士设计的"高科技"建筑劳埃德大厦的对面，建筑呈弧形阶梯状，分成 3 部分，它们的高度分别为 68 m、97 m 和 125 m，共计有 26 层。办公室使用面积为 44128.9 m²，其中大部分让给威利斯集团、风险管理和保险中介公司。

这是在伦敦市中心建造的第四座高楼，福斯特设计的瑞士 RE 保险公司大楼高 179.8 m，威利斯大厦台阶式的造型大大地改善了街道上空的空间，这对高楼林立的市中心当然十分重要。大厦同时成为伦敦市中心天际线的重要补充，从某种程度上使中心区错落有致的大厦真正成为"流动的建筑——音乐"。大厦的钢结构部分于 2006 年完成，外部装修于 2007 年 6 月完成，正式开业在 2008 年 4 月。这只是市中心改造的第一步，接着建造主教门大厦（见图 2.164）、赫伦塔（见图 2.235）等。

诺曼·福斯特在杰出建筑师里面是一位多产的建筑师，当代最受欢迎的建筑师中的佼佼者。早期的作品还是通过投标取胜，后期的许多作品，就像贝聿铭一样，是投资方主动找上门的。他不像汤姆·梅耶、库哈斯和李伯斯金那样属于典型的解构主义建筑师。在他的建筑里，很少明显地看得到有解构的碎片和拼凑的痕迹。他的设计特征，是力求简单明了地使建筑和所处的地域有机地联系起来。他最著名的作品应算是图 2.164 右侧的伦敦瑞士 RE 保险公司大楼。全玻璃表皮及"腌黄瓜"的外形，简单却极度地吸引眼球。另一个著名的设计是柏林议会大厦的改建，那个有名的玻璃穹顶和玻璃漏斗。以至于有人怀疑理查德·罗杰斯设计的英国威尔士国民议会大厦那个从上面的环状玻璃地板可以看到议会场景的构思（图 2.131.2）是否来自于柏林议会大厦的玻璃漏斗？！福斯特设计的香港赤鱲角的国际机场和北京国际机场，外形简单，非常实用，机场内部复杂的运行问题想得十分周到。又如图 2.123 马赛老港镜面亭，有谁会想到这个也可以做室外商铺的反光亭，如此简洁却含义深刻。再如本例的威利斯大厦，三个向后的台阶，将狭窄街道上方的空间留给了伦敦市民。

图 2.215.1　东京涩谷奥迪冰山专卖店
| CDI，2007

晶莹剔透冰山状的东京奥迪冰山专卖店
（The Iceberg）在东京涩谷的中央商务
区，"冰山"的建筑创意是一个奇迹，它
由东京创意设计师国际（Creative Designers
International，简称 CDI）设计。冰山专卖
店是商业建筑，具有独特的非对称的玻璃
立面和中央完全透明的乘客电梯井结构。
它的外皮是一个兼具"水晶、冰山和碎聚
酯（塑料）瓶"的组合，CDI 总监吉川弘
之说，三色夹层玻璃提高了建筑形状的边
缘效应，使其看起来就像一个巨大的水晶
在城市中升起而让人振奋。

图 2.215.2　东京涩谷奥迪冰山专卖店
细部

图 2.216　英国谢菲尔德查尔斯街停车场 | 埃利斯＋莫里森，2009

查尔斯街停车场（Charles Street Car Park）是建筑师埃利斯和莫里森（Allies and Morrison）为谢菲尔德的圣詹姆斯有限公司（CTP St. James Limited）设计的。该建筑是圣保罗广场（St Paul's Place）进行改造总体规划的重要组成部分，由于其视觉冲击而引起了广泛的重视。与众不同的幕墙系统由一系列的铝板制成的盒子构成，基本上是随机地让盒子的开口朝向任意方向，结果造成内部不同的光影与气流在四种不同纹理方向都均匀地分布。铝盒子内侧漆成绿色，白天好似阳光透过绿色的树叶让光影洒在停车场内；而夜晚内部的光通过这些绿色的铝盒子反映到圣保罗广场，别是一种景象。该停车场有 520 个停车位，建设耗资 1600 万英镑。

图 2.217　加拿大多伦多安大略美术馆 | 弗兰克·盖里，2008

新的安大略美术馆（Art Gallery of Ontario, AGO）可能会让弗兰克·盖里的"粉丝"有些不知所措，这是建筑师最温柔和自重的作品。它不能算是一个完美的建筑，然而，其华丽的波浪般的玻璃幕墙，像一艘水晶船漂流穿过市区，与街角另一侧由威尔·阿尔索普设计的夏普设计中心相映生辉，给这个街区带来了新的活力。新的玻璃幕墙，其檐口已经伸出了人行道，似乎将行路人拥抱在新建筑之下。它的玻璃幕墙，通过一排曲线木板梁支起，使人们想起了船体的龙骨或紧身胸衣显出的肋骨骨架。在建筑的两端，扭曲的纵横交错钢木结构梁高高竖起，形成了高高的屏障，中断了玻璃幕墙。

图 2.218.1 天津大剧院 | 冯·格康, 2009—2011

图 2.218.2 天津大剧院鸟瞰

图 2.218.3 天津大剧院内景

天津大剧院（Tianjin Grand Theatre）总建筑面积 10.5 万 m², 总造价 15.33 亿元。地上五层，地下三层，整个剧院共设有 3600 个观众席位。建筑设计立意为"城市舞台"。

建筑师冯·格康表示，天津大剧院及周边景观在设计中融入"天"与"地"的中国哲学元素。天津大剧院的寓意为天，天津大剧院升起的圆形体量被置于一片人工湖中，创造出一个"天"的视觉形象；迁入原天津博物馆馆舍的天津自然博物馆则寓意为地，天津自然博物馆通过一个有着斜坡屋顶的圆形体量创造出"地"的概念。天津大剧院作为占据了新建天津文化中心显著位置的主题建筑，其碟形屋面结构从天与地的角度回应了天津自然博物馆。新剧场进而与已有的博物馆在这个新的文化公园中相映生辉。

天津大剧院由歌剧厅、音乐厅、小剧场和多功能厅四个厅组成。其中，歌剧厅位于南侧，是天津大剧院中空间面积最大的厅，共设有 1600 个席位。歌剧厅的 A、B、C、D 四个观众席位区的入口分别位于地上一至三层。此外，歌剧院还设有残疾人专用入口。大剧院的音乐厅为面积第二大的厅，其设计灵感来源于葡萄园中的梯田，共设有 1200 个观众席位和岛式舞台，音乐厅可容纳 120 人四管乐队和大型合唱队。在歌剧厅和音乐厅之间东侧为小剧场和多功能厅。小剧场和功能厅都拥有 400 个可伸缩观众座位。此外，在大剧院内不同功能区之间还设有 1200m 长的艺术品商业街。

图 2.219.1　德国科隆鹤公寓 | BRT 建筑事务所，2009

莱茵港口面积 15.4 hm²，位于沿莱茵河南铁路桥（Südbrücke）和赛弗桥（Severinsbrücke）之间，是科隆城市再生项目。现在 BRT 建筑事务所（Bothe Richter Teherani Architekten）设计的三个鹤公寓（Kranhauser，也称为 Crane Houses）成了这里的地标性建筑，鹤公寓的高度约 62 m，长 70m，宽 33.75 m，有 17 层楼。三座公寓楼各有自己的名字，所以递送邮件时不会搞错。

图 2.220.1 美国衣阿华达文波特菲戈艺术博物馆 | 大卫·齐普菲尔德，2005

图 2.220.2 菲戈艺术博物馆邻水的一侧

位于密西西比河河岸的艾奥瓦州达文波特的中心地带，有许多特有的现象。多年来，美国的一些城市中许多闹市区的居民离开了原先的住宅，达文波特的闹市区就是这样。达文波特市试图修复这一区域，重新建立与密西西比河的关联，于是市议会决定将原先的"达文波特博物馆"搬迁，在原址新建一个美术馆（现改名为菲戈艺术博物馆，Figge Art Museum）作为市区重建的催化剂。

菲戈艺术博物馆的外形方方正正，好似几个方正体块的堆积。建筑表面采用透明、半透明和不透明的材料，这些玻璃表面有密度变化多孔的水平条纹。体块衔接得十分自然、柔和。由于地形的高差，建筑邻水一侧为底层的主入口，而背面临街的一侧只有一个较小的入口。尽管看上去建筑表面明亮耀眼，但仔细看可以分出表面透明、半透明材料的区别，特别在开窗的地方，就更为显著。

菲戈艺术博物馆以其简单而宏伟的造型，成为密西西比河岸边的一颗璀璨的明珠，由于体量适中，能够十分自然地融入周边环境之中而不显得突兀。不同的临街面反映了不同的环境：城市广场、街道的入口、河边的露台。广场将提供一个雕塑园和公众聚集空间。

图 2.221.1　科隆椭圆形办公室 | 绍尔布鲁赫·哈顿建筑事务所，2010

图 2.221.2　科隆椭圆形办公室鸟瞰图

科隆椭圆形办公室（Cologne Oval Office）由两幢别致的新办公楼组成，两幢六层楼的区别在于它们弯曲的外形，彼此的曲线相似，宛如鸟巢。与绍尔布鲁赫－哈顿建筑事务所（Sauerbruch Hutton Architects）的其他作品相似，形式、色彩和生态三个概念是项目的主题。建筑的特征表现在彩色的窗口遮阳篷上，这些遮阳板将随着阳光的方向和强弱自动调整位置。其中一幢建筑的遮阳板为红色，另一幢建筑的遮阳板则为黄绿灰色。建筑内部设置的亮度恰到好处。建筑采用了当下流行的绿色环保设计：节约采暖、制冷与房间的照明耗能，热空气被引导到凉爽的地下井将热量回收再利用。科隆椭圆形办公室项目耗资约 7000 万欧元。

图 2.222.1 瑞典于默奥
建筑学院 | 海宁·拉尔
森建筑事务所，2010

图 2.222.2 于默奥建
筑学院的表皮

于默奥建筑学院（Umea School of Architecture）位于于默奥河独特的地理位置，建筑的外形具有强烈的艺术表现力，由海宁·拉尔森建筑事务所（Henning Larsen Architects）设计。作为未来建筑发展中心，该建筑物的主要功能是提供灵感和创新的框架。从外面看，这个大楼呈现出很多方形结构，落叶松的表皮和方形的窗户在四面形成节奏感。建筑的室内是楼梯和隔墙的交替与互动，开阔的楼层平面上，白色抽象的盒子自由地悬挂着，将天花板透进来的阳光过滤。

设计的一个主要目标是"创造一个充满生机和开放的学习环境"，这里已经没有一个个封闭教室的概念，每一层的内部空间几乎是贯通的，每个人都是同一个空间的一部分，部分空间只能由玻璃和教室的墙壁隔开。整体来说，好似一座立体的流通空间，比密斯的巴塞罗那展览馆的平面流通空间大大地前进了一步。

这是灵感、知识和思想相互支持和密切交流的结果。外墙不同模式的窗口，不仅创建了一个强烈的视觉效果，它也慷慨地让光线进入大楼，并提供了于默奥河的美景。但对于墙面通透性的表达形式似乎不如图 2.120 由 SANAA 事务所设计的埃森矿业同盟管理设计学院，这反映在于默奥建筑学院墙壁所表现的几乎是完全的通透，没有了模糊性，也就削弱了建筑的艺术性。

图 2.223　斯科尔科沃莫斯科管理学院 | 戴维·阿杰依，2010

克里姆林宫决定打造属于自己的"硅谷"，走出将俄罗斯转型为"白领王国"的最重要一步。2008 年，梅德韦杰夫总统表示将在莫斯科近郊小城建造一个高科技中心，中心将以小城名字斯科尔科沃命名，目的是帮助俄罗斯经济逐渐摆脱对自然能源的依赖，实现产业多元化。新建成的高科技中心相当于"硅谷"在美国的地位，俄罗斯政府将通过减税等刺激措施吸引外国能源动力、信息技术、通信技术、生物医学技术以及核技术企业前来投资，在"硅谷"投资兴建工厂，生产创新型高科技产品。

戴维·阿杰依（David Adjaye）试图从世界艺术史里找到一个创作原型，尽可能地符合学校的创办精神。俄罗斯享誉世界的艺术家卡济米尔·马列维奇[1]，对世界艺术的发展有广泛的影响，因此阿杰依提出采用马列维奇的杰作作为建筑的视觉形象，一方面强调俄罗斯和世界的文化互相渗透的想法，此外意在表明建筑对学校创新以及未来的方向有了明确的目标。人们可以从远处眺望在 26.5 hm² 绿地上新建的莫斯科管理学院（Moscow School of Management Skolkovo）的屋顶塔楼的压花图案玻璃，尽管它似乎与周边的森林不协调。

[1] 卡济米尔·马列维奇（КазимирСевериновичМалевич，1878—1935 年），至上主义艺术奠基人。1878 年 2 月 11 日生于波兰基辅的一个贫困家庭，1912 年在驴尾巴展览会上陈列的《手足病医生在浴室》《玩纸牌的人》，具有立体主义和未来主义的特色。他曾参与起草俄国未来主义艺术家宣言。"十月革命"后参加左翼美术家联盟。1930 年以嫌疑犯被捕入狱，后获释。1935 年 5 月 15 日卒于彼得格勒。2014 年索契冬奥会开幕式上，纵横交错的钢梁源自马列维奇的作品，在展现 1917 年"十月革命"的历史时，场景就借用了马列维奇作品中的元素，可见他在俄罗斯人民心中的地位。

图 2.224 波兰华沙大都会办公楼 | 福斯特 + 合作伙伴，2003

大都会办公楼（Warsaw Metropolitan）是波兰最先进的 A 级办公大楼，位于毕苏斯基（Pilsudski）广场。这个多用途办公楼有 37057 m² 的办公室和 3441 m² 的零售和服务区域。两层的地下停车场可以容纳 415 辆汽车。办公大楼由诺曼·福斯特勋爵设计，这个项目引进波兰后，建筑将以新的标准来实施。

诺曼·福斯特对大都会办公楼说过这样一段话："这是我们在中欧的第一个项目，我觉得自己有一种热情用当代建筑回应毕苏斯基广场丰富的历史遗产，我们尊重这样的事实，即广场周围的所有的建筑物应有一个统一的高度。我们想为使用者创造一个透明的建筑，但也像周围所有的建筑一样又是一个实体建筑。这是一个真正的挑战。解决方案是竖直的花岗岩遮阳板，斜向看去它们似乎由坚硬的石头制成，而正面看时大楼却是透明的。"

图 2.225.1　丹麦腓特烈堡法院 | 3×N，2012

图 2.225.2　腓特烈堡法院另一端

新建的腓特烈堡法院（Frederiksberg Courthouse）正好在由哈克·坎普曼（Hack Kampmann）设计的邻近的新古典主义的法院边上。为了确保与老法院相互呼应，新建筑只有 5000 m² 的土地可以利用，新法院的高度稍低于老法院，以表示对新古典主义建筑的尊重。新法院引进了可持续发展的措施，在建筑的中部，开了一个天窗，让阳光通过中庭进入各个房间。建筑在平面上呈现为 S 形曲线的狭长结构，前面的屋顶有一个 45 度的倾角，中间还有一个玻璃天桥与老法院的二楼相连。优雅的弧线，使新法院这样的现代建筑十分和谐地融入古典建筑群中。

图 2.226　汉堡联合利华总部大楼 | 贝尼奇＋贝尼奇及合伙人建筑事务所／斯特凡·贝尼奇，
2009

为德国、奥地利和瑞士新建的联合利华总部大楼（Unilever Headquarters）坐落在德国汉堡，易北河流域右岸的哈芬（Hafen）城。它结束了汉堡市中心的常规游览路线，塑造了汉堡又一个新的景点：游船码头和凯海滩（Strandkai）长廊。新的联合利华总部大楼向城市和市民开放。该建筑的核心部分是它的中庭，位于建筑底层，采光良好，能够让来访者很好地了解整个公司，同时也可以浏览联合利华自有产品商店，或者在咖啡厅喝咖啡，或者去矿泉中心理疗，是一个聚会和交流的地方。

2007 年，针对可持续性建设计划，港口城区为可持续性建设特殊贡献及杰出贡献者分别设计了一枚银质与一枚金质环保标志，环保标志的内容包括减少建筑对天然能源使用的需求、公共设施的可持续性等。为了达到相关标准，在建造建筑的过程中不能使用含卤素的建筑材料、挥发性溶剂及生物灭杀剂，热带木材必须来自经认可的可持续发展种植地区。联合利华总部大楼便是预先获得该环保标志的建筑之一。该建筑采用了一种可以透过阳光但不能透过热量的 Ipasol 玻璃，保证了室内的透明度，大大地减少了空调的使用。由于联合利华总部大楼在保持可持续发展的健康环境和节能效应方面有着卓越的表现，它获得 2009 年世界建筑节能办公建筑奖。

图 2.227.1　法国圣艾蒂安新办公楼 | 曼纽勒·戈特德，2008—2010

图 2.227.2　圣艾蒂安新办公楼近景

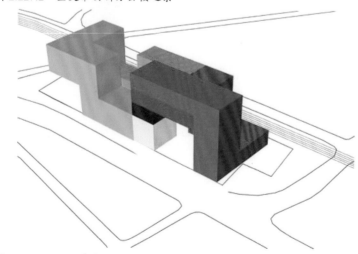

图 2.227.3　圣艾蒂安新办公楼的三维空间图

圣艾蒂安新办公楼（Cite des Affaires in Saint-Etienne）靠近主火车站，重建将带来高密度的土地利用，成为圣埃蒂安中心地区和新沙透酒庄（Chateaucreux）周边之间的重要区域。建成后的大楼将有许多机构进驻，并有一个共享的企业餐厅、咖啡厅和停车场。建筑师并不仅仅要建设一个清晰和统一的城市标志性建筑，还根据项目的需求提供了灵活性。事实上，这里的原则是建造一个"连接部分"，使用各个部门合并成一个整体。尽管建筑好似由若干个 Π 形和 Γ 形块沿着不同方向拼接而成，像一条大阿兹特克蛇（Aztec Serpent）在盘旋，时而上升，时而向左，时而下降，但它们各段的外皮都是一致的：外部为玻璃幕墙，白色的窗帘让其像一个透明的银色鳞片的皮肤；而内侧为统一的有光泽且不透明的黄色，其特征表现在内表面上横向竖向随机分布的玻璃窗。

图 2.228.1 堪萨斯布洛赫大楼 |
斯蒂芬·霍尔 2007

图 2.228.2 布洛赫大楼夜景

尼尔森－阿特金斯艺术博物馆（Nelson-Atkins Museum of Art）是美国最著名的艺术博物馆之一，位于美国密苏里州的堪萨斯城。博物馆于 1930 年破土动工，1933 年首次对外开放。由于当时正处于经济大萧条时期，全球艺术品市场涌现出大量的低价倾销的珍贵艺术品，该馆因此在很短的时间内收购了大量的艺术品，奠定了在艺术博物馆中的地位。布洛赫大楼（Bloch Building）是尼尔森－阿特金斯艺术博物馆的附楼。霍尔的作品一度被认为过于古怪，但是布洛赫大楼所带来的巨大成功使霍尔被《时代》杂志于 2001 年评为美国最好的建筑师，《时代》称赞他的建筑"既满足了精神需要，又满足了视觉的愉悦"。

布洛赫大楼被称为逐渐展开的建筑，对景观和原有的建筑产生了神奇的对应。设计的一个重要目的是在不损害 1933 年尼尔森－阿特金斯博物馆的基础上能够建设更多的空间，于是布洛赫大楼的大部分沿原尼尔森－阿特金斯大厦东侧地面展开，在 256 m 的距离内建起了 5 座身材苗条的展厅。布洛赫大楼的风格十分奇特，5 个玻璃展厅连成一串，错落有致地分布在艺术馆老楼东侧的波浪形园林上。在夜间，5 个玻璃展厅像巨大的灯笼一样鲜艳夺目；在白天，自然光可以照进玻璃展厅的走廊，光亮的程度不亚于正规博物馆启动人工照明时的亮度。

BBVA 基金会颁发的首次"知识前沿奖"（Frontiers of Knowledge Prize）授予了美国建筑师斯蒂芬·霍尔。这个奖项由西班牙 BBVA 银行赞助，金额为 40 万欧元。斯蒂芬·霍尔因为"尼尔森－阿特金斯博物馆"的"布洛赫大楼"被提名为获奖候选人，并且与 9 名参加决赛的选手进行了竞争。

图 2.229.1 瑞士伯尔尼西城休闲购物中心 | 丹尼尔·李伯斯金，2011

图 2.229.2 伯尔尼西城休闲购物中心全景

丹尼尔·李伯斯金在瑞士伯尔尼布林纳打造的休闲购物中心（Westside Shopping and Leisure Centre）包含 55 家商店、10 间餐厅和酒吧、复合电影院、娱乐健康中心和住房，这种混合使用的项目从根本上秉承全新的购物、娱乐和生活的概念。西城的概念是建立昼夜的服务设施，在自我封闭区内提供几乎像一个城市的设施和服务。建筑设计集成了不同方位的景观，带来独特的外部领域。

西城休闲购物中心在伯尔尼地区可以称得上是一个独一无二的城市景观。西城休闲购物中心距市中心只有 5 km，它直接盖在高速公路的上方，与都市的基础设施诸如公路及铁路车站整合在一起。建筑量体本身宛如一个"城中城"，创造了独特的人造景观及天际线。它的外立面由多层木质材料构成，在立面上设计师采用了类似横向长窗的平行四边形，将立面不规则地割裂，从而营造出精致的立面视觉效果，这一做法也为室内提供了全景窗和自然采光的窗口。

李伯斯金在介绍这个建筑时说："它是一个 21 世纪富有生机的地方，是一座城市。这里不仅是一个购物中心，还是休闲、康乐和住宅的新空间，是一种新的经历。"他认为建筑形式、质感、材料、光影和色彩，这一切组合在一起就形成一种清晰的表现空间的品质或精神，为建筑赋予了生命。

图 2.230　巴塞罗那阿维诺套房酒店立面改造 | 伊东丰雄，2009

建筑外表面用弯曲的钢片组成了海洋波
浪般的景观是阿维诺套房酒店立面改
造（Facade Renovation "Suites Avenue
Aparthotel"）的特征，同时与右侧的全玻
璃立面形成了强烈的反差。

图 2.231　马德里塞洛西亚公寓 | MVRDV+ 布兰卡·莱奥，2009

塞洛西亚公寓（Celosia Residence）是 MVRDV 和布兰卡·莱奥
（Blanca Lleó）新近设计的一幢住宅楼，公寓被像棋盘一样分成
30 个小的条块。这些小块被放置成彼此堆积的状态，其中有许多
镂空保持通行和通风。与欧洲传统建筑一样，建筑中央有一个巨
大的公共天井，146 套公寓的房间都可以通往这个公用空间。多
数公寓在外部空间都有敞廊。在晴朗的日子里，居民可以聚集在
公寓的楼顶饱览城市和山区的风光。外墙由混凝土包裹，按照完
整的模数系统、高效、清洁的方式来浇筑混凝土，将建设成本降
至最低限度，聚氨酯涂料对立面的光泽和反射取决于光照条件。
所有的窗户都是直达天花板的落地窗，窗帘可以屏蔽阳光。每套
公寓都让穿堂风通过 2 个或 3 个门面。建筑使用节能锅炉系统，
并在屋顶上应用太阳能电池板。最下面有 2 层专门的停车场，提
供 165 个停车位。

图 2.232　德国杜塞尔多夫绿洲医学图书馆 | HPP 建筑事务所 + 沃尔克·维阿文，2012

杜塞尔多夫的绿洲医学图书馆（O.A.S.E. Medical Library）的结构体系清晰地显示与海因里希·海涅大学和大学医院的相似之处——成为沙漠中的沃土，不仅通过它的形式，而且通过它的概念，打造一个热心学习的空间、发展和创新的教学和学习交流的地方。在德国，这些概念的首个字母共同组成了 OASE——绿洲。

图书馆高 38 m，有一个不寻常的外观结构和闪闪发光的白色皮肤。固体结构的外观体现了图书馆的专业话题，它好像是毛细管系统的建筑表述。这个想法进一步体现在流畅和白色外墙的表皮上面。由玻璃条和马赛克铺装的白色墙面像立方体上面的一个网络给人以醒目的视觉感受。HPP 建筑事务所（HPP Architects）的沃尔克·维阿文（Volker Weuthen）完成了这个项目。

图 2.233　荷兰银色公园码头办公楼｜雷内·凡·祖克建筑事务所，2004—2005

银色公园码头（Silver Park Quay）办公楼浪漫的色彩名字源于它所在位置：莱利斯塔德（Lelystad）的办公集群，这是一个符合当代趋势的简明城市中心规划，由 West 8设计。雷内·凡·祖克建筑事务所（Renévan Zuuk Architekten）设计的办公楼采用荷兰及比利时 18 世纪形成的肩并肩的错落有致的建筑布局，用建筑的外墙作为建筑的标识。办公楼由七幢建筑组合而成，其中左面第二幢楼房的墙面由许多无序的白色混凝土树杈构成，这里的灵感大概来自荷兰绘画艺术家莫里斯·埃舍尔的作品。在五幢楼房之间有两个像是夹层一样的过渡，特别是右侧两幢楼之间的五层弯曲的阳台让你站在办公楼前根本无法找到它们之间哪怕一丝的共同点。建筑的立面结构在转角处是连续的，南立面和西立面是双层的，北立面是一个交互式的结构：水平向是极有质感的混凝土墙面和窗户，竖向开有一个切口，将整个建筑分成两个不对称的部分。这种处理方式，既造成了视觉上的分区，也影响了墙面上的重复样式，使得该建筑与邻近建筑相比有很强的识别性。

说不上这样的办公楼是否能够与周边的环境协调，相邻楼房之间巨大的差异使人们根本看不到 18 世纪荷兰和比利时古典楼房那种和谐的氛围，当然，在里面的人是看不到这点的。

图 2.234.1　荷兰乌特勒支 De Cope 停车场｜JHK 建筑事务所，2008

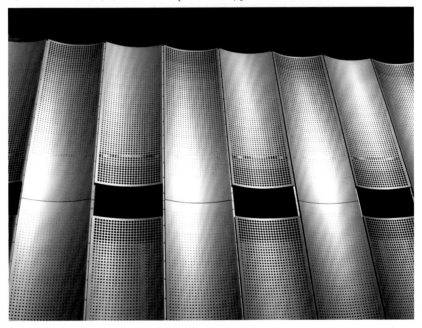

图 2.234.2　De Cope 停车场的墙面铜板细部

De Cope 停车场与帕蓬多普（Papendorp）办公楼连在一起，包括 460 个停车位（约
8500 m²）的车库和 3000 m² 的办公空间。建筑的表皮是黄色的铜板，每一块板上面打有
大小不同的孔，孔的分布从大到小整齐有序。整个建筑外皮金属板的排列也是有序的。

KPF建筑事务所的李·珀利桑诺（Lee Polisano）设计的赫伦塔（Heron Tower）建成后高度达202 m，天线高度230 m，超过42号大厦而成为伦敦金融城第一高楼。赫伦塔有46层，为伦敦中心地带提供4万m²的办公空间。作为原KPF伦敦合伙人的珀利桑诺将监督该项目直到完成。珀利桑诺现在是PLP建筑事务所总裁。他对多年来这个项目取得的进展感到欣慰。他说："赫伦塔是新一代高层建筑，将成为金融城天际线上的一个新的地标。我很高兴这个项目取得成果，并得到了很多支持。"

这座建筑已经获得了英国BREEAM可持续性的"卓越级"评分。赫伦塔的办公室采用3层"村庄"系统，构成了3层楼的密集商务活动空间。除了总共11个"村庄"，2层厅围绕朝北的中庭分布。通过6座外部的电梯，人们可以看到繁忙的城市街景，而建筑朝南的外墙通过一层光电电池为建筑发电，同时构成了遮阳板。顶部的空中酒吧和餐馆以及175 m处的外部露台都为人们提供了观景的场所。

然而，赫伦塔的后继者也在试图超越它。图2.134所示"碎片大厦"在2013年建成，超过伦敦金丝雀码头的加拿大广场一号（One Canada Square）成为英国第一高楼，同时在建的主教门（Bishopsgate）大厦的高度为228 m。

图2.235　伦敦赫伦塔 | KPF，2007—2011

图 2.236.1 荷兰鹿特丹蒙得维的亚大楼 | 迈肯努建筑事务所，1999—2006

图 2.236.2 蒙得维的亚大楼楼顶的 M 字母

蒙得维的亚大楼（Montevideo Tower）矗立在威廉明娜码头南侧，该地区近几年有很大发展，包括住宅单元及写字楼等建筑。大楼北侧为服务行业用房，而另一侧以住宅楼宇为主。

1999 年鹿特丹的城市规划局委任迈肯努建筑事务所设计一个新的建筑，作为城市天际线的地标。迈肯努建筑事务所的解决方案是在一个建筑物内，满足不同人群的需求。该地区是荷兰—美洲航线的象征地段，所以建筑师使用的形式和材料交替显示出船舶与建筑的双重特征。出于同样的原因，该建筑似乎是 20 世纪 40—50 年代纽约和芝加哥的摩天大楼的再现。建筑最底部为两层钢结构，再向上则是混凝土结构。2～27 层为混凝土结构，但 28 层以上又是钢结构，以便使建筑形式有更多的变化。结构高度为 140 m，它是荷兰最高的楼房，加上屋顶上面巨大的 M 字母，总高度 152.3 m。建筑包括超过 50 种不同类型的 192 套公寓、6050 m² 办公空间和 1933 m² 零售空间，还包括阁楼、水公寓（底层公寓）、城市和天空的公寓（高层公寓）。为了满足公寓与办公室人员的需求，建筑内还提供给所有住户餐馆、咖啡馆、健身房、游泳池、洗衣和清洁服务。

2005 年 3 月在屋顶安装了一个可以转动的巨大的"M"字母，即蒙得维的亚的第一个字母。它不仅是蒙得维的亚的标志，更标志了鹿特丹的天际线，当"M"随风旋转起来，就像一个巨型海轮的螺旋桨叶片，形象地显示了城市的海洋精神。

图 2.237 悉尼莫比斯住宅 | 托尼·欧文合作伙伴，2007

澳大利亚建筑师托尼·欧文（Tony Owen）夫妇在悉尼的多佛海茨区完成了这座莫比斯住宅（Moebius House）的建筑设计与室内设计。这座超现代化的住宅设计采用了前卫的创新方法和技术。托尼·欧文夫妇把这座住宅称之为"流体建筑"，项目建筑参数来自于 3DCAD 软件的计算结果。住宅的自然通风效果、视野和能量效应都得到了最大程度的强化，同时尽量减小对周边地区的负面影响。建筑从上到下都采用平滑的流线型设计，同时大量运用钢结构和玻璃幕墙，透过玻璃幕墙能看到悉尼港口的全景。住宅和户外娱乐区通过玻璃门相连，因此住宅的生活面积也扩大不少。室内光线充足，采用极简抽象主义设计风格。简单的色调、现代的混凝土地板、悬空壁炉和半封闭式楼梯都是该住宅的特色。

图 2.238　西班牙韦尔曼广场和塔楼 | 阿巴罗斯＋埃莱罗斯，2005

韦尔曼广场和塔楼（Woermann Group Tower）位于西班牙加那利群岛大加那利的拉斯帕尔马斯（Las Palmas），是一个混合用途大楼，由西班牙著名建筑师艾纳吉·阿巴罗斯（Inaki Abalos）和胡安·埃莱罗斯（Juan Herreros）设计。塔楼高 60 m，共 18 层，一楼除入口有一个零售店，二楼有一个图书馆。每层高 3.4 m，有 4 或 5 套公寓。通过 2000 m² 的玻璃幕墙，可欣赏到大西洋。可以转动的板条挡住入射的阳光，同时在玻璃上面刻蚀有植物的图案。在一些主要的墙面玻璃上涂上了黄色。

图 2.239 美国马里兰艺术学院布朗中心 | 查尔斯·布列克鲍尔，2003—2005

马里兰艺术学院布朗中心（Brown Center，Maryland Institute College of Art）是埃
迪和西尔维亚·布朗（Eddie & Sylvia Brown）为纪念学院建院 100 年所赠送的礼品，
由查尔斯·布列克鲍尔（Charles Brickbauer）设计。
建筑呈现晶体状的雕塑结构，为学校的数字艺术系提供了一个相适应的建筑形式。
由于多角几何结构所产生的场地限制，建筑师将其转换为建筑物的高程。外观为
白色半透明玻璃，保证了遮阳，并与该校在皇家山大道文艺复兴时期的主要白色
石灰石建筑形成了鲜明的对照。建筑师为视觉及表演艺术家设计了新的建筑形式，
以满足跨学科界限工作学习的需求。建筑符合传统电影以及视频和数字艺术的技
术要求。一个不断旋转的长廊，提供了不同部门之间进行思想交流和为学生作品
展览的空间。建筑共有五层，四层混凝土结构毗邻一个动态的全高钢架中庭空间，
除了录音室教室，5705 m² 的大楼设有 535 个座位的礼堂、画廊、会议和演讲室、
视频室、办公室及结构空间，还有一台 Macintosh 计算机可以提高三维动画设计
的质量。该建筑现在已成为马里兰艺术学院的地标性建筑。

图 2.240　维也纳 Plus Zwei 办公楼｜马丁·库尔巴瓦，2008—2010

这是在维也纳 Trabrennstrasse 街角新建的办公楼与公寓的混合楼，40000 m² 新的生活空间，包括现代化的办公和住宅大楼，并闢有宽敞的绿地。办公楼被称为 "Plus Zwei"（加二），显示了一种新的建筑形式，楼宇像搭积木一样被堆积起来。马丁·库尔巴瓦（Martin Kohlbauer）的设计与新加坡 2009 年由 OMA 设计的交叉公寓大厦有相同的设计理念。这个建筑位于维也纳绿肺处，多瑙河盎恩（Auen）国家公园附近，靠近一个 5000 m² 的湖泊，拥有非常理想的环境。办公楼 "加二" 一个超大的玻璃块悬垂着，就像飘浮在空中。

图 2.241　美国马里兰艺术学院学生宿舍 | RTKL，2008

马里兰艺术学院（MICA）靠近巴尔的摩的一条主干道，交通十分
繁忙。该学院希望修建一座200个床位的学生宿舍，既作为学校
入口的视觉艺术品，又能提升校园西北角的重要性。RTKL事务所
的两家办事处竞争这一项目，结果伦敦组获胜。它利用非常规的
形状设计了一座 9200 m² 的宿舍楼，在有限的空间里创造了最佳
设计。

马里兰艺术学院学生宿舍（The Gateway at the Maryland Institute
College of Art）独特的圆形结构分割为三个区，围绕着中央庭院
展开。鼓状结构形成了摩登的流线型玻璃板材外围，色彩各异、
透明并反射光芒。10层的烧结玻璃结构像一个屏障，部分遮挡了
来自主干道的噪声，又像一个公告板，展示了88个艺术工作室的
作品。一层的娱乐设施连接了社区，融入公众生活，并建有咖啡厅、
黑匣子剧院和展览空间。

图 2.242　德国舍帕椭圆锥形办公楼 | 奥特建筑事务所，2001

舍帕（Scheppach）位于德国南部城市乌尔姆与奥格斯堡中间，这个建筑群是一个新兴的 IT 公司的总部，由奥特建筑事务所（Ott Architects）设计。它包括仓库、食堂、会议室等，安置于一个倾斜的坡地上，从远处清晰可见。这些看似孤独的高架形式建筑主要是办公楼，不规则的椭圆形建筑有一个黑色的不锈钢外壳，外观呈酒杯形。从外面看，长条状的窗户都融入占主导地位的墙面，而在内部，人们看到的是斜墙上的孔。自然光透过光滑的玻璃屋顶照射到建筑中的各个部分。

建筑的外墙采用冷轧不锈钢带、哑光钢板包裹。电解处理工作中的酸性增加了无色惰性不锈钢表面氧化层厚度，光的直接作用和反射光（干扰效应）使不锈钢金属呈现出黑色的外观。用螺栓将弯曲的板条固定在加强木材框架上，围合成基地的外墙。

图 2.243.1 荷兰格罗宁根大学骨科研究所 | RAU，2008

图 2.243.2 格罗宁根大学骨科研究所
鸟瞰

荷兰格罗宁根大学医学院（The University of Groningen）的新扩建建筑骨科研究所（Orthopaedic Institute）被挤压在19世纪的建筑与20世纪60年代建造的荷兰格罗宁根大学部分高层建筑之间，与由UN设计的联合国动物实验室毗邻。新建筑及新建的大学广场延伸到校园的边缘，成为城市和大学之间新的门户。建筑内包括一个主报告厅，大门厅连接骨科研究所的全部房间以及运动联合研究所。建筑底层大约可停放1300辆自行车，上面3层为教学和研究使用。在门厅大堂，混凝土墙竖直上升到报告厅的顶部。这面"不平整的混凝土染色体技术"墙的设计是RAU建筑事务所（RAU Architects）与艺术家巴基·泰宁（Baukje Trenning）合作的产物。

图 2.244　荷兰世界自然基金会办公主楼 | RAU，2003—2006

荷兰世界自然基金会办公主楼（WWF Head Office）是阿姆斯特丹绿色前卫建筑设计的一个范例。RAU 建筑事务所将 1954 年建造的农业实验室被改造成一个节能建筑，它原是一个"冰冷"的建筑：严肃、客观。新的设计是为了"复活"，让老建筑变得有生气：保持建筑物的框架，重新利用毛石以增添温馨的氛围。另一个值得称道的设计是"毛细管加热和冷却系统"，在天花板的泥层中埋入细玻璃管，通过毛细作用改变室内的湿度和温度，让室内变得更加舒适。建筑的中央好似安置了一个搏动的心脏，让建筑变得更"酷"，同时回归到自然。水平的木质百叶窗防止阳光直射到工作间。所有材料的筛选都使其像保护孩子一样保护里面的各种生物，它们的空间被称之为"鸟的友好屋顶"和"蝙蝠地下室"。建筑的能源自给自足，不产生二氧化碳，成为典型的前卫绿色建筑。世界自然基金会办公主楼的建设证明，即使依靠简单的方法也能够节约能源。

图 2.245　荷兰纽威海恩新市政与文化中心 | 3×N, 2012

纽威海恩（Nieuwegein）位于乌得勒支南 5 km，2012 年的人口是 12 万。人口的增长对城市管理提出了更大的需求。3×N 负责人说："这是一个挑战，我们试图创建一个建筑，作为一个催化剂，使社会与城市有更多的联系。"

3×N 在纽威海恩新市政与文化中心（Stadshuis Nieuwegein）中做了一个明亮的中央中庭，雕塑般的楼梯急促盘旋上升，连接着许多不同的设施，形成一个多用途、多功能的集合体。

该建筑包括当地的图书馆、市民服务中心、咖啡厅、文化中心和商业空间，提供一系列日常活动。这座建筑创造了生活环境，并加强了商业和住宅区以及周围的建筑物的联系。该大楼第五层像扇子一样对着中庭摊开，使游客和员工在视觉上与其他楼层相联系。第四层有一个巨大的观景窗，最大化的好处是采光充沛。正如金·尼尔森所言："日光有助于建立一个良好的工作和生活环境，会让人们感觉到一天中的许多细微的差别"。

图 2.246　葡萄牙维亚纳堡市政图书馆 | 阿尔瓦罗·西扎，2004—2008

维亚纳堡市（Viana）位于葡萄牙西北部的海边，维亚纳堡市政图书馆（Viana do Castelo Library）位于该市维埃拉自由广场东侧，毗邻利马河边。这个图书馆对许多人来说不但是阅读的场所，也是一件艺术作品。新图书馆于 2004 年 1 月开始建造，2008 年 1 月 20 日落成，建筑分为上下两层，总面积 3130 m²，图书馆面积约 1850 m²，在第二层可以看见建筑北面的利马河景观。建筑包括工作室、多媒体室、视频和音频室、各种阅读区、欧洲信息和文献中心区及成人和远程教育区。与西扎设计的其他建筑一样，该建筑形式极为简洁，全用白色混凝土结构，地面采用了花岗岩。

图 2.247.1　马德里奥林匹克网球中心"魔力盒"｜多米尼克·佩罗建筑事务所，2006—2009

图 2.247.2　"魔力盒"的挡雨板

马德里奥林匹克网球中心"魔力盒"（Madrid Olympic Tennis Center-Magic Box）是目前世界上最好的网球比赛场馆之一，该网球中心共拥有 27 块场地，其中包括 1 个室内场地和 16 个室外场地，3 个主要比赛场馆的观众容量分别为 1.25 万人、3500 人与 2500 人。这 3 个场馆拥有可伸缩屋顶，能让比赛免于雨水侵扰。巨大的 3 个铝复合屋顶可以通过不同的移动组合形成 27 种不同的屋顶组合方式。中心区域的屋顶长 102 m，宽 70 m，可以承受 1200 t 的重量，垂直打开可以延展到 20 m，而水平延展开则可以达到和屋顶宽度一样；另外两个相对较小的体育馆的屋顶则长 60 m、宽 40 m，垂直斜度可以达到 25 度。

由钢材、铝材、混凝土和玻璃构成的建筑空间围绕一片宽阔的人工湖展开组织设计，尺度各异的体量散落在人工湖周边，如同岛屿，抑或是大自然的碎片，吸引着人们来此散步休闲。步行廊桥系统穿插在体量之间，生成无数条路径，使人获得欣赏壮丽美景的新视野，同时也将"魔盒"与圣费尔敏区（San Fermin Neighbourhood）和由里卡多·博菲尔设计的曼萨纳雷斯河公园连接起来，成为连通两个世界的桥梁。

图 2.248　德国兰根基金会美术馆 | 安藤忠雄，2005

霍姆布洛伊（Hombroich）的美术馆，是杜塞尔多夫市郊诺伊斯（Neuss）一个世界稀有的"公园"美术馆。
在 20 多万 m² 郁郁葱葱的森林中，十几栋展览室就像消融在树丛中一样布局散乱，里面陈列着雕刻家欧文·
希利克的作品。这里曾是前北约组织的导弹基地，1993 年导弹基地废除使用，两年后被德国的一位开发商
兼收藏家卡尔·海因里希·穆勒收购。穆勒不单纯是为了个人收藏而买下这片土地，实际上他脑子里存在
一个伟大的梦想——"扭转被忽视的地球角落"。他企图结合艺术和自然，在被忽视的地球角落中，开创
一片新的文化天地。这些年来，穆勒陆续找了来自世界各地的十几位著名艺术家和建筑师，包括莱门德·亚
伯拉罕、阿尔瓦罗·西扎、丹尼尔·李伯斯金等人参与他的计划。1994 年，日本建筑大师安藤忠雄（Tadao
Ando）在穆勒的邀约下前往霍姆布洛伊美术馆岛探访，立刻被穆勒独特的文化空间开发构想所吸引，随后
也参与穆勒的计划。

1994 年和 1995 年期间，安藤和穆勒、欧文·赫里希（Owen Heerich）、奥利弗·克鲁斯和胜人西川等人针
对导弹基地进行规划设计，他们的目的并不是要将历史遗迹连根拔起，废除所有设施，而是赋予其新的面
貌和不同的使用功能，1996 年他们在威尼斯双年展中发布了规划方案。导弹基地再利用和原霍姆布洛伊美
术馆岛规划在 1997 年合并称为"霍姆布洛伊文化馆"（Kulturraum Hombroich），这是一个结合文化、艺
术、科学和自然的充满活力，迄今仍持续在进行的大计划。1998 年安藤在前导弹基地上设计了一座大拱门，
如今变成博物馆的大门。

2001 年，德国的另外一位艺术收藏家玛丽安·兰根首次看到安藤在导弹基地上的规划，立刻委请安藤帮她
和她丈夫维克多的艺术收藏设计一座美术馆。2002 年安藤针对兰根的构想，提出一项 900 m² 的展示空间规划，
这个空间可容纳 500 件兰根收藏的 12—19 世纪的东洋美术收藏和 300 件现代的西洋美术收藏品。2004 年
兰根基金会美术馆（Langen Foundation）落成，正式对外开放。

安藤考虑设计两个不同性格的空间，一个是为东洋美术而做的、充满柔和光线的"静"的空间，另一个则
是为现代美术而做的光影交织跳动的"动"的空间。安藤说："反复研究之后，我们使建筑群的构成包括
了采用混凝土箱形外包玻璃膜的双层膜构造的东洋美术展览厅，以及与之成 45 度角、建筑一半埋入地下的
并列的两栋特别展览厅。"

常设展览厅是"静"的空间，采用混凝土和玻璃的镶嵌构造，导入了日本传统建筑手法"缘侧"般的缓冲
空间领域，让人感觉象在美术馆内部漫步森林中一样，建筑的内外空间具有流动性。

特别展览厅是"动"的空间，在建筑体量埋入地下而形成的封闭箱体中，设计了天窗使得采光颇具戏剧性，
来访的人们从与"静"空间的对比中更加鲜明地感觉到光的戏剧性效果。

图 2.249　洛杉矶帕萨迪纳艺术中心设计学院南校区｜戴里·金尼克建筑事务所，2004

位于洛杉矶市中心的帕萨迪纳（Pasadena）艺术中心学校成立于 1930 年，后更名为艺术中心设计学院。2003 年艺术中心设计学院被联合国授予新闻部非政府组织的荣誉。艺术中心设计学院南校区（The South Campus of the Art Center College of Design）建筑的前身曾是二战时期的一座涡轮机房，由圣莫尼卡一家公司的建筑师戴利·吉尼克（Daly Genik Architects）对其进行整修，包括研究生美术与设计方案和媒体工作室、方案展览空间、打印店、活版室、公共项目用房（艺术和空间中心、儿童艺术中心、基础学习实验室），以及一个独特的 1500 m² 的风洞展览空间，目前作为媒体设计方案而著名。建筑以可持续发展的特点及其帕萨迪纳市的第一个 LEED 评级包括"绿色"屋顶和特氟纶塑料制成的雕塑天窗而获奖。"风洞"已经举办了重大活动，包括：每年两次的艺术中心设计大会，如 2008 年的"严肃的表演"；可持续移动性的年度首脑会议，如大型展览"超音速：1 个风洞，8 所学校，120 名艺术家"，"花园实验室"（Gardenlab）和"开放屋：建筑和技术智能生活"（与维特拉家具博物馆），以及各种社区会议和活动。

艺术中心设计学院南校区选择在此处建造是希望打破以往华丽、封闭的方盒子形式，使其具有未完成和暴露混凝土的粗野风格，同时功能组织模糊而灵活，向不断变化和创造性的世界重新开放。建筑师在现有结构厚重的混凝土墙体和屋顶上开凿出窗户和天窗，将自然光线引入教室和工作室，同时使内部的活动变得可见，从而活跃了街道气氛。建筑师与平面设计师合作发明了一种穿孔不锈钢板作为立面装饰，同时设计了充满雕塑感的 Z 字形天窗。天窗采用两层特氟纶塑料，上面印制的防辐射图案，可以随着温度感应计扩大和收缩两层塑料之间的空隙而不断发生变化，带来不同的透明度，从而为这个单一体量的建筑带来了更多的内涵。改建后的屋顶可以通过建筑立面外不规则立柱支撑的楼梯登上，其内设有餐厅和咖啡店，成为一个半公共的区域。建筑师对原有机房的内部结构采取了谨慎的保留态度，对原始材料和空间只是进行了清理。夜晚，这座建筑熠熠生辉，而在白天，引人注目的几何形天窗和外部楼梯活跃了这座古老建筑坚实而沉默的造型。

图 2.250 斯特拉斯堡春天百货店 | 毕格建筑事务所，2013

斯特拉斯堡春天百货店（Printemps Store）由毕格建筑事务所（Biecher Architectes）设计，属于卡塔尔一家投资集团所有，全称为巴黎春天百货店，计划在法国其他的主要城市还要建10家这样的春天百货店。法国斯特拉斯堡开设的全新旗舰店标志着巴黎春天未来店铺的走向，采用银和铝为主要材质，店铺的外观看起来极具现代感，俨然成为城市的标志性建筑物。在建筑的玻璃外表外侧另加了一层保护性阳极氧化金属板，双层表皮大大地改变了建筑的外观；铝制表皮可以遮挡阳光，但在建筑的角上和其他几处又故意露出了内部的玻璃表皮，让光线能够射入百货店内部。商店底部有一个凉廊，在意大利大理石装饰的商店的橱窗上，显示有玻璃字幕。春天百货店体量不大，恰如其分地融入斯特拉斯堡老城区之中。

图 2.251 法国达飞海运集团公司新总部大楼 | 扎哈·哈迪德，2009

2004 年 11 月扎哈·哈迪德被选为面向大海的世界第三大海运集团法国达飞海运集团公司新总部大楼（CMA CGM Tower）的设计师。建筑外立面整体采用金属材质，拔地而起的建筑形体呈弧线走势，直冲天际，塑造并强化了该建筑极富动感和创新性的垂直几何形态。该设计包括了高层塔楼达飞轮船有限公司的办事处，大厦的低层有礼堂、餐厅、大型水族馆、海事博物馆等公共场所。蓝色的玻璃幕墙与对称的斜坡幕墙，像一位男士的西服，显得高雅、流畅，如雕塑一般。塔高 147 m 的 33 层大厦也被称为"环游法国专线"，于 2009 年下半年完成。在建成后的 30 年内它将是全市最高的建筑物。建筑所位于的一小片楔形地区，是大马赛海旁重建计划的一部分：欧洲与地中海文明博物馆（Euromediterranée）在 2013 年开放（见图 2.21）。这个地区的其他高楼，由让·努维尔和马西米亚诺·福克萨斯设计。

图 2.252.1 巴黎香奈儿流动艺术展览馆 | 扎哈·哈迪德，2008

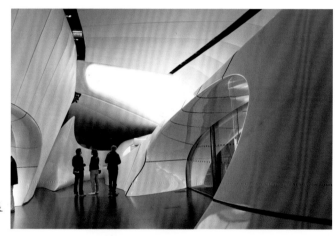

图 2.252.2 香奈儿流动艺术展
览馆内部

香奈儿流动艺术展览馆（Mobile Art Pavilion for Chanel）的外形流畅圆浑，其精细的细部处理层层相扣，
效果优雅美观，是对香奈儿经典手袋的礼赞。最后拍板的方案与最初的构想紧密呼应——整体结构和细节
都能兼具雅致、实用及多用途等特性。

展览馆的建筑结构采用连串延伸式的弧形组件。中央设有中庭，顶篷特别选用高科技玻璃，以根据举行地
点的天气情况而调整室内的温度。

扎哈·哈迪德在过去 30 年中一直探索和钻研持续蜕变和自然过渡的建筑美学，这次香奈儿流动艺术展览馆
流畅优美的曲线几何形状，见证了她锲而不舍的努力成果（也见图 2.102）。哈迪德对形态学的思维拥有天
赋，足以把展馆的短暂形体转化为更高层次的感官享受，与香奈儿这次向文化致敬的重要意义不谋而合。

为了推广其标志性的菱格纹手袋，香奈儿在 2 月中旬到 4 月在香港举办了一个全球性展览——流动的艺术
（Mobile Art），邀请 20 位国际知名艺术家，从菱格纹手袋的各项经典元素中得到灵感进行创作。作品在
亚洲、美国和欧洲巡回展出。放置这些艺术品的展馆是由建筑师扎哈·哈迪德所设计的未来主义的建筑物，
其建筑本身就延续了手袋的概念——想带走就能带走（说拆就拆……）。

图 2.253.1　以色列雅法佩雷斯和平中心｜马西米亚诺·福克萨斯，2008

图 2.253.2　佩雷斯和平中心阳光天井周边的混凝土复合墙面结构

在佩雷斯和平中心（Peres Center for Peace）中，福克萨斯设想了一系列的层次感结构来象征时间和毅力。建筑外部由多层的混凝土和半透明玻璃构成，这同时也起到了对太阳光线进入室内的过滤作用。不规则的佩雷斯和平中心坐落在一个整体基座上面。混凝土地基结构兼做一个大型广场，这是一个空旷的空间，被两条直达室内的对称坡道所分割开来。穿过室内昏暗的低矮天花板空间就进入了一个阳光天井，该天井顶部开敞，贯穿整个建筑物，这里也是图书馆的所在地。天井由混凝土、当地泥土和其他材料混合构筑而成，交错的光影与暗色结构层次充斥了整个天井。首层的其他空间为功能空间，其余的三层建筑空间有 600 m²，层高 3.4 m，可以通过楼梯和电梯到达，200 人的报告厅、办公室和会议室分布其间。

福克萨斯解释说："去想象一个地方是不是虚拟的，但真正要致力于和平，是一个具有深刻伦理意义且非常繁重的任务。和平的精神状态是一种愿望：紧张和乌托邦两种成分同时存在。我已经想到了一系列建筑层，用它们来代表'时间'和'忍耐'，交替出现的材料表示这个国家受到的压力。"

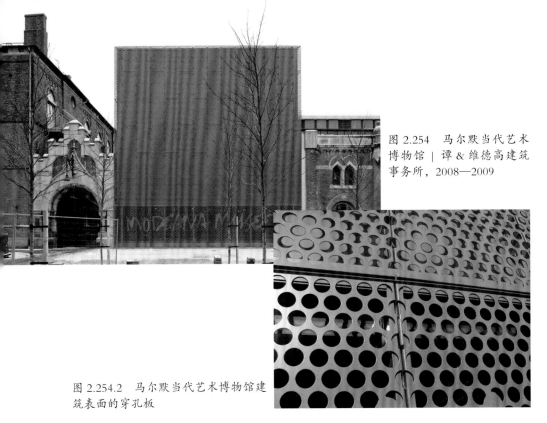

图 2.254　马尔默当代艺术博物馆 | 谭 & 维德高建筑事务所，2008—2009

图 2.254.2　马尔默当代艺术博物馆建筑表面的穿孔板

马尔默是瑞典南端的第三大城市，踞守波罗的海海口厄勒海峡东岸，海峡对面便是"美人鱼之乡"哥本哈根。作为瑞典主要的工业城市，老发电厂的改造给了马尔默一次机会，把20世纪初老发电厂里的工业建筑改造为带有非正式和实验性特征的艺术馆，也是对首都斯德哥尔摩主艺术馆的补充。

在接到马尔默当代艺术博物馆（Moderna Museet Malmo）任务书时，谭 & 维德高建筑事务所（Tham & Videgrd Arkitekter）的建筑师们首先面临着一个问题，从草图方案到博物馆开幕只有18个月时间，要在如此短的时间内完成改造任务确实仓促。除此之外，最大挑战在于如何改造既有的砖结构工业建筑，使之既符合目前当地的气候、安全要求，又要符合艺术展示空间极高标准的室内要求。实质要求可以归纳为：建筑中的建筑和既有外壳的现代化扩建。这种重建策略不仅是一种挑战，也是一种创新。

从外表看，新的扩建部分标志着旧工厂的洗心革面以及新博物馆的到来。扩建部分提供了新的入口、接待空间以及咖啡厅和上层画廊。其中独特亮点是扩建部分的橙色金属穿孔板，使外立面既连接了既有砖结构建筑，又给街区注入了新元素。穿孔板给建筑立面以视觉深度，通过动态的剪影图案创造了栩栩如生的景象，让建筑活跃起来，富有动感。建筑首层全部是玻璃，太阳光通过穿孔板投射进来，不同时间的光照角度不同，投射的光束也发生变化。

考虑到文脉，扩建部分谨守尺度。从远处看，只有与相邻建筑联系起来才能理解扩建部分，只有靠近相邻建筑才能读懂扩建部分的细部，以及它是如何与马尔默市建立整体联系的。

建筑内部空间也相应进行了改造。新增的两部楼梯使参观者可以在涡轮机大厅和上层展厅之间循环走动，每一部新增楼梯都被两个厅包围，等于把涡轮机大厅分成三部分——除了展览厅，还有儿童天地和前厅（实际上也用做展示）。这样，实现人流分离的作用，让博物馆在参观高峰期不至于拥堵。而这次改造计划并没有将涡轮机等机械设备从博物馆中拉到废弃场，而是将其放在一个展区，用来"祭奠"博物馆的起源是一个发电工厂。

像卡尔马艺术博物馆一样，建筑师们致力于提供能够让艺术家根据具体展览调整场地的展览空间。因此，无论是家庭尺度的画廊，还是空间独特高达 11 m 的涡轮机大厅，马尔默当代艺术博物馆都提供了一系列白色盒子。

曾经蹉跎的岁月已然过去，马尔默现代博物馆的成功改造无疑是给城市更加增添了一抹亮色。

图 2.255　上海中心大厦 | 詹斯勒建筑事务所，2008—2014

上海中心大厦（Shanghai Tower）位于浦东的陆家嘴核心区，占地 3 万多 m²，所处地块东至东泰路，南依银城南路，北靠花园石桥路，西临银城中路。建成后它将与另两座超高层建筑金茂大厦、上海环球金融中心形成"品"字形超高层建筑群，成为上海"新地标"。

上海中心大厦的主楼共有 127 层，总高为 632 m，结构高度为 565.6 m。这一数字将超过上海环球金融中心492 m 的高度，再次刷新上海"天际线"的纪录。

詹斯勒建筑事务所（Gensler）认为，上海中心大厦是一座既要包含文化传统、又要赋予精神形象的新地标，此外，还要赋予其一种愿景。詹斯勒的设计师通过对整个项目情况的调查研究，决定从哲学中"极限"的观念去考虑这个问题。考虑到周边代表着回忆的上海金茂大厦以及象征着对外贸易繁荣的国际金融中心，设计师们希望上海中心大厦能够是动态的，并以此进行了三位一体的设计。三幢高楼分别代表着"过去""现在""未来"，同时也暗示出了上海中心大厦的愿景："中国，永恒的未来"。

自从上海金茂大厦建成后，据不完全统计，中国各地相继建成或正在建的高于 400 m 的大厦有 16 座，其中著名的有 9 座，它们是：广州国际金融中心（437 m）；南京紫峰大厦（450 m）；香港九龙环球贸易广场（484 m）；深圳京港 100 大厦（442 m）；广州周大福中心（593 m，预计 2015 年建成）；深圳平安金融中心（加尖 660 m）；天津高银 117 大厦（597 m，预计 2016 年完工）；北京中国尊（528 m，预计 2016 年完工）；长沙远大天空（838 m，已经叫停）。2014 年，中国 400 m 以上高楼将居世界第一，这真是中国人的骄傲吗？

图 2.256　莫斯科 KBH 俱乐部 | 艾群姆建筑师工作室，2013

KBH 俱乐部是艾群姆建筑师工作室（Atrium Studio）
对原来的电影院进行的重新设计，改造后成为"开
朗和机智俱乐部"的总部。KBH 是俄语 клуб
веселыхинаходчивых 的缩写。原来的建筑是国际
风格的一个很好的例子，有着长方体的体量，入口的
比例恰如其分。但是建筑处于两个主要街道的相交处
附近，随着街道逐渐忙碌以及地铁站、门前隧道的建
设，原建筑被环境淹没了。改造之后，拆除了邻近十
字路口的一些老旧建筑，使建筑前面的运输变得更加
通畅，建筑变得醒目。

图 2.257　马德里拉斐尔·德尔皮诺演艺厅 | 拉斐尔·德拉霍斯建筑事务所，2008

拉斐尔·德尔皮诺演艺厅（Rafael del Pino Auditorium Building）这个项目脱颖而出，建筑物两侧的支撑钢结构建立了一个特别的形象，是该建筑的一个特点。基于透明度的理念，演艺厅位于一楼，可容纳250人，从里面可欣赏到街景。拉斐尔·德尔皮诺希望这里成为交流和推广西班牙文化知识的场所。对于建筑物外侧的巨形树权形钢结构网格，建筑师拉斐尔·德拉霍斯（Rafael de La-Hoz）将它们解释成"它不是用建筑物代替花园，而是把花园转变成可居住的地方"。这句话有些绕口，简而言之，建筑师希望它成为像花园似的住所。

图 2.258.1　美国洛杉矶新卡弗公寓 | 迈克尔·马尔赞，2009

图 2.258.2　美国洛杉矶新卡弗公
寓中央天井

迈克尔·马尔赞（Michael Maltzan）设计的新卡弗公寓（New Carver Apartments）位于洛杉矶市中心，并紧邻 I-10 高速公路。这是一个嘈杂的环境，新卡弗公寓就是试图探索在这样环境中建立舒适公寓的可能性，以表达由个体建筑组成城市结构之间的动态关系。公寓正好处于高速公路的一个内弯处，设计以最小的面积来应对噪声的干扰，由此建筑外表呈现为一个锯齿状的圆形，每一个锯齿单元的窗口的数量和它与公路的夹角有关。在与公路平行的方向，外墙面上没有窗户，而是在锯齿的墙面一侧开窗；正对公路的一面，建筑上没有窗户，从而形成了一个缓冲的噪声屏障。此外，圆形建筑有一个圆形的中央天井，它是楼层各个单元采光的主要通道，各层在天井处都有栏杆，可以自由通行，这些挑出的栏杆由竖直的薄钢板柱将其固定，钢板辐射状的排列形式成为一道神奇的景观。该公寓提供了 97 个永久性单元住房给原居民、无家可归的老人和残疾人。

图 2.259 瑞士楚根温泉屋 | 马里奥·博塔，2007

瑞士籍建筑大师马里奥·博塔（Mario Botta）一直以其出人意表的独特手法和表现方式颠覆着人们对博物馆与宗教建筑的感官认识，他所设计的教堂、博物馆总是能令人在一阵惊叹之后陷入沉思。这次，马里奥·博塔再一次在自己的国土上演绎了一个属于雪国的建筑典范，以其天马行空的创意为阿尔卑斯的这个冰雪王国送上叫人惊喜的暖意。

楚根温泉屋（Tschuggen Berg Oase）不仅外形独特，连设计也别具匠心。"Berg Oase"在德语中意为"山中绿洲"，因此整座建筑也和山体紧紧连接在一起。它坐落在当地著名的滑雪度假村 Arosa 上方 1800 m 的山腹中，整座建筑由钢架结构和玻璃照明系统组成建筑结构体，模拟着高低不平而又白雪皑皑的群山之巅，同时令人联想到大教堂的玻璃窗，顿时心中一片宁静。

水蓝色玻璃和白色花岗岩铺砌成的天桥连接着 20 世纪 60 年代落成的五星级度假酒店和这座属于新世纪的温泉建筑三楼的接待处。假如直接从温泉一楼进入的话，一条深沉的花岗岩楼梯同样会把人们带到三楼。

在温泉池内，充足的光线与开放的空间把人们引入一个宁静闲适的思想空间。与其说这里是一个温泉，不如说这里是一座能够让人进入自己的潜意识内，享受宁静的冥想的神圣殿堂。正如马里奥·博塔所说的那样："来温泉休闲的人往往不仅是为了令身体放松，同时也是为了让精神得到滋养。"到了夜晚，人工照明给温泉屋营造出一种梦幻的氛围。

内部空间分为四层，底层主要是健身设施，还配备了部分机械设施和衣柜，直接进入底层的客户可以在此更衣。第二层主要是设备区和治疗区，包括泳池和美容室、日光浴室、美发室、商店、卫生间和库房等。第三层位于楚根饭店和健身中心之间的玻璃步行桥上，包括接待区、员工空间、衣柜、卫生间和"桑拿世界"。第四层则是"水世界"，包括泳池、卫生间、休闲区和库房等。桑拿屋、日光浴室和泳池都可以通过外部的平台进入。

建筑师为求能够唤起人们对自然的共鸣，特别选用了一些传统的材料和设计元素，如墙身、地板、淋浴区和占地 5300 m² 的温泉池都选用了意大利 Domdossola 出产的白花岗岩作为铺设石材，选材考虑到耐久度、对大温差的适应度以及氯和消毒剂的化学破坏等因素。

图 2.260　西班牙巴塞罗那费拉双子塔 | 伊东丰雄，2003—2009

2003 年，伊东丰雄被挑选来设计巴塞罗那费拉区的新设施。他设计了两座高 110 m^[1] 相近的双子塔，一座呈圆形，另一座为方形。圆形大厦为酒店，有 24 层，345 个客房，9 个展台，酒店面积达 3.42 万 m²；方形大厦有 22 层办公楼，2 个可以出租的商铺和 1 个大堂。两座大楼的总建筑面积为 80108 m²。

费拉双子塔（Torres Porta Fira）每一座建筑都是一个独特的有机体，设计灵感来源于河流、云朵和其他自然形状。伊东丰雄表示，曾经设计过巴塞罗那最著名建筑的伟大的建筑师高迪给了他很大的影响。

酒店外观呈通体红色，红色的表皮材料是由无数根红色铝管光栅格围合而成，依 360 度方向将酒店建筑主体包裹其中。建筑主体并非规格的圆筒状，在建筑的上方，结构做了适度的改变，在视觉上让人们产生了似有扭曲的感觉，增加了建筑本身的层次感。建筑的圆筒形状使采光及景观设计成了建筑师首要考虑的问题，每层客房因旋转角度不同，从红色钢壳上开窗的位置也有所不同。而窗外的城市景观以及远处蒙锥克山上的白色奥运通讯塔也因不同的客房角度，给客人带来不同的视觉享受。圆形酒店旁的方形写字楼，是一座垂直玻璃箱型结构，两座楼仿佛一对兄妹站在一起。酒店外表柔美艳丽，写字楼则刚毅挺拔。酒店的外立面的图形被建筑师刻画在大堂的黑色墙壁上，若不细心观察，很难发现；建筑画的下方还有建筑师的签名。

伊东丰雄说："20 世纪的建筑是寡淡和抽象的。这种现象在世界各地都能看到。21 世纪我们应该重新思考，以新的方式来表现建筑。"

两座塔楼成为该地区最高的建筑物。这家酒店也将是巴塞罗那第二高的酒店。该建筑安装了节能装置，废水循环回收系统以及太阳能利用系统。

[1] 关于建筑高度的数值在各文献中都不相同，有说 113 m，也有说 114 m 和 117 m，本书按照伊东自己的文章所述为 110 m。其他的数据也有差异，由于差别不大，也许是设计时的数据和建成时的数据不一样，但它们都无伤大雅，就此做一说明。

图 2.261　格罗宁根门西斯大厦 | 希建筑事务所，2003—2006

门西斯健康保险公司位于格罗宁根市扩张的边缘欧罗巴公园处。12 层高的门西斯大厦（Menzis Office Building）分为 3 个相同的棱柱段，彼此相互旋转 90 度。每段的截面为 43 m×43 m，这样的设计，既有实用的考虑，也具有美观的形象。每段有 4 个楼层，其中插入中庭，由此产生了前庭的转动，形成了一个由内而外的动态转化。中庭处设有服务台、保险商店和医疗保健服务中心，3、4 层为会议室、图书馆、培训中心、礼堂和餐厅。内部有足够宽敞的公共空间，使人们的视线不受阻挡。围绕建筑有不同的梯田、水景、照明和花园，有助于建立一个愉快和轻松的氛围。建筑由希建筑事务所（de Architekten Cie）的布拉尼米尔·梅迪奇（Branimir Medic）和佩罗·布尤斯（Pero Puljiz）设计。

图 2.262　北京来福士购物中心 | 威尔·阿尔索普，2009

北京来福士购物中心（Raffles City）是英国建筑师威尔·阿尔索普设计的一个新的中资商场销售办事处，其中包括与展览空间结合的陈列室、办公室和会议室，以及 3 个提供零售、住宅、酒店及办公的楼塔。

北京来福士购物中心位于北京市东直门立交桥西南角、东二环的核心商圈地带，北临东直门内大街，东临东二环路，紧邻第二使馆区，周边遍布写字楼、大型购物中心、酒店和文化中心。项目占地 14686 m²，总建筑面积为 143865 m²，由 38665 m² 写字楼、40000 m² 零售商场、27000 m² 高档公寓、38200 m² 附属用房和停车场组成。凯德置地将其建成集高档公寓、商务写字楼、零售商场于一体的综合项目，其中地面建筑面积为 97665 m²，地下建筑面积为 40000 m²。建筑的斜对面为东直门交通交汇处，从这里可以直通新首都机场。来福士购物中心的发展将与地铁 B1、B2 线交汇。建筑沿着东直门方向有 105 m 长，沿二环路有 145 m 长。来福士广场的设计意图是促进和建立一个对用户开放、互联、安全、精彩、清晰、明了的设计方案。商场好似一件雕塑，5 个大楼围合在一起，商场的核心是玻璃的"水晶莲花"，与零售的两翼相通，它处于独立式结构建筑的最高处。这种"非建筑"玻璃体虽然普通，但可以促进形成一个自由流通环流，让所有的人都能够进行创造性的互动。

建筑师的目的是利用非反射"无色"高透明度、超清晰（低辐射）玻璃幕墙提供一个适宜的办公室环境。釉面板将有颜色的釉料图案自然地投射在玻璃面板上，创造出千变万化和充满活力的效果。

图 2.263　俄克拉荷马比赛中心 | 西萨·佩里，2008

俄克拉荷马州比赛中心（Oklahoma BOK Center），位于塔尔萨（Tulsa），拥有 19100个座位的多用途主场和 1 个室内运动与活动场地，场地内部设计适应美式足球、曲棍球、篮球、演唱会及其他类似活动，主大厅的地板为美国原住民的嵌入式水磨石地板，是极佳的比赛场。该建筑启用了 1.78 亿美元的公共资金和额外的 1800 万美元的私人资助。2005 年 8 月 31 日破土动工，2008 年投入使用。

设计马来西亚双子塔的建筑师西萨·佩里担任该项目的建筑设计，比赛中心是塔尔萨县 2025 年远景长远发展计划的旗舰项目。当地一家公司矩阵（MATRIX）建筑工程规划公司的建筑师和工程师也参与了该项目的设计。赛场由 SMG 进行管理和经营，他们将赛场命名为俄克拉荷马州银行，获得 1100 万美元的冠名权。

西萨·佩里回答塔尔萨市的官员说，这个比赛场地将是一个标志性建筑。为了实现这一目标，佩里研究了城市的文化和建筑主题，其中包括印第安、装饰派艺术和现代风格，在建筑物的外部利用旋转，内部大量使用了圆形元素。一个高 31 m、长 180 m 的标志性玻璃幕墙由 597 t 的镍板包裹了逐渐升高并有 5 度倾角的外立面。33000 块不锈钢板沿着螺旋上升的路径包绕着建筑。该建筑共使用了 35 万 m² 的外墙不锈钢板，7000 m² 的玻璃，23000m³ 的混凝土与 4000 t 的结构钢。可以毫不夸张地说，俄克拉荷马比赛中心是一个超豪华的比赛场馆，成为塔尔萨市的骄傲。

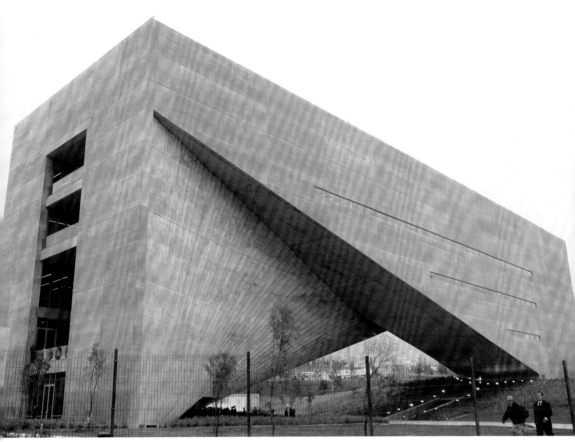

图 2.264　墨西哥蒙特雷大学罗伯托·加尔萨沙达中心｜安藤忠雄，2013

罗伯托·加尔萨沙达中心（Centro Roberto Garza Sada）是安藤在拉丁美洲的第一个项目。六层楼高的罗伯托·加尔萨沙达中心在巨大的矩形混凝土的腹部开了一个三角形切口。该建筑给 500 多名学习建筑艺术的学生和研究生提供了一个极好的学习空间，它同时表达了独特的美学品位，好像是继承了著名墨西哥建筑师路易斯·巴拉甘（Luis Barragán）的设计风格。

独特的建筑形式和简单的混凝土材料，却创造了一个令人印象深刻的空间。该建筑的一个阶梯环形底面构成了体育场般的大厅，在钢筋混凝土的墙体上开启了 6 个水平窗户，让充足的光线射进室内弯曲楼梯的各处空隙。该建筑好像为新一代拉丁美洲建筑设计师门开启了一座大门，为他们树立了一个样板。

安藤是著名的混凝土建筑的设计大师，早期有风之教堂、光之教堂和水之教堂等著名的混凝土作品。对安藤来说，建筑是人与自然之间的中介，是一脆弱的、理性的庇护所。他重复地再现"住吉的长屋"的风格，在这个设计中他在城市里建造了另外一个世界，人们的生活似乎又重回到大自然的怀抱。

图 2.265.1 奥地利林茨科技园 | 佳美建筑事务所，2012

图 2.265.2 奥地利林茨科技园

佳美建筑事务所（Caramel Architekten）的马丁·哈勒（Martin Haller）、冈特·凯芙儿（Gunter Katherl）和乌尔里希（Ulrich）设计了位于奥地利林茨市的奥地利林茨科技园（Science Park Linz）。它的设计独特，160 m 长的钢构让"机电一体化"（Mechatronik）大楼好似一座桥梁，有着弯曲的结构线条。它让人看到了满布的格栅，却与周围建筑结合在一起。基地所在的斜坡中间挖空，形成了地下室，让机电一体化楼与已建的大学建筑紧密结合起来。

林茨科技园的设立是为了吸引潜在的研究者和企业合伙者，这一目的在机电一体化楼的设计上有所体现。1.4 万 m² 的内部空间用玻璃间隔，让建筑内部也可以进行互动和交流。

林茨大学新建的三栋大楼各有特色，但是又互相联系，其中刚刚投入使用的二号楼是一个崭新的极其现代的科技园区建筑，这是一个配以高新科技设备的非常吸引人眼球的建筑设计。一号建筑的角度和弯曲相互交替互动，室外的壳体、室内的空间都顺畅地与结构延展，二号建筑也随之发生变化。从南侧看一号建筑的角度偏向左侧，而二号建筑则偏向右侧。屋顶首先呈现出向下的倾斜，但是到北侧时又慢慢向上倾斜。垂直的流通系统穿透上层空间，形成顺畅的交流空间，同时为内部引入充足的阳光。建筑外部柔和流动的曲线也在内部得到体现，并以双层高度的空间设置了灵活开放的布局。新建的楼群和学校原有的建筑和住宅以及周边环境之间建立了良好的互动关系，形成了新的大景观。

机电一体化楼的造价约为 2200 万欧元，形成广场的第一个边角。一旦其他边角建成，一座中央建筑将成为最后一个阶段的工程，总造价为 8000 万到 1 亿欧元左右。这是近年来该地区最大和最昂贵的工程。

作为利物浦的后继者，林茨市成为 2009 年的"欧洲文化之都"。因此，林茨市经历了大规模的改造，试图结合艺术和工业，并形成可持续的现代城市。科技园就是这种概念的一部分，无论从建筑角度还是功能来看都是如此。其他一些即将建造的工程包括多瑙河旁一座新的媒体艺术中心以及林茨堡的重建等。

图 2.266　德国布尔达博物馆 | 理查德·迈耶，2001—2004

德国南部疗养胜地巴登巴登（Baden-Baden），不仅有 1 世纪罗马人遗留下来的温泉浴室遗迹和欧洲最大的赌场，还有一位年逾七旬的老人，他为这座人口不足 6 万的小城修建了一座举世闻名的私人美术馆，并捐献了数以千计的西方当代艺术珍品，他的名字叫弗里德·布尔达（Frieder Burda, 1936 年—）。当人们和布尔达聊起艺术，他就像一个欢度圣诞的小孩，眉开眼笑，满面春风。人们会感觉到，往日的情景像走马灯一样在他的脑子里面飞驰。他希望能够在他的家乡建造一座博物馆，收藏他一生所收集的极为珍贵的艺术品。他在 1998 年组建了布尔达基金会，将全部资产注入其中，并为 3 年后开始修建的私人美术馆支付了 2000 万欧元，美术馆日常运作的支出也由该基金会支持。

新建的布尔达博物馆（Museum Frieder Burda）位于巴登巴登最著名的希滕塔尔林荫大道（Lichtentaler Allee），是巴登巴登王冠上一颗闪光的宝石。采光自然的博物馆建筑本身便是一个卓越的艺术品，它由世界著名建筑设计大师理查德·迈耶（Richard Meier）设计，于 2004 年开馆。

迈耶在设计布尔达博物馆时，考虑了博物馆周围的环境，一座玻璃天桥将布尔达博物馆与现存的艺术馆连接起来。在保证周边空间尺度的情况下，迈耶在设计布尔达博物馆时采用了德国表现主义设计手法。当然，迈耶在这座博物馆中融入他闻名于世的设计元素：几何造型、白色合金建材。博物馆分两层，展出了巴登巴登市温泉浴场以及疗养的历史：自古罗马时期起，经过 19 世纪成为世界浴场，一直到今天。玻璃展厅巨大的石质纪念碑、罗马时期和现代的塑料雕塑令人印象深刻，厅内展出的则是后巴洛克式的修道院雕塑。另外还有一些专题收藏：波西米亚玻璃制品、早期的玩具、钱币和特别的奖章。布尔达博物馆主要收藏 20 和 21 世纪的艺术品，它的建筑本身一方面要与原有的园林景观配合，另一方面又要与邻近的国立博物馆和谐共存，这无疑是摆在建筑师迈耶面前的一个课题。

这座出自美国著名建筑师理查德·迈耶手笔的建筑物，几乎能与古罗马人的温泉浴场齐名。用建筑师自己的话说："在这里，光线是最重要的建筑材料。"现代绘画关心的是绘画的结构，而当代雕塑要探究的是艺术与空间的关系，当代建筑关心的则是光线与空间、光线与人体之间的比例问题。迈耶大量使用玻璃外墙，增加室内自然光的照射。迈耶认为："自然光会跟随天气与季节的变化而相应改变，参观者在这样的环境中，能够更准确地把握作品原有的色调与气氛，就像当初艺术家在自然光环境中创作艺术品一样。"他还将布尔达博物馆与国立博物馆通过连廊连接，这不仅是建筑形式上的连接，更重要的是展览内容上的衔接：2009 年 11 月至 2010 年 3 月间，布尔达博物馆和国立博物馆联手举办了巴塞利茨从艺 50 周年大展，如此大规模的展览之前只在美国古根海姆美术馆（2004）和英国皇家美术学院举办过（2007）。

图 2.267 德国慕尼黑伦巴赫博物馆 | 福斯特 + 合作伙伴，2013

福斯特 + 合作伙伴完成了德国慕尼黑的伦巴赫博物馆（Lenbachhaus Museum）的改造工程。博物馆的历史建筑原建于 1891 年，除了整修，还将新建一座附楼。整修后建立了新的入口空间，并穿越一座新的景观广场。此外还有餐馆、露台、教育空间以及一座设有售票厅和信息咨询处的中庭。这座增建的侧楼被构思成一个"珠宝盒"，用来存放馆内的珍贵品。侧楼外部镀上一层铜铝合金，借助合金的颜色，将别墅原先明亮的橘黄色调用一种现代风格的设计再现出来。在室外通道的更新方面，主要是使庭院恢复使用，并对广场和人行道进行了新的设计，这样就更好地将新建筑和早已作古、无法呈现出真实原貌的历史建筑连接在一起了。供暖和制冷都是通过地板内的水基系统实现的，再加上雨水收集系统、低能耗的自然光照明措施，使得博物馆成为该城市的一座环保型建筑。

福斯特爵士说："我们遇到的主要挑战是，必须要在保持馆内展区数量不变的前提下，创造出新的通道和游客活动空间。由于馆内各个部分都经历过演变，所以要注意的不只是一些特定的地方——每一个角落都是独一无二的，都需要特殊的关注和不同的设计决策。这是一个美妙的过程。我们设计中的另外一个很重要的方面就是为艺术作品的展览创造新的机会，让它走出传统美术展厅的范畴，如在中庭内展出。在这个空间里衍生出了'都市空间'（Urban Room）的概念——它是博物馆的公共与社会属性的中心，也是与更为广阔的城市接轨的场所。"

图 2.268　英国皇家空军博物馆冷战展馆 | 费尔登·克莱格·布拉德利工作室，2006

考斯福特皇家空军博物馆（RAF Museum Cosford）新建的 8000 m² 的冷战展馆大楼（National Cold War Exhibition）由两个不同的三角形体量互相交汇，高度有 30 m，两个三角形的顶部相交，形成一条笔直的屋脊。这两个对立的三角形在连接处变形扭曲，连成一体，创造了有 130 m 长的边缘，两个大体量的三角形表示冷战时代的两股对立的庞大的军事势力。巨大的翼向前伸展 50 m，可以将飞机收在屋内，也提高了博物馆的品位。2007 年 2 月 7 日，英国前首相撒切尔夫人参观了冷战展馆。英国政府为冷战展馆共投资了 2500 万美元。冷战展馆令人注目的展品包括 1948 年至 1949 年柏林空运行动中使用的飞机、二战后的轰炸机和喷气式战斗机，展品还包括有关冷战"铁幕"前苏联集团、古巴危机、导弹和太空竞赛的展品。该建筑获 2007 年英国皇家建筑师学会奖，由费尔登·克莱格·布拉德利建筑事务所（Feilden Clegg Bradley Studios）设计。

图 2.269.1 悉尼布莱街 1 号 | 英恩霍文建筑 图 2.269.2 悉尼布莱街 1 号的楼顶花园
事务所，2011

布莱街 1 号（1 Bligh Street）由德国英恩霍文建筑事务所（Ingenhoven
Architects）设计。该建筑位于悉尼市中心，2011 年 8 月 30 日落成，由澳大
利亚总理亲自揭幕，并被首次授予澳大利亚"绿星"和"6 星级世界顶级办
公楼"的称号。这座 30 层高的办公楼高 139 m，建筑面积 42700 m²。它的
形状来自于对竖直视觉通廊和日照辐射的研究。拥有椭圆形塔楼平面的透明
办公楼可以将悉尼港的美景一览无余。底部的公共广场成为悉尼最具吸引力
的城市空间，底部两层是新增加的咖啡厅和幼儿园，它们活跃了空间氛围。
办公楼内部有一座通高的中庭，可以带来自然采光和自然通风，若干阳台面
向中庭布置，内部的玻璃观景电梯使通往办公室的旅途变得更加有趣而愉快。
建筑的另一个特色是可以欣赏到港口景色的室外屋顶平台，它们分别位于转
换楼层 15 层和屋顶的 28 层。这座建筑还是澳大利亚第一座同时拥有双层玻
璃幕墙和自然通风系统的办公楼。大楼的能源系统结合了制冷、供热和发电，
真空太阳能收集管可以在基地上自行储存电能，大楼地下室有独立的水源净
化设备，可以用来进行水资源的回收、净化和供给。300 个自行车位及配套
的淋浴设施，从而使通勤方式更加环保和低碳。该建筑荣获 2012 年度亚澳
最佳高层建筑奖。

图 2.270　美国 MGM 幻影城市中心 | 丹尼尔·李伯斯金，2009

这座被称为"水晶"的城市中心是座竖向的垂直城市，坐落于俗称拉斯维加斯大道的精华地段，在贝拉齐奥和蒙特卡罗度假中心之间，由美国博彩集团米高幻影公司（MGM Mirage）和迪拜世界共建，是美国历史上非政府投资的最大规模建筑。城市中心不仅在建筑形态上标新立异，同时也是一座绿色城，一切从节能、环保、人性化出发，得到美国 LEED 认证，这里居然还拥有自己的发电机组。城市中心包括 2700 套私人住宅，2 个有 400 个客房的精品酒店，1 个巨大的 60 层、4000 个客房的度假赌场酒店和零售与休闲设施。城市中心的总裁兼 CEO 鲍比·鲍德温（Bobby Baldwin）这样描述他们的雄心壮志："城市中心将是一个不断进步的旅游胜地，我们的目标是把拉斯维加斯转变成以它为中心的一个新象征，就像毕尔巴鄂的古根海姆博物馆、巴黎的蓬皮杜美术馆或柏林的索尼中心广场。"这似乎也不是遥远的梦想。人们似乎已经习惯，将丹尼尔·李伯斯金的名字和一系列历史意味浓厚的纪念性建筑相连——柏林犹太博物馆、美国旧金山犹太博物馆、英国曼彻斯特帝国战争博物馆、以色列特拉维夫的展览中心等。他似乎永远也无法摆脱大屠杀的阴影，热衷于建造支离破碎的建筑。但如今，李伯斯金接手的建筑正逐渐多元化，除了纽约世贸中心的重建计划外，新近竣工的拉斯维加斯的城市中心零售和公共空间综合体项目"水晶"亦是其建筑生涯中的新一轮探索。本节图 2.158 所示华沙 Zlota 44 大厦也反映了李伯斯金设计风格的变化。

图 2.271.2　多尔德大酒店与古堡相映生辉

图 2.271.1　瑞士苏黎世多尔德大酒店 |
诺曼·福斯特 + 合作伙伴，2008

多尔德大酒店（The Dolder Grand）位于苏黎世湖上方的阿尔卑斯山上，是瑞士唯一一家入选"全球最佳新酒店"的酒店，该项目是福斯特事务所"多尔德堡"（Dolderberg）总体规划的一部分，包括高尔夫球场、网球场、溜冰场、雕塑公园和水疗大楼等，水疗大楼内设有一个全新的面积达 4000 m² 的水疗中心。酒店的新建建筑将使接待能力翻一番。多尔德历史悠久，堪称为苏黎世地标，此处可将城市景致、湖泊及阿尔卑斯山脉风光一览无余。大酒店内设 173 间极豪华的客房及套房，各房间分布于别具历史色彩的主楼及两座新翼楼，包括高尔夫球场和水疗大楼。

多尔德大酒店采用的能源供应系统以创新理念为基础：400000 m² 的地热存储系统满足了绝大部分的供热和制冷需求。70 个地热水管（每个长 152 m）埋在新建楼宇的地基下面。夏天，探针阵列用于为所有房间提供舒适宜人的冷气；而在冬天，它又能够将地热存储系统的热能供应给供暖系统。浴室与厨房用的热水大约占了总热能需求量的一半。多尔德大酒店的内部看上去也非常宏伟壮观：传统设计元素和工艺与先进材料及暖色方案完美融合在一起。新的"温泉空间"和"高尔夫球场"依偎在古老的主楼边，讲述着酒店的过去和未来。

图 2.272.1　葡萄牙维亚纳堡文化中心 | 爱德华多·索托·德莫拉，2013

图 2.272.2　葡萄牙维亚纳堡文化
中心内部

位于利马（Limia）河入海口的葡萄牙维亚纳堡文化中心（Cultural Center of Viana do Castelo），历时五年建设，直到 2013 年 7 月 14 日方才对外开放，该建筑由普利策奖得主葡萄牙建筑师爱德华多·索托·德莫拉设计，使用面积 8706 m²。三层高的建筑有着机器般的结构，建筑外面有铝制的各种管道和构筑物，建筑师将内部的设备放在了这里。该建筑作为一种多用途的文化和体育活动设施，加入到由贵尔南多·塔沃拉设计的休闲中心和阿尔瓦罗·西扎设计的图书馆的建筑群中。建筑北侧有一个绿树成荫的广场。建筑就像一只停泊在海边的船，外墙上面的管道，好像引用 20 世纪 50 年代建造的以吉尔·艾安丝[1]名字命名的医院船。该建筑现在作为博物馆使用，地下室为大型多用途大厅，周围是木制看台，三楼为行政办公区。从一楼入口和观景廊以及沿岸的窗口能够欣赏利马河与大海的美景。

[1] 吉尔·艾安丝，Jill Eannes，15 世纪葡萄牙航海家和探险家。

图 2.273　首尔黄钻楼｜三井顺建筑事务所＋正韵生同建筑工作室，2007—2010

黄钻楼（The Yellow Diamond Building）位于首尔由几所大学所包围且最具活力的三角区，不羁的艺术表现吸引了大量的顾客。黄钻楼外观使用直角金黄色釉料图案的玻璃，代表着一种独特的宝石面。当游客从任一方向接近时，都会看到一种变化的火花似的图案，享受着一瞥所见的零售空间。黄钻楼由三井顺建筑事务所（Jun Mitsui & Associates Architects）和正韵生同建筑工作室（Unsangdong Architects）共同设计。

图 2.274.1 挪威国家石油公司区域和国际办公大楼 | 实验建筑工作室，2012

图 2.274.2 挪威国家石油公司区域和国际办公大楼的高科技玻璃屋顶棚

挪威国家石油公司是一家挪威能源生产商，在全世界以收入财富排名的 500 强公司中位列第 57 名，共有大约 30000 名员工分布在 37 个国家，其中有 2500 名目前就工作在这座独特的办公大楼内。人们在这里不但可饱览附近公园的壮观美景，也能俯瞰美不胜收的奥斯陆峡湾。

国家石油公司区域和国际办公大楼（Norway Statoil Regional and International Offices）由 5 个矩形长条办公楼组成，下层的 2 个长条平行安置，它的上面沿着垂直方向置了另 2 座矩形长条，组成了一个有些变形的"井"字。在最上层，沿着对角线再叠上一个矩形长条办公楼。办公楼建筑面积为 117000 m²，每个楼层都有 3 层楼高，长 140 m，宽 23 m。模块的取向各异，这是为了使室内获得最优化的采光条件与俯瞰峡湾的最佳视野。建筑内部有一个公共中庭，以一个"城市广场"衔接起一楼的众多社会功能区域。

办公楼的建筑设计借鉴了石油行业本身的建筑形式与技巧，钢结构上部构造使不同的模块都能悬挑长达 30 m。逃生楼梯与建筑设备都集中在 4 个巨大的混凝土核心筒内，这些核心筒也使上部构造更加稳固。立面由大约 1600 件预制构件组成，结合了窗户、保温隔热层和遮阳层。这是一种非常节能的解决方案，在整个立面上都没有留下明显的固定件。中央大厅上方覆盖着"螺旋桨形状"的高科技玻璃屋顶，在斯堪的纳维亚半岛首次采用此类屋顶。这个几何体可以被形容为一个"肥皂泡"，以最小的表面积来封闭模块之间的体量。由于还要考虑到雪荷载，因此这个玻璃屋顶成为整个项目中最艰巨的挑战。

据估算，该建筑每年的能源使用量仅为 103 kWh/m²。为实现这一目标，实验建筑工作室（LAB Architecture Studio）采用了一些方法，譬如使用远程控制集中热源中的热能，使得 85% 的能源可回收，当然，还包括绝缘性能良好的密封表皮：三层玻璃立面面板 U 值[1]为 0.6，再加上构造的气密性，都促使建筑物实现了非常低的能源消费值。该建筑获得 2013 年世界建筑奖。

[1] U 值表示传热的参数，是指在稳定传热条件下，围护结构两侧空气温差为 1 度（K、℃），1 h 内通过 1 m² 面积传递的热量，单位是瓦/（平方米·度）[W/（m²·K）]，此处 K 可用℃代替。

图 2.275.1 伦敦阿尔比恩河滨公寓 | 福   图 2.275.2 阿尔比恩河滨公寓临河的一侧
斯特建筑事务所，2003

这座由诺曼·福斯特爵士设计的现代化的混合型豪宅阿尔比恩
河滨公寓（Albion Riverside）受到广泛的称赞，顶层及带有扶
手的玻璃阳台和标准长度的滑动玻璃板，可以饱览伦敦天际线、
泰晤士河和切尔西堤岸的动人景色。楼高 10 层，上面的楼层含
有私人公寓，有 1 ~ 4 个卧室规模不等，围绕 4 个垂直循环核
心安排。室内的滑动隔板可以让业主根据需要创造敞开式或闭
合式空间，阳台也非常开阔，适合户外用餐。面对河岸的一侧
为弯月状，两侧的大体量"臂"向内弯曲，围合成一个广场。
该建筑堪称英国高端住宅的又一代表性作品。

图 2.276　纽约库珀广场 41 号 | 莫菲西斯建筑事务所，2009

库柏联盟学院（Cooper Union）是位于纽约市曼哈顿地区的著名私立大学，亦为美国境内少数能提供全部学生全额奖学金的院校。校舍位于曼哈顿东第三大道及第六、第九街之间的阿斯特广场（Astor Square）及库柏广场（Cooper Square）旁，是由 36 所院校组成的独立艺术与设计学院联盟（Association of Independent Colleges of Art and Design）的成员之一。

库柏联盟学院的新教学大楼——库柏广场 41 号（41 Cooper Square），既是透明也是隐藏的。它为实验室、办公室和工作室提供高效的工作空间，同时也留出大量闲置空间。虽然由标准化部件建造而成，但却常有出人意料之处。总之，它有着双重性格，或许这就是它的魅力所在。当然这些矛盾也可能是它们过分强调建筑的公共空间而带来的副作用。

莫菲西斯建筑事务所的建筑师们汤姆·梅恩 + 格拉森·赛姆腾（Gruzen Samton），面临着新的挑战，那就是，怎样去营造一个值得一去的空间，就是打造一个学生们在下课后愿意停留的地方。梅恩的答案是在大楼的心脏地带雕刻出来一个高耸的中庭，他希望这种"垂直广场"设计下的走廊、休息室、会议室和阳台，能给学生们带来邂逅和偶遇。虽然，实验室和办公室跟室外混为一体，几乎难以分辨，但是西边的一部电梯勾勒出了 9 层高的公共中庭的轮廓。在底层，薄薄的铠甲般的裙板被环绕支撑起，露出内部的大厅、公共美术馆、活动空间和零售店铺。"很多人只看到它的不同之处"，大楼设计师梅恩说，"而我认为这是和这个地方的特殊本质紧密联系的"。他解释说，设立西边电梯的灵感来自于纽约城蓬勃的活力以及库柏广场上生长着的树木。此外，新大楼的高度与老楼相近（41 m），并朝向面街的入口。大楼内部，地面是简单的混凝土，天花板是模块化墙板系统，和外饰的装修风格一致，但能调节冷热，也足够灵活，便于维修改造。总体而言，实验室和工作室是简约主义的例证。

一个扭曲的格子架在中庭四周并在顶上盘旋，搭建出一个巨大的骨骼。这个以钢管组成，外裹 GFRG 壳[1]，由计算机建模的"超级网格"，是历时一年并由手工安装而成。它是高科技和手工技术的完美融合。它们可以移动，没有什么实效，但很有乐趣。

[1] GFRG 是英文（Glass Fiber Reinforced Gypsum）的缩写，中文叫玻璃纤维增强石膏，是由高强石膏粉（α 石膏）为基料，与专用连续刚性的增强玻璃纤维、符合其要求的多种添加剂，在模具上经过特殊工艺层压而成的新型造型材料。材料表面白度高，环保安全，不含任何有害元素，高质量的成形表面有利于任何涂料的喷涂，形成极佳的装饰效果。

图 2.277.1 华盛顿中国驻美大使馆新馆正面 | 贝建中 + 贝礼中, 2004—2008

图 2.277.2 华盛顿中国驻美大使馆新馆侧面

由贝聿铭之子贝建中和贝礼中设计的中国驻美大使馆新馆（China's New Embassy in U.S.）代表了中国崭新的国际形象。占地 10760 m² 的建筑群刷新了美国国内规模最大的外国使馆的新纪录。凡纳斯街北侧，与大使馆隔街相望的是华盛顿特区大学，周围则是新加坡、以色列、孟加拉国、尼日利亚等国的驻美使馆。在这个高楼罕见的区域里，中国驻美大使馆新馆颇有地标建筑的风范。

新大使馆的"贝氏"设计风格十分明显。宽阔的入口大厅，有多重天花板、带棱角屋顶的正门主建筑不由令人联想起出自贝聿铭之手的苏州博物馆新馆，苏州博物馆新馆中央大厅主庭园被切割成条状的片石假山群这一设计元素也被巧妙地嫁接到了大使馆的露台上。新馆的屋顶既有三角形，又有正方形，除去屋顶高处的正方形暗示着长城的烽火台，其总体设计并没有明显表达中国文化元素。新馆占地面积近 1.1 万 m²，其办公楼地上地下共有 8 层，礼堂可以容纳 200 人，会议室宽敞明亮。墙壁由从法国进口的石灰岩建成，地面铺的是从中国运来的花岗岩，院子里是传统的中国岩石园。

根据贝建中的说法，中国政府对设计只有一个具体要求，就是"传达中国的重要性，以及体现中国在当今世界所处的位置"。他表示整个建筑群是"遵循中国建筑的基本原则进行的，但采用了现代的表现方式"。贝建中表示，他们两兄弟在设计过程中也曾征询过父亲贝聿铭的意见。

图 2.278.2 伦巴第政府大楼广场曲线裙楼

图 2.278.1 意大利米兰伦巴第政府大楼｜贝聿铭＋科布等，2013

2013 年，由贝聿铭（Ieoh Ming Pei）和亨利·科布（Henry N. Cobb）设计、位于意大利米兰的伦巴第政府楼（Palazzo Lombardia）被授予欧洲最佳高层奖。这栋 40 层高的摩天大楼与著名的 Galleria 拱廊[1] 遥相呼应。设计者的理念是力图凸显建筑本身的象征性和功能性，使大楼本身与米兰及伦巴第大区的城市环境融为一体。新政府大楼主要组成部分包括：160 m 高的办公楼、38 m 高的办公楼、玻璃办公楼封闭的中央广场、多功能礼堂、展览空间及餐厅、公园、其他公共空间、地下停车场。值得强调的是，新政府大楼还是一座具有可持续性的典范建筑，应用了多种创新的生态设计理念，其中包括：双层气候墙、绿化屋顶、应用地下水的加热泵等。

建筑蜿蜒的造型让人想起附近的山峦、峡谷和河流。曲线造型可适应内部功能的转变，并配合地区不断增长的组织结构。除了作为地区总部，建筑还为市民提供了公共活动设施。在大楼前面 7 ~ 9 层的位置，有一个封闭的两头尖的"梭形"中央广场，它的顶部盖着 ETFE 膜，重现了米兰著名的大拱廊。同时还有 3 个曲线建筑楼围合了 2 个开敞的空间和景观公园带连接，这里有许多文化和商业设施。组委会委员安东尼·伍德（Antony Wood）说，这不是一栋简单的高楼，而是一栋巧妙运用当地有利条件并且融合了公园和商业空间的建筑。

[1] 埃玛努埃尔二世拱廊（Galleria Vittorio Emanuele II），位于米兰大教堂广场的北面（面对大教堂的左边方向）。拱廊呈拉丁十字形，南北长 200 m，东西宽 100 m，于 1877 年建成。这座拱廊是米兰市中心最大的文化、商业和休闲中心。埃玛努埃尔二世生于 1820 年，逝于 1878 年。

图 2.279.1 罗马奥古斯都和平祭坛博物馆 | 理查德·迈耶，2006

图 2.279.2 奥古斯都和平祭坛古迹

位于罗马市中心的和平祭坛博物馆（The Ara Pacis Museum）是自 20 世纪 30 年代以来第一座具有一定主题性并能充分体现现代建筑艺术的博物馆建筑。事实上，和平祭坛博物馆是一座具有考古和纪念意义的文化建筑，它主要容纳以奥古斯都和平祭坛为主的以及在其陵墓周围考古发掘的遗迹。奥古斯都和平祭坛是从西班牙和高卢凯旋归来的奥古斯都（Augusto）皇帝的祭坛，罗马参议院为纪念和平于公元前 13 年兴建。奥古斯都和平祭坛是以纪念碑中近 3/4 的大理石碎片为材料建造的，从 16 世纪开始又被重修，在纳粹时期被安放在一座由维托里奥·穆尔普格（Vittorio Morpurgo）设计的建筑之上。被修复的部分又被用混凝土重新修缮，于 1938 年 9 月 23 日，在罗马奥古斯都大帝的陵墓遗址处为该宏伟建筑举行了开幕典礼。

和平祭坛博物馆的设计任务是在没有竞争的情况下交给迈耶的，迈耶的设计中体现了两个重要的目的：一方面要有利于保护和平祭坛的雕刻部分，另一方面则有利于增强人们对罗马这座城市的了解。首先，博物馆空间内的互联性与第一个目的有关：入口处由石灰华大理石铸起的围墙，将建筑与其内部陈列的内容相分离；与此同时，大块的立面相互交叉，增强了相互之间的透明度，而出入口的位置则有利于引导人们参观。博物馆建筑与道路相连与第二个目标的实现有关，其体量的大小、规模是根据圣洛可（San Rocco）教堂的立面大小而设定的，从而保证与周围景观的融洽与和谐，也在一定程度上延续了城市文脉。从另一个角度来说，迈耶将和平祭坛博物馆与台伯河（Tiber）沿岸与码头相连，目的是激发未被挖掘的城市活力。这样，博物馆就成了广场、考古现场和河流之间强有力的纽带。

图 2.280.1　东京新宿蚕茧大厦 | 丹下健三 + 丹下宪孝，2008

新颖的高层建筑蚕茧大厦（Cocoon Tower）由著名建筑师丹下健三（KenzoTange）与儿子丹下宪孝（Noritaka Tange）共同设计，占地 5172 m²，楼高 203.65 m，是一座 50 层的大厦。建筑造型呈长卵形，被称为"蚕茧大厦"，并以其独特的设计获得恩波利斯（Emporis）年度摩天楼奖。大厦内包含东京时尚学校、数码学校和医学护理学校 3 所教育机构，可供 1 万名学生使用，堪称垂直校园。其中设有 3 层中庭和多功能的走廊，以利于学生相互交流。设计者围绕着核心筒旋转 120 度排列 3 个教室区，流线型结构功能简单而合理。除了有宽敞的教室，一些楼层还有空中庭园，让人毫无置身摩天大楼的感觉。大厦内的设施如餐馆、咖啡厅、书店以及各种店铺的设计都以"时尚"为主题，走入其中宛如来到一个前卫的未来世界。2009 年该建筑获得日本最佳设计大奖。

图 2.280.2　蚕茧大厦局部

浅草文化旅游信息中心（Asakusa Culture Tourist Information Center）位于东京最繁忙的一个地区——古老的浅草佛寺附近，建筑面积 2159.52 m²。建筑需要容纳各种项目元素，包括旅游信息中心、会议室、多功能大厅和展示空间。建筑的楼层设计类似于许多斜屋顶下的小公寓，外表由木格栅包裹，垂直地堆砌排列，过滤、柔化自然光线。建筑内包含不同的活动，创造出新的剖面，颠覆了传统的层次关系。不同的斜线式的空间在屋顶与地板之间形成，通过这种方法，大楼在高度有限的情况下实现了巨大的空间体量。另外屋顶不仅分隔结构，形成8个单层的单元，同时还定义每个不同楼层的角色。一二层有中庭和室内的楼梯，这样创造出一种两个屋顶的秩序感，六层最大限度地利用倾斜的屋顶，以形成一种台阶式的空间，从而用做剧院。因为屋顶的角度向一侧偏斜，楼层的高度也不一样，每层都与室外形成不同的关联，从而使每个空间均有独特的感觉。

图 2.281　东京浅草文化旅游信息中心 | 隈研吾建筑事务所，2012

图 2.282　斯洛伐克翁戴·尼巴拉冰球馆 | 菲舍尔建筑事务所，2011

菲舍尔建筑事务所(Fischer Architects)设计翁戴·尼巴拉冰球馆(Ice Hockey Stadium of Ondrej Nepela)的目的是重建布拉迪斯拉发原有的体育馆，并进行扩建，以满足这类设施的服务需求，提升举办国际体育赛事或文化活动的可能性。这个地方有着悠久的历史，也培养出了众多捷克斯洛伐克冰球运动员和花样滑冰运动员。很长时间以来，这座体育馆都是成功、胜利和国家荣耀的代名词。因此，重建工作的目标非常明确——让这个特殊的场地重现昔日的辉煌，并为冰球及冰球文化建立国际立脚点，使得本国的人民能够以此为荣。客户的目标是建立一座体育馆，能够举办 2011 年的世界冰球锦标赛。影响城市规划和建筑规划的主要因素是体育馆的地理位置，在过去的几十年中，它经历了从城市外围到城市扩张后变成城市中心的转变。该场地所蕴含的辉煌历史以及它与这座发展中的城市紧密相邻的地理优势，都为在体育馆和城市之间建立新型的依存关系创造了条件。

图 2.283.1 德国 PALON 研究体验中心 | 霍尔泽·凯柏勒建筑事务所，2013

图 2.283.2 德国 PALON 研究体验中心的表皮

PALON 研究体验中心从这片低矮的丘陵地带里密密麻麻的草丛中稍稍露出。这栋三层楼里伸出几条路，将草地划分成了几个风景区，迂回曲折的道路系统，好像是衔接周围环境的神经元。从远处看，古生物研究所好像隐蔽在草丛中，这是对于景观的超现实主义的抽象表达。

PALON 研究体验中心抛光的金属表皮映照出了周围的草地和森林，以及天空中飘过的朵朵白云。建筑立面锐利的大型切口，映射了周围各个角度的美景，有考古学家挖掘出了古代的长矛，还能看到远处的褐煤矿坑、附近的森林、在草地上放牧的蒙古马。建筑表皮如同长矛刺入马匹的皮肤一样，从形体语言上表现了一种动态美。建筑内部抽象的切口也反映了附近露天矿山的开采痕迹。于是建筑成为人造景观（指露天矿坑）和自然景观之间的一种媒介，成为场地的一个标志物。建筑位于舒宁根（PALON）的心脏地带，体验展览中令人难忘的图像。新发现的 30 万年前的动植物和直立人，好像在与访问者对话，使人联系到当前严重的环境和可持续发展等主题。

展厅内部的环形通道始于建筑三层的门厅，在这里，建筑内外的景致一目了然。高敞的空间创建了从研究与展览区一楼和二楼的褐煤矿坑的风景眺望视轴。从这里可以通往各个功能区，如展厅、教室、行政办公区、餐厅或商店，这里既是起点，也是终点。门厅还通过涂漆的地质剖面和考古挖掘层模型将人们带回到史前时代。

中央展区的展品被设计成白色雕塑形结构，其形式与马的骨骼依稀相似。一排间隔的主题小屋，通过放大和抽象构成了特别生动的元素，与大型艺术品在展览馆交替出现。摆放长矛的陈列室展示了从石器时代开始的全世界的独特木质长矛，这是展厅的重心。最后是全景电影放映，让人从视觉上体验 30 万年前的世界。在离开主要展览空间后最后又回到了高高在上的门厅，这里在展示舒宁根目前的考古发掘和研究工作。在设计研究体验中心的户外空间时，设计师往景观中引入了两种互补的形式语言，两者在功能和形式上的差异回应了新建成的公园景观和公园入口、聚会区中展示的远古时期冰川的自然风貌。同时，公园景观又对建筑产生了影响。在东侧，茂密的森林将很快覆盖了建筑基地面积的一半。在西侧及周边地区，PALON 研究体验中心延伸入斑驳的森林、草地和湖边，这里也适合圈养蒙古马。弯弯曲曲的通道，将游客引向了特殊的观景点，也与建筑内容形成了连接。

PALON 研究体验中心一建成就受到了业界广泛的关注，这在于建筑生动地表现了人与自然的关系。一个研究几十万年前古生物的建筑，却以最前卫的方式展示在世人面前，这两者本身就产生了强烈的反差。再者，这所前卫建筑居然完美地溶解在大自然中，从远处看，就像落在地上的一面镜子，没有突兀不逊的感觉，使人们愿意主动靠近它，这也是霍尔泽·凯柏勒建筑事务所（Holzer Kobler Architekturen）最大的成功之处。

图 2.284.1　阿布扎比安巴尔塔 | 凯达建筑事务
所，2008—2012

图 2.284.2　安巴尔塔的三角形花纹遮阳板开启
的状态，每个三角形都涂有玻璃纤维

安巴尔塔（Al Bahar Towers）高 145 m，精心设计的外立面，将建筑的热吸收降低 50% 以上，每年减少碳排放达 1750 t。阿布扎比的温度常常会在 38°C 以上，因此要想保持建筑室内凉爽是一项重大挑战。阿布扎比不但气温高，还极少下雨。在这种极端天气条件下，凯达建筑事务所（Aedas Architects）的建筑师阿布丢麦基·凯拉诺（Abdulmajid Karanouh）将环境设计列为首要任务。传统的阿拉伯格子 Masharabiya 遮阳屏风作为一个幕墙，在 2 m 外的建筑物外墙上形成一个独立的框架，并按照计算机程序计算随太阳移动而转动，从而减少太阳能引起的室内温升和眩光。到了晚上，所有的屏幕都关闭。据估计，这样的屏风将减少 50% 以上的太阳辐射热，并减少建筑物内引流空调的使用时间，加上在阴影处可以遮挡光线，使得建筑师对玻璃有多样性选择。屏风允许使用更多的自然着色玻璃，并不需要太多的人工光，从而有更多的室内亮度和更好的视野。在世界顶级建筑师组成的世界高层都市建筑学会发布的 2012 年世界最佳高层建筑中，该建筑获得"创新奖"。

图 2.285　布加勒斯特联合信贷银行总部 | 西四建筑事务所，2012

任何大公司都想拥有一栋具有代表性的总部大楼，提升其作为城市重要社会机构的形象，因此本项目的一大挑战就是以建筑设计的方式来实现银行的愿望。联合信贷银行总部（Unicredit Tiriac）试图以简洁的姿态脱离传统意义上的银行外观，因此采用更为复杂的建筑设计方法。项目位于 Expozitiei 大道，与相邻的城市门塔（Gate Tower）面临相同的场地问题：一个是坐南面北的朝向，正好处于城市的入口；另一个要处理与罗马尼亚国家展览馆的关系，这也是该地区主要的三维空间。虽然门塔采用二元性和轴向全景的设计手法来处理这些关系，但是联合信贷银行总部大楼却采用转化与移位的方式。这样一来，建筑物在室内中庭和室外带顶篷的入口广场均创建出宽阔的空间，钢结构与外层围护结构成为建筑塑造自身形体的工具，从而使建筑成为该地区的地标。总部大楼以宏伟的外形面对着城市的主要道路与纪念碑，创建出具有鲜明对比性的公共空间，从而使自己成为城市的一员。该大楼建筑面积 17000 m²，由西四建筑事务所（Westfourth Architecture）设计。

图 2.286　比利时哈瑟尔特法院大楼 | J. Mayer H. 建筑事务所 +a2o 建筑事务所 +Lens° Ass 建筑事务所，2013

哈瑟尔特法院大楼（Hasselt Court of Justice）所在地原先是一座火车站，在 West 8 事务所制定的总体规划中，这个地块被重新建造成公园、公共建筑、办公楼和饭店以及城市住宅区等。该项目曾经在 2005 年的国际竞赛中获得过一等奖，由 J. Mayer H. 建筑事务所（J. Mayer H. Architects）、a2o 建筑事务所（a2o Architects）和 Lens° Ass 建筑事务所（Lens° Ass Architects）三家事务所联合设计。新的法院大楼无疑是这个新区的一个清晰的城市标志性建筑，其设计理念很像是哈瑟尔特的榛子树的树权，建筑理念源于三个相互关联的因素：（1）曾经在这个城市中兴起过的老的钢铁工业生产的钢结构。（2）比利时新兴的有机艺术形式。（3）榛子树的枝干。所有这三者都反映在建筑的肌理上，并暗指了中世纪历史中在榛子树冠下进行的法律审判。新的法院大楼是一座开放式的透明建筑，有着直接的公共路径。为了满足物流需求和安全保障，建筑分为三个相互连接的区域：法庭、大学图书馆和办公楼。全景餐厅坐落在 64 m 的高处，能够俯瞰哈瑟尔特及其周边的景色。

图 2.287.1　名古屋 Mode 学院螺旋塔 | 株式会社日建设计，2004—2008

图 2.287.2　名古屋 Mode 学院螺旋塔塔顶

Mode 学院螺旋塔（Mode Gakuen Spiral Towers）坐落于名古屋繁华的主干道上，缠绕在中心柱体周围的三座螺旋状侧楼分别是构成了 Mode 学院的时装、计算机、医疗三所职业学校。螺旋状的形体既是广告设计，也是时尚设计，其外观呈现出扭曲的剪影式建筑，内部合理地容纳了各类教室。

为了体现时装设计学校的特点，建筑造型通过 3 片扇形的翼翅状楼层空间围绕着中心的椭圆形的核心轴盘旋上升而成。每上升 1 层，扇形楼层的地板面积缩小 1%，且在位置上围绕核心筒楼作 3 度的逆时针方向旋转。3 片扇形楼层盘旋上升最终形成 3 片高度不同的幕墙，3 个叶片的网格层为：低层 26、中层 31、高层 36，使建筑在不同的街头视点会呈现出不同的模样，演绎出女式长裙般柔和的剪影效果。由于形状比较复杂，该建筑的设计与施工可以说是由高度先进的 3DCAD 解析技术与大林组（日建的一个设计组——作者注）长期积累的工匠技术相互融合的结晶。幕墙单元由 4 个三角所组成的平行四边形构成，由于旋转这个平行四边形会发生角度变化，结果需要角度各异的 2310 个幕墙单元才能完成全部幕墙覆盖。

为了优化这个超高层学校建筑的独特个性，安置了落地全景窗以获得开阔的景观和充足的自然光。另一方面，通过双层玻璃的使用以减少大面积玻璃幕墙带来的过量热辐射，同时，双层呼吸玻璃幕墙通风系统通过循环空气夹层中的空气来隔绝来自外界的热辐射，因此，空调系统的能耗也得以降低。该建筑地下 3 层，地上 36 层，屋顶 2 层，每层高 4.1 m，建筑高度 170 m，由日本株式会社日建设计（Nikken Sekkei Ltd.）的建筑师山脇克彦设计。

图 2.288　悉尼新麦格理银行 | 威尔金森建筑事务所 + 贝格事务所，2009

2006 年克莱夫·威尔金森建筑事务所（Clive Wilkinson Architects）和伍兹·贝格事务所（Woods Bagot）为麦格理集团设计了一个符合他们最新工作方式的建筑空间，这种工作方式称为"移动式办公"（ABW），是由荷兰咨询公司 Veldhoen & Co. 首创的一种灵活办公平台。它摒弃了传统的桌子办公的工作模式，取而代之的是可以满足各种性质和类型工作需要的灵活的自由工作环境。移动式工作布局模式每单位面积可增加 20% 的使用面积，大大地提高了建筑的使用效率。

大量的工作区环绕着中庭，每个工作区可容纳 100 名员工，员工随时可选择适合的场所工作，也就是说坐在身边的同事经常变化。主楼梯衔接起这些区域，形成了一棵"会议树"，象征着麦格理集团与客户紧密联结的关系。一层的主要通道可当成公共空间，有利于举办各种公司活动和慈善活动，这里也有咖啡馆和餐厅。在办公楼层，根据各种合作类型设计了一些聚会场所，如餐厅、花园、树屋、娱乐室以及咖啡室，通过制造各种偶遇机会鼓励各个群体的横向交流。

位于谢利街的新麦格理银行（Sydneys New Macquarie Bank）按照最高的环保标准设计，使用了诸如海水制冷、冷梁（Chilled Beam）和区域控制照明等新科技，使总体能耗下降 50%。衔接各区的室内楼梯减少了 50% 的电梯使用量，纸质文件存储需求和印刷数量也分别降低了 78% 和 53%。阅读和发送邮件均通过电子方式，减少了存储需求。员工都有存放私人物品的寄物柜，而且不许制造纸质垃圾，楼内根本看不到垃圾桶。"移动式办公"带来的商业利益是节省了群体移动和重新框定空间的费用。眼下的投资意味着将来的积蓄，麦格理集团正在为员工创造一种无与伦比的生活品质，同时也惠及客户、投资者、股东以及整个环境。

截至 2009 年 10 月，几乎所有 3000 名员工都迁入新楼。尽管目前"移动式办公"还未成为标准的办公模式，但是麦格理员工的接受度之高远远超出预期。几乎有 55% 的人每天都更换工作场所，而且 77% 的人赞成拥有这种自由度。谢利街的新麦格理银行放弃了容易滋生自满情绪的陈旧办公模式，成为新式整体可持续办公建筑的先驱。

神保町，是古代图书城、电影院、书场、剧场连成一片的地方，也被称为剧场城。这个剧场由小学馆和吉本兴业设计，希望能够重振神保町的活力。这是一个综合项目，包括一个100个座位的电影院、126个座位的说书场、300 m² 的实验剧场和300 m² 的艺术学校。

由于该基地被周围狭窄的街道和对角线限制，从而影响了规划的实施，必要的区域可能得不到保证，因此，建筑设计灵活地利用了有限的空间。建筑的外墙由钢制防冲击板围合，钢筋混凝土的最小厚度由所需控制的噪声决定，钢筋混凝土外侧覆盖有 4.5 mm 厚的钢板，在混凝土板和钢板之间还填充了一种隔热材料，构成了一种具有多种功能的复合板，钢板也起到剪力墙的作用；这样，建筑成为一个由多面板组合成的新结构。用此方法构造格架和无柱空间，保证了空间的有效利用。剧场最大高度为 28.05 m。

黑色的裂缝既是防止热膨胀和收缩的伸缩缝，也是雨水收集和输送设备。剧院内部的混凝土未加修饰，这样可以提高外部隔热效率。尽管外表看起来不重视细节和剧院的形象，然而这些未修饰的混凝土墙也会有助于城市面貌的改变。

图 2.289　日本东京神保町剧场 | 株式会社日建设计，2006—2007

图 2.290　阿姆斯特丹 IJ 半岛码头复合体 | 克劳斯＋卡恩建筑事务所等，2013

西码头（Westerdokseiland）规划是阿姆斯特丹将码头转换为城市计划的主要部分。这个建筑群包括了酒店、司法宫、住房和商业机构用房等几大部分。封闭的矩形体量改变了阿姆斯特丹城市这座历史名城里建筑和街道的视觉形象，建筑中的五大部分分别由五个不同的建筑事务所设计。有 285 间客房的 Room Mate 酒店和能够停靠 60 艘小艇的游艇码头是由贝克建筑事务所（Bakers Architecten）与本·罗伊洛凯（Ben Loerakker）联合设计的，其他部分是由克劳斯＋卡恩建筑事务所 Claus & Kaan Architecten）和赛尼斯·凡·海尔狄恩（Zeinstra van Gelderen）建筑事务所设计。IJ 半岛码头占地约 89000 m²，包括水警的新司法宫办公大楼，有 56 套公寓的公寓大楼，1 条商业街，1 家 Room Mate 酒店，以及游艇码头等现代化的高端建筑。地下停车场有 500 个车位，其中 350 个是对外的，还有一个小码头是水警的专用码头。IJ 半岛码头通过一座桥梁从西码头和大坝连接。该建筑及其狭窄的底座也是对建设设计的挑战，因为许多主建筑都似乎在它上面盘旋。建筑外观主要是玻璃，有些窗户根据其方位采用双层玻璃。此外狭长的基座形状，可能会受到水的侵袭，甚至于会漫到甲板上面，对于建筑设计来说这也是必须考虑的难题。

图 2.291.1　美国北卡罗来纳州立大学亨特图书馆 | 斯诺赫塔建筑事务所，2013

图 2.291.2　北卡罗来纳州立大学亨特图书馆的墙面细部

斯诺赫塔建筑事务所（SnØhetta）设计的北卡罗来纳州立大学（North Carolina State University）亨特图书馆（James B.Hunt Jr. Library）在校园中影响巨大。动态流动的内部空间为人们提供一个具有前瞻性的智慧场所，一个多功能和有趣的学习及创新环境。主要的楼层间拥有开阔的中庭空间，开放式楼梯联系上下，各种各样的研究室和学习环境并存在"学习共享"的理念之下。丰富多彩充满活力的家具出现在空间各个角落。同时，这个建筑所具有的汇聚的力量，让人们在这里因交流而收获更多。

图书馆内自然光线充足，屋顶平台上可饱览周围开阔的风景和附近的湖泊。外表皮烧结玻璃和固定的外部铝合金遮阳板系统帮助建筑立面减少了热量的吸收，遮阳系统包含了许多可持续性发展的特点，在保证图书馆获得充足视线和自然光的同时，有效地降低了热量。吊顶安装了主动式冷钢梁（Active Chilled Beams）和辐射板，并利用屋顶花园和雨水花园收集的雨水提供加热和冷却。

图 2.292　哈萨克斯坦和平金字塔｜诺曼·福斯特，2004—2006

和平金字塔（Palace of Peace and Reconciliation）在福斯特看来是一座具有宗教理念、放弃暴力、促进信仰及人类平等的全球中心，位于阿斯塔纳的一个重要区域，在总统官邸轴向道路的位置上。

参观这座新建筑的人可能找不到精神教化的东西，但是可以在 1500 个座位的剧院里观看戏剧来度过美好的夜晚。这其实是一座宗教和娱乐综合在一起设施。大厦内的其他设施包括大礼堂、文化博物馆、新设立的文明大学、宗教研究中心、大型图书馆、会议室、族裔交流中心。大楼的外表以银灰色的石材镶在钢制的菱形框架中，尖顶部分则以带有金色与浅蓝色的透光玻璃为材料，象征哈萨克国旗中的颜色。以不锈钢网格和淡灰色花岗岩三角嵌入物覆盖面的金字塔，其顶端的彩色玻璃是由艺术家布赖恩·克拉克（Brian Clarke）创作的。该建筑还设置了议会用的永久性场馆，位于顶部，被称作"和平之手"。其他还有公共会议空间、大学教员区及国家精神中心等。和平金字塔被认为是福斯特迄今为止最富挑战的项目，从设计概要出台到完成仅用了 21 个月。

如果不包括 15 m 高的基座，此一建筑的高度为 62 m，底部的长与宽也是 62 m。尖顶下方是一个可容纳 200 人的会议厅，内部设置如同联合国安理会的会议大厅，此处未来将成为每三年举行一次的世界宗教领袖大会地点。哈萨克斯坦曾于 2009 年 9 月邀请全球 18 种宗教的领导人，出席第一次世界宗教领袖大会，由于效果不错，而决定以后每三年定期举行一次大会。

图 2.293　辽宁营口鲅鱼圈保利大剧院和图书馆 | 上海都设建筑设计有限公司，2013

保利大剧院采用简洁的体量，丰富的细节表现出现代建筑实用、美观、富有时代感的特性，极富时代感的外墙喻示营口经济开发区奔向国际的新气象。大剧院既要考虑东南侧景观，也要考虑到日月大道视线，因此各个立面统一采用波浪形金属半透明材料，形成统一的立面形象。在此基础上根据功能情况又做了不同的细节处理，使其在和谐统一中富有变化。建筑东高西低，这样的处理使平安大街和日月大道上的人看不到剧场高起的部分，保持了建筑的整体形象。外墙分为水平的 7 段，每一段都是交错起伏，结合不同透明度的外墙材料，在体形相对简洁的前提下形成丰富的外墙效果。整个剧院地面上 3 层为舞蹈和音乐中心，可以容纳1600 人，而多功能剧院则可以容纳大约 800 人同时观看表演。

图 2.293 左下角部分是由上海都设建筑设计有限公司（DSD）设计的辽宁鲅鱼圈图书馆。设计理念是随意放在桌子上的两本书，同时两个旋转的模块给游人们提供了很好的视野。图书馆主要由三部分组成，由两层楼组成的地下室、悬臂（位于三楼）和连接部分的建筑体。图书馆的旋转设计似乎受到了图 2.34 雅典新卫城博物馆设计的启发。

底层大楼屋顶延伸出来的部分给户外活动提供了空间。为了室内能有很好的视野，中庭的三角设计保证了阅览室内有足够的日光进入。鲅鱼圈图书馆在材料的选择和施工策略上都与保利大剧院采用了类似的方法。

图 2.294 纽约新学院中心大楼 | SOM，2014

纽约新学院中心大楼（The New School University Center）位于第
14 街和曼哈顿第五大街的交汇处，这个新的多功能建筑即将成为新
校的"心脏"。该建筑将为这个传统校园提供所有方面的空间，建
筑共有 16 层，1 ~ 7 楼有 18580 m² 的广场空间作为学术交流的空间，
7 楼上面几层有 13935 m²，为可以容纳 600 个床位的集体宿舍。互
动空间的垂直分布激活了整个建筑内所有级别的建筑。建筑内部有
3 个标志性的消防楼梯。

在互动区域之间是一个长形复式结构空间，可以容纳 4645 m² 的设
计工作室、教室和计算机实验室。这些空间极具弹性，并且非常容
易搭配。在不影响电力照明的情况下，这些空间很容易翻新或者重
新配置。建筑还包括 1 个 800 坐席的礼堂、1 个资源空间分布合理
的中心图书馆，除了 15 个教研室外，还有 1 个 204 m² 的教师办公室、
3 个学生休息室和 1 个有音乐表演的 2 层咖啡厅。

这一建筑在开始设计时候就特别注意能源节约，减少碳排放量和
可持续发展的绿色环保。该建筑通过严格的检测和评估，被评价
为成本低效益佳，节约能源和维护方便的典范。该项目预计能节约
31.16% 的能源。

图 2.295.1 北京银河 SOHO｜扎哈·哈迪德，2013

图 2.295.2 银河 SOHO 内景

位于北京东二环内朝阳门桥西南角的银河 SOHO（Galaxy SOHO）占地 5 万多 m²，建筑面积 33 万 m²，包含 166000 m² 的写字楼及 86000 m² 的商业区域，集办公、零售和娱乐功能为一体。银河 SOHO 的设计灵感来源于浩大的北京城，它将成为这座繁华都市不可分割的一部分。建筑架构由五个外形流畅而连续的体量构成，它们彼此独立，通过伸展的连桥相连。这些体量形成了一个全景架构，没有转角，也没有突如其来的结构转变，丝毫未曾打破外形上的流动之感。

在传统的中国建筑中，院落作为连续的开放空间能创造出一个内部的世界，而银河 SOHO 宏伟的内部庭院正反映了这一点。在这里，建筑不再由僵硬的体块构成，而是多个体量合并创建了一个毫无隔阂的世界，在每两个体量之间都能自如移动。这些仿佛可以移动的"高原"互相影响，生成了一种深层次的浸透与包容之感。当使用者继续走进建筑内部，他们会发现私密空间的设计也遵循了连续的曲线造型，使内外保持一致。银河 SOHO 使用了多项绿色建筑的先进技术，比如高性能的幕墙系统、日光采集、百分之百的地下停车、污水循环利用、高效率的采暖与空调系统、无氟氯化碳的制冷方式以及优质的建筑自动化体系。

银河 SOHO 1~3 层均为零售和娱乐等公共设施。其上的楼层为创新企业集群提供了工作空间。大楼顶部被酒吧、餐馆和咖啡馆占据，这里视野开阔，能欣赏到京城各大主要街道。这些各式各样的功能通过私密的内部空间相互联系，并始终与城市密切相连，这也让银河 SOHO 成了北京市的主要标志性建筑。SOHO 地上 15 层，高度 60 m，在北京市中心地段并不十分显眼，但它的流线型的造型又让人久久不愿离去；站在 15 层的餐厅向东可以看到高耸的国贸大厦和中央电视台新大楼，SOHO 成了两座大厦的新视点。

图 2.296　葡萄牙波尔图沃达丰总部 | 巴博萨 + 吉马良斯建筑事务所，2009

沃达丰总部（Vodafone Headquarters）的外表皮由四边形的面板与三角形玻璃窗构成。该大楼有 8 层，其中 3 层在地下。地面层包括商店、咖啡厅和入口大厅，办公室位于地面以上楼层，地下室设有停车场和训练设施。沃达丰总部由巴博萨（Barbosa）和吉马良斯（Guimaraes）建筑事务所设计，建成于 2009 年，获得了建筑日报网站（Arch Daily）2010 年度最佳办公楼类建筑奖第一名，也被该网站评为 20 座"世界最具创新性的办公楼之一"。这一作品有着自由的外形，这与沃达丰的宣传词——沃达丰生活，移动的生活——有着直接对应关系。立面上的对立感延续到了室内，出现了锐角和不规则的窗框，显得非常独特。

图 2.297.1　广州国际金融中心 | 威尔金森·艾尔建筑师务所，2005—2010

图 2.297.2　广州国际金融中心外层的混凝土菱形网格

钢网交织、水晶加身的广州国际金融中心（Guangzhou International Finance Center），鹤立于广州最核心的商务区。该项目于 2007 年 1 月 31 日开工，主塔楼地上 103 层，地下 4 层，是华南地区第一高楼。整个项目包括 35 万 m² 的商业、7 万多 m² 的酒店、5 万多 m² 的公寓和 18 万 m² 的写字楼，集办公、酒店、休闲娱乐为一体，矗立在广州新城市中轴线上广州国际金融中心毗邻珠江，耗资 60 亿，楼高 440 m，现已成为展示广州城市新形象的地标建筑。

设计方案是经由广州市城市规划局于 2004 年组织的国际邀请竞赛征集的 12 个方案中选出的，其设计意念为"通透水晶"。建筑结构采用钢管混凝土巨型斜交网格外筒与钢筋混凝土剪力墙内筒的结构体系，在世界超高层建筑中是唯一的一例。这座名为"广州国际金融中心"的大厦，人们更愿意唤它的昵称"广州西塔"。没有人怀疑它将是广州最新鲜的地标。它修长而通透的水晶之身将为广州这座有 2200 年历史的岭南老城嵌入更多的时尚元素。它不光是这个城市里夺目的风景，还是被寄予了整个城市金融业希望的图腾。广州国际金融中心，一出生就风华正茂。它在很多设计上具有前瞻性，比如其新风更换系统就是目前最新的空气处理技术；外观通体都是玻璃幕墙，但对周边建筑的反射并不大，减少了对周边建筑的反射污染，从节能等技术层面都达到了一定高度。

从 70 层开始至楼顶的酒店中空大堂高度超过 100 m，天际间洒落的自然光线让每位酒店住客都沐浴在充满生命力的阳光中。酒店包括位于 69 层的游泳池和 SPA，能够优雅地独享蓝天白云；99 层的云吧和 100 层的特色餐厅由空中观光玻璃楼梯连通，给人云中漫步的感觉；位于 74 层到 98 层的 330 套豪华客房，可以 360 度俯视珠江及繁华的都市美景。酒店设计艺术，以西方艺术对画像、光与影、透视法等元素的细腻，结合中国绘画技巧的笔墨情趣、诗情画意，展现中西文化和谐交融的艺术氛围。

图 2.298.1 法国奥尔良 FRAC 中心 | 雅各布 + 麦克法兰，2013

图 2.298.2 FRAC 中心的另一个侧面

巴黎建筑师雅各布和麦克法兰最近在法国奥尔良设计了全新的 FRAC 中心（The Turbulences FRAC Centre）。这家地区性艺术基金决定向公众展示一种激进的建筑形式，现在这个设计建在一座 18 世纪的医院建筑中。1837 年，这座建筑曾经作为军需库短暂使用。经过重新设计和改建，现在成为全新的文化资料库和储藏建筑。

FRAC 中心是一个永久进化模型：能够同时容纳当代艺术、实验室、研究中心，将成为艺术和新建筑体验的集合性建筑，收集国际知名艺术品，现在包括约 15000 份建筑图纸、800 款模型和 600 件艺术家的作品。

新建筑从构造网格中被挤出地面，将庭院重塑成新的公共空间，并与旧的历史建筑相辉映。嫁接起来的扩建部分被称做 "The Turbulences"，作为艺术 "电子影"（Electronic Shadow）与之合作的一个城市标识。它由几百个二极管组成，这些二极管安装在棱柱形的铝金属立面上，每根二极管根据结构形状形成不同的密度组合。

这个新设计成为原有老建筑和城市环境之间一个新的无形的界面，建筑表皮通过点、线、面与光线互动关联。建筑师根据气候资料和数字动画场景来模拟实时的光线效果。

这大概是至今最抽象和最激进的建筑作品，形式和功能之间几乎没有丝毫关联。弗兰克·盖里的作品，例如图 2.206.1 的卢鲁沃脑健康中心，那又弯又扭的钛金属板还是能够表明它是医院的一种夸大的表皮。而奥尔良 FRAC 中心，很难让人联想到它的用途。"Turbulences" 的含义是 "湍流"，或称 "乱流"，表示在各个方向上面都有由许多频率不同的波所叠加起来的毫无规律的流动。这个词在建筑文献里很难见到，所以也就很难读懂作品的含义了。

图 2.299 迪拜 O-14 塔 | 赖泽＋梅本建筑事务所，2007—2011

杰西·赖泽（Jesse Reiser）和梅本菜菜子（Nanako Umemoto）于 1986 年在美国纽约成立了建筑事务所。赖泽＋梅本建筑事务所的建筑设计具有创新概念，目前已建成了各种各样的设计方案，从家具设计到居住和商业建筑，甚至景观建筑和基础设施设计。其中，O-14 塔（O-14 Tower）是由他们和迪拜开发商 Shahab Lutfi 共同设计的。这是一幢为迪拜商业海湾设计的大楼，附有双层表面，镂空的外层由 40 cm 厚的混凝土制成。双层外墙间 1 m 的间隙起到了"烟囱效应"的作用，热空气进入外壳后，由于有空间疏导，开始向上移动从而排出楼外，使楼内不受热空气影响。这种被动式的太阳能技术对于 O-14 塔来说是一种自然的冷却系统，减少了能耗的成本，节能效果达 30%，这使它在烈日炎炎的迪拜成为新的地标。O-14 塔的结构类型使其外皮好像被翻转的构造，极具现代感，大胆突破了以往人们对建筑外立面的传统封闭式概念，提供了新的建筑空间模式。

迪拜 O-14 塔有 22 层办公楼和 2 层裙房，2007 年 2 月开工，有超过 2.79 万 m² 的办公空间。O-14 塔位于迪拜河沿岸，在海滨广场的延伸段占据一个重要位置。O-14 塔外壳上开了 1000 个口子，在建筑立面形成网眼织物般的效果。弯曲的混凝土薄壳结构提高了骨骼状外壳的刚度，同时消除了侧向力对核心筒的作用力，并创建了室内无柱的开放空间。O-14 塔的外骨架构成了建筑物的主要纵向和横向结构支撑，除内部无柱办公空间外，它到核心筒的跨度最小。通过建筑到核心筒的横向支撑，能够承受办公大楼幕墙受到的横向载荷（风力）。此外，加厚幕墙塔楼楼板，会将横向荷载传到核心筒，这些结果使横向力引起的振动很小。因此，用户可以根据自己的个性化需求灵活安排房间的布置。外壳不仅是大厦的结构部分，还是通向日光、空气和景观的遮挡板。

迪拜 O-14 塔获得 2009 年 Emporis 世界摩天大楼银奖，还获得了 2010 年 ACEC 美国咨询工程公司的结构设计奖。

图 2.300　巴黎拉德芳斯兴业银行大楼 | 克里斯蒂安·德·包赞巴克，2001—2008

由世界著名建筑师克里斯蒂安·德·包赞巴克（Christian de Portzamparc）设计的兴业银行花岗岩塔楼（Granite Tower），高 184 m，建筑面积为 70000 m²，其三棱柱的建筑形式使得地面空间得到了有效的利用。该建筑设计开始于 2001 年，它是为法国兴业银行而设计的办公楼。拉德芳斯新区是巴黎西部一个世界性的商业区，拥有总面积达 350 万 m² 的 72 座办公大楼，兴业银行大楼是这里第四高建筑物。该塔楼位于拉德芳斯老兴业银行的双塔之间，塔的三角形截面的形状传达出一种双重的形象，即与老兴业银行大厦一起重新构成了拉德芳斯的天际线。

图 2.301.1　哥本哈根 8 字形住宅 | BIG 建筑事务所，2010

图 2.301.2　8 字形住宅侧面

由 BIG 建筑事务（BIG Architects）所设计的住宅呈 "8" 字形，简称 "Big House"。位于奥雷斯塔德城，包括 475 个住宅单位，总建筑面积 60000 m²，住宅的单元面积在 65 ~ 144 m² 之间。"8" 字形住宅（House 8）的设计目的是为了迎合家庭生活步伐。该项目受传统联排房屋影响，建筑遵循分层定位：公寓和花园位于商贸层之上，基础商贸层为人们提供服务。为了给每个单位提供属于自己的个性品质的住房，确保其有足够的阳光和清新的空气，建筑的东北角高西北角低。建筑物的配置创建了两个不同的庭院空间。在 "8" 字的中心节点处有 500 m² 的公用设施，节点两侧有 9 m 宽的通道通向周围的住宅。

为了强化居民的社区意识，建筑的公用设施遍及建筑的整体建设，园林、树木和通径小路为方案提供了分支进入点，在 11 层天台还可以欣赏到哥本哈根的运河景色。

图 2.302.1 　中国宁波历史博物馆 | 业余建筑工作室，2003—2008

图 2.302.2 　宁波历史博物馆的砖和混凝土表皮的对照

图 2.302.3　宁波历史博物馆的木板平台，可见砖、混凝土和木材的对话，当中是博物馆的中央天井

中国建筑师王澍（Wang Shu）于 1997 年和他的妻子陆文宇 (Lu Wenyu) 在杭州建立了他们自己的公司——"业余建筑工作室"（Amateur Architecture Studio）。2012 年，王澍获得了普利策建筑奖，这是中国建筑师首次获得这项与诺贝尔奖齐名的建筑奖项。宁波历史博物馆（Ningbo Historic Museum）是王澍设计风格的代表作品之一。从设计手法上来讲，它的结构充满随意性，外观上看像个盒子，但侧面却是倾斜的，缺失了大块体量。建筑各部分使用了多种看似不恰当的材料，立面上切凿出多个随意布置的小型开窗，丝毫反映不出建筑室内的任何内容。这座看似粗笨的建筑，当矗立于象征权力的政府机关旁边时，却传达出暖人心房的动人脆弱感。在博物馆的最高处有一个宽敞的平台，整体建筑在此分割为参差不齐的 5 个部分，它们形态不一，形神兼备，统观整个空间，虚实相间，似为传统街区的尺度与格局。同时水域向北环绕建筑外围，使建筑环境具有江南水乡田园般的诗情画意。王澍说："当我着手设计这座建筑时，我想到了巍峨的群山。我无法为这座城市设计什么，因为这里还不存在城市。因此我想做一些有生命的东西。最后我决定设计一座山。它是中国传统的一部分。"

博物馆平面呈简洁的长方形，但两层以上，建筑突显开裂状，微微倾斜，演绎成抽象的山体，这种形体的变化使建筑整体形成向南滑动的独有态势，宛如行进中的海轮，耐人寻味。作为历史博物馆，王澍用周围民房拆迁时留下的砖砌成外墙的表皮，那些砖有元朝的，也有明、清时期以及民国时期的，最古老的居然来自唐朝。它们按着历史的年代向上堆码着，表现了中华民族厚重的历史，和现代派的混凝土结构形成了强烈的反差，这正是设计师独到的匠心。这里，建筑师将最普通的中国元素在前卫的现代建筑中留下了中国印痕。

在普利策奖揭晓评委的决定时，普利策先生表示："这是具有划时代意义的一步，评委会决定将奖项授予一名中国建筑师，这标志着中国在建筑理想发展方面将要发挥的作用得到了世界的认可。此外，未来几十年中国城市化建设的成功对中国乃至世界，都将非常重要。中国的城市化发展，如同世界各国的城市化一样，要能与当地的需求和文化相融合。中国在城市规划和设计方面正面临前所未有的机遇，一方面要与中国悠久而独特的传统保持和谐，另一方面也要与可持续发展的需求相一致。" 评审词中说："王澍的建筑作品具有难能可贵的特质——外表不失庄重威严的同时，又能完美运作，并为生活作息及日常活动创造出一个宁静的环境。宁波历史博物馆就是其独特建筑之一。不仅照片上看很震撼，置身其中更令人感动。博物馆已成为城市的坐标，存封着历史，也吸引着游人的到来。广阔的空间感，不论从外还是从内体验，都是非同寻常的。这座建筑将力量、实用及情感凝结在了一起。"

3　新世纪建筑设计的多元化

　　也许用埃森曼所说的一段话来概括当前建筑多元化的状况是适宜的，埃森曼说："人类今天处于离散的多元时代，各种事务中间唯一的关系就是它们的差别。宇宙中布满未知的像洞穴般的空虚，事物并非完备的整体，我们周围遍布不完整的片段。完整的意义是相对的，有时是偶然的；不完整、不成熟才有活力，才能发展。"换句话说，永远不可能有一种恒定的"规范"来指导建筑设计，建筑将永远处于"必然王国"的不断变化的状态，多元化正是这种处于"必然王国"时期不断探索、不断变化的必然趋势。

后现代主义建筑里，在20世纪影响最大，同时也争议最多的要算是解构主义建筑。1966年，美国约翰·霍普金斯大学（Johns Hopkins University），组织了一次哲学会议，大西洋两岸的许多学者参加了这次会议，原意是要在美国宣扬结构主义哲学。不料，会议议程被36岁的法国哲学家雅克·德里达（Jacques Derrida）的发言打断，他全面攻击结构主义哲学，声称它已过时。他的这次讲话被称为"后结构主义"或"解构主义"（Deconstraction）哲学思想。他不仅对20世纪前期的结构主义进行了批判，还将矛头指向了柏拉图以来的整个欧洲的理性主义思想与传统形而上学的一切领域，指向了一切固有的确定性，所有的既定界线、范畴、等级制度在德里达看来都应该推翻。

解构主义是在现代主义面临危机时产生的。国际主义和后现代主义千篇一律的形式让许多建筑师感到无奈和厌恶，另一方面建筑又被商业化滥用。在这种情况下，一些建筑师正好将德里达的解构主义思想拿来作为建筑设计的一种指导思想，于是建筑解构主义作为后现代时期的设计探索形式之一油然而生。实际上在绘画方面，毕加索的许多作品都表现了"解构"的技巧，所以从时间上看，对艺术作品的"解构"早在20世纪初就已经出现，只是人们并没有将它们与建筑艺术挂起钩来。解构主义让人们用怀疑的眼光来看待一切事物，一开始就带有一种破坏性的、否定性的思潮。一位美国解构主义者形象地说，解构主义就像一个坏孩子，他把父亲的手表拆开，使之无法复原，修复后的手表变成了另一种形状。解构主义的哲学思想，1988年被建筑学家埃森曼应用到建筑理论上面，竖起了建筑解构主义的大旗，于是，在此后的时期，出现了一大批解构主义建筑作品。

埃森曼说："在解构的条件下，建筑就可能表达自身、自己的思想，……建筑不再是一个次要的思想媒介"，对于解构哲学，"不能是简简单单地，而是要寻找借建筑表达的那些思想含义"。他指出，解构的基本概念包括取消体系，反体系，不相信先验价值，能指的与所指的（词与物）之间没有一对一的对应关系；要运用解构哲学在建筑中表现"无""不在""不存在的在"；建筑创作中要采用"编造""解位""虚构基地""对地的解剖"等。

埃森曼在说到"形式与功能的二重性"时，主张应该综合某种"介乎中间"的东西。他说："建筑学能够开始在这些范畴'之间'探索。"这些"介乎之间"的概念，变成了一种模糊不清的第三概念，或者是这个，或者是那个，或者两者都不是。于是给那些什么都不是的"形式"开了一扇大门。

最早将理论变成实践的建筑师就是弗兰克·盖里，例如他1978年设计的加州圣莫尼卡盖里住宅。但把解构主义直接引用到建筑领域中来，就产生了问题。建筑作为一个实体，它有双重性，即它的物质性与所要表现的艺术性（或思想性）。将建筑实体解构，到底是要解构什么？物质的东西是无法解除的，例如屋顶总要支柱或墙去支撑，那么只能对属于思想性的东西进行解构了，换句话说，这一部分可以随你的思想（或感觉）而被任意拆解。所以，解构主义建筑的主要表现在于非常规的形象变化。它们的共同特点表现为：形象松散、比例失调、色彩混乱；结构支离破碎，或者突然间断，异峰突起；故意失稳、错位、莫其妙地弯曲、扭转以求产生视觉冲击。简而言之，就是阿基格拉姆提倡的"奇形怪状、与众不同"的"另类"建筑。

那么，到底哪些人属于新现代主义建筑师，对于这个问题，理论家的看法基本一致。一般认为理查德·迈耶、筱原一男、桢文彦、彼得·埃森曼、雷姆·库哈斯、海扎克、弗兰克·盖里、伯纳德·屈米、汤姆·梅恩的莫菲西斯(Morphosis)事务所、约翰·赫迪克（John Hejduk）、丹尼尔·李伯斯金、蓝天组、皮特·威尔逊等人，是新现代派的核心成员。而其中弗兰克·盖里、伯纳德·屈米、彼得·埃森曼、丹尼尔·李伯斯金、汤姆·梅恩则是解构主义建筑师的代表人物。

弗兰克·盖里早在 1978 年设计的洛杉矶自己的寓所时就表现了他的解构主义设计思想，而他最具影响的成名之作是 1994—1997 年设计的西班牙毕尔巴鄂古根海姆博物馆。古根海姆博物馆一反传统博物馆的理念，整个建筑物狂放、飘逸，建筑的外表完全由弯曲的钛金属板覆盖而成，下面一层摞着上面一层；全部结构杆件采用了航空飞行器设计软件由计算机完成计算，从而开创了一种新的设计手法。毕尔巴鄂古根海姆博物馆以其布局复杂、风格特异把现代建筑推向一个新的高度。它从大的空间尺度与复杂的局部设计开始，把一个最为复杂的空间感受留给了人们。从毕尔巴鄂古根海姆博物馆开始，在新旧世纪交替时期，盖里还先后设计了西雅图音乐体验中心（1996—2001）、洛杉矶华特·迪士尼音乐厅（2000）、麻省理工学院（MIT）梅莉亚中心（2003）和纽约巴里·迪勒总部（2007）。盖里重视结构的基本部件，认为基本部件本身就具有表现的特征，完整性不在于建筑本身总体风格的统一，而在于部件的充分表达。用局部表达整体，因而更加突出建筑局部的特征。虽然他的作品基本都有破碎的总体形式，但是这种破碎本身却是一种新的形式，是解析了以后的结构。他对于空间本身的重视，使他的建筑摆脱了现代主义、国际主义建筑设计的所谓总体性和功能性细节，从而具有更加丰富的形式感。盖里的设计代表了解构主义的思想精华。在解构主义建筑师中间，盖里以其独特的建筑思维显示其特点而与众不同。

伯纳德·屈米，1944 年出生于瑞士洛桑，1969 年毕业于苏黎世联邦工科大学，1988—2003 年一直担任纽约哥伦比亚大学建筑规划保护研究院院长的职务。他的新鲜的设计理念给世界各地带来强大冲击。1983 年赢得的巴黎拉维莱特公园国际设计竞赛奖，这是他最早实现的作品。在拉维莱特公园的设计中，屈米采用了法国传统园林中的一些设计手法，例如，巨大的尺度、视轴、林荫大道等，但是并没有按西方传统模式设计公园，相反，公园在结构上由点、线、面三个互相关联的要素体系相互叠加而成。"点"由 120 m 的网线交点组成，在网格上共安排了 40 个鲜红色的、具有明显构成主义风格的小构筑屋（Folie）。对于这种深受解构主义哲学影响，并且纯粹以形式构思为基础的公园设计，屈米认为这是一种以明显不相关方式重叠的裂解为基本概念建立新秩序及其系统的尝试。这种概念抛弃了设计的综合与整体观，是对传统的主导、和谐构图与审美原则的叛逆。他将各种要素裂解开来，不再用和谐、完美的方式进行相连与组合，而相反采用机械的几何结构处理来体现矛盾与冲突。这种结构与处理方式更重视景观的随机组合与偶然性，而不是传统公园精心设计的序列与空间景致。

彼得·埃森曼是当今国际上著名的前卫派建筑师，美国建筑界对他的评价很高，他的代表作品有辛辛那提大学阿朗诺夫设计及艺术中心与俄亥俄州立大学韦克斯纳视觉艺术中心。埃森曼自称是后现代主义，他的设计理论早期受结构主义哲学影响，作为著名的"纽约白色派"(New York Five) 五人之一，埃森曼 20 世纪 70 年代开始在建筑界崭露头角。二十多年过去了，曾经风光无限的五位建筑师中，如今只有埃森曼一人仍能引领风骚。1988 年在参加了约翰逊主办的"解构建筑七人展"之后，埃森曼再一次成为建筑界的焦点人物。七个人中弗兰克·盖里、扎哈·哈迪德和汤姆·梅恩日后先后获得了普利策建筑奖。虽然埃森曼作品数量上大大少于他们，但是他在学术上的地位却更胜一筹。埃森曼的作品具有浓厚的学术气息，在设计上讲究理论依据。他以深厚的学术造诣为解构主义摇旗呐喊，对于解构主义登上历史舞台起了重要的推动作用。多年来，他一直从事教学研究工作。因此，他具有建筑师少有的书卷气和知识分子味道，自然也就有了一份一般意义上的建筑师所没有的清高。

埃森曼说："我们必须重新思考在一个媒体化世界中建筑的现实处境。这就意味着要取代建筑通常所处的状况。"他大胆地提出："建筑必须有功能，但并不要看起来似乎有功能。建筑必须竖立，但不必看起来像是竖立着。当建筑看起来不像竖立着、不像有功能时，那么，它就以不同的方式耸立起来，或者显示出独特的功能。"这样，新现代建筑又表现出了另一个与现代主义乃至后现代主义极为不同的特征："反建筑"特征。

埃森曼设计的韦克斯纳视觉艺术中心是一幢典型的"反建筑"。这座艺术中心本来是一幢艺术展览建筑，埃森曼的设计与通常的展览建筑设计恰恰相反，体现出一种"逆反"思想，这是一种既具有挑衅性又富有创造性的设计思想。他说："我们不得不展览艺术，但是，难道我们一定要以传统的艺术展览方式，即在一个中性的背景中，展览艺术吗？……难道建筑一定要为艺术服务，换句话说，一定要作艺术的背景吗？绝对不是，建筑应该挑战艺术，应该挑战这种认为建筑应该作背景的观点。"埃森曼在这个设计里要使建筑本身也成为展览的一部分。在这里，埃森曼实际上是在鼓吹以虚化功能的形式追求功能。

然而上面提到几位解构主义建筑师的风格却迥然不同。伯纳德·屈米的拉维莱特公园并没有破坏公园的正常的平面布置，它所解构的是公园内的小筑屋。如果这些小筑屋是完整的，例如亭子、雕塑，就与普通的公园毫无二致。但这些小筑屋都是被扭曲、裂解、倒装的机器零件样的东西，没有一个具有实在的意义，观众看了后很难产生具体的联想。而弗兰克·盖里的作品则是对整个作品的重新排列、布置，以至于墙面和屋顶都完全变了样，一切都是扭曲的、杂乱无章的拼合，就像是一个小孩用积木胡乱堆积成的屋子。只有埃森曼的作品有一些所谓的解构主义味道，例如他设计的韦克斯纳视觉艺术中心，将烟囱剖开再让半个烟囱错位，其他墙面也是不完整的。他用城堡作为原始模型，然后引入一系列的切割和破碎。三维栅格人为地随意穿过大厦。作为现代主义的建筑元素，栅格与中世纪城堡互相冲突、碰撞。一些栅格故意地悬在空中。韦克斯纳视觉艺术中心解构了城堡的原型，并以冲突和区别的方式交代空间和结构。在丹尼尔·李伯斯金的作品里，除了柏林犹太博物馆的形式与内容有内在的深刻联系，其余许多作品，例如安大略博物馆扩建工程、曼彻斯特帝国战争博物馆、丹佛艺术博物馆等建筑只是创新了一种建筑结构形式而已。在当代建筑作品里面，结构的形式变化更是多种多样，但像上面提到的"绝对"解构的建筑形式到并不多见。最明显的例子就是雷姆·库哈斯设计的北京中央电视台新大楼，一个巨大的空间变形成环状大厦，你可以说它属于解构主义，但它更像是新现代主义和解构主义融合而成的东西。总之，解构主义思潮虽然在建筑界风行一时，但其建筑作品在很大程度依然是一种十分个人的、学究味的尝试，一种小范围的试验，具有很大的随意性、个人思想表现的特点，并未像"包豪斯"那样形成一种运动，一种时代潮流。

21世纪来到后，在当下的建筑设计里面，人们总可以看到解构主义的影子，作为一种建筑设计的思想和方法，它已被广泛地接受和使用。然而，像弗兰克·盖里那样天马行空的古怪建筑设计，却逐渐少见了。解构主义的思想和设计方法正在与其他的建筑设计理论和方法糅合在一起，变成了一种新的设计方法。换句话说解构主义正在通过建筑的形式发生变化，从第二节的302个建筑中，人们会清晰地看到，新世纪的最初10年里，建筑的形式已经多到让人瞠目结舌！例如图2.289日本东京神保町剧场（2006—2007），谁能够想到剧场是这样的形式？这些大概只能归结为"非建筑"的建筑形式了。下面再举几个例子说明这个问题。

图2.15是法国著名建筑师让·努维尔2010年在纽约新建的公寓住宅，它就是一个直立的高楼，唯一不同的地方是它的窗户，每一个窗户都是由几个不同大小、不同排列的矩形小窗户构成。它就建在弗兰克·盖里2007年设计的巴里·迪勒总部（图2.16）附近，毗邻的两个当代建筑迥然不同的风格形成了一道靓丽的风景线。巴里·迪勒总部的外形如同在滚滚海涛中航行的多桅帆船。盖里将建筑分解成一系列的弧形（海湾），下层有5个弧形，上层有3个，建筑由多孔玻璃包裹着。这与他2003年设计的美国麻省理工学院（MIT）的史塔特中心已经完全不可同日而语了，这座建筑虽然也是弯曲的，但与他设计的其他作品相比，要收敛多了！如果说努维尔的公寓大楼的窗户被解构的话，那是一种有序的变化，仅仅是一种局部形式的变化而已！

图2.142是著名建筑师斯蒂芬·霍尔于2005—2008年在北京设计的连楼（Linked-Hybrid）这是一个具有独特建筑艺术形式的空间建筑群，充分发掘了城市空间的价值，将城市空间从平面、竖向的联系进一步发展为立体的城市空间。细心的读者立即可以看出这是霍尔对他2004年设计的MIT学生宿舍西蒙斯大厦（图3.3）的一种分解，连楼每一幢楼都有独立而整齐的形式，

通过廊桥将它们围合成一个小区，构成了一个规整的建筑空间，这与解构主义的设计理念已经不同了。

德国莱茵河畔的维特拉是一个神奇的地方，几位著名的建筑师，如盖里、哈迪德、西扎、赫尔佐格和德·梅隆都在这个地方留下了自己的作品。盖里1989年设计了维特拉家具制造博物馆（图3.4），哈迪德1993年设计了一个消防站（图3.5），而赫尔佐格和德·梅隆2010年设计了维特拉屋（图2.72）。盖里的博物馆是他最早的解构主义作品，扭曲的墙体，伸出的小屋，在当时让人感觉到十分新鲜。这个现代主义艺术博物馆采取了典型和朴实的白色立方体并且使用了立体派的几何回忆和抽象表现主义来解构它。哈迪德的消防站那个像剑一样飞出去的屋檐，也特别异样。赫尔佐格和德·梅隆在维特拉家具制造博物馆约200 m处设计的维特拉屋，用几乎相同的五边形在几个方向堆砌起来，构成了别具一格的办公楼。这个建筑共有四层，不算底层的话，上面一层是两个平行的五边形，第三层将两个五边形按照八字形架在第二层上，最高层由两个十字交叉的五边形摞在上面，各层的连接处有楼梯上下。如果从解构的角度讲，这个建筑是将一个长的五边形锯成几段堆摞而成的，但这是一种有规则的码放，因此并没有所谓的形象松散、比例失调、故意错位的感觉。可以认为是一种规则的解构建筑，有解构的技巧，但没有解构的混乱。

在上面提及的建筑师中，扎哈·哈迪德是极为特殊的一位建筑师，这从她的作品图2.73、图2.86等建筑就可以窥见她的设计风格。哈迪德1950年生于巴格达，后移居英国，20世纪70年代末在伦敦著名的AA School学习建筑。受俄国构成主义，特别是绝对主义的马列维奇（Казимир Малевич，1878—1935）的影响，她认为建筑应该是感性的，没有固定的概念的，应突破现有的障碍而成为一种新的东西。她甚至说："过去我认定有无重力的物体存在，而现在我已经确信建筑就是无重力的，是可以飘浮的"。哈迪德的作品主要表现在空间的流动性和透明性上面。在她的设计中，空间彼此之间因为没有视觉障碍而得到了贯通，人们置于建筑中的不同位置，都可以感受到不同功能的空间同时存在。水平方向、垂直方向、深度空间与浅度空间的连续作用，使得建筑获得一种张力，这种力量吸引人们去体验、感受由透明性所暗示的空间的存在。哈迪德通过对空间的组织，获得了空间的流动性，她的空间流动性是建立在空间透明性的基础上的。哈迪德通过不同的空间组织方式，实现了空间的透明性。而透明的空间本身又具有视觉上流动的潜质，从而使得空间的透明与流动融为一体。空间的不确定性、开放、自由以及（流线型的）时尚是哈迪德作品的主要特征，她的作品里，有解构的东西，但更多的是她自己对建筑的独到的理解。

莫菲西斯建筑师事务所的汤姆·梅恩1996—2000年设计的美国加利福尼亚钻石牧场高中（图2.143）位于巨大而分散的洛杉矶市市中心东侧约130 km的一个陡峭的山坡上。这算是一个相当大的建筑群了。汤姆·梅恩建议关键在于要简洁明确地表明建筑的内涵："这是两个不相容的问题，学校设计项目应该考虑到对孩子们的关照，另一方面，基地又不是一个常规学校的式样。"梅恩最早的提议是："在基地里不希望有一个建筑"，这个思想意味着父母们将孩子们留在一个天然的、而非故意建造的美丽的公园里。

汤姆·梅恩利用陡峭的斜坡地形塑造了一种扩大化景观的混合型场所，以模糊建筑与基地的界限，重新整合自然与环境。从东侧狭窄的入口台阶向上，突然出现一条东西向的步行道。步行道将学校一分为二，并组织了整个校园空间。它联系着北面的运动场与教室，形成一个可以观看运动场上棒球比赛的自然斜坡。南面的足球场嵌入山体之中，利用山侧的坡度，经济、便利地获得了看台区。步行街南北两侧建筑折叠、弯曲的屋顶就像漂移的地壳板块，从远处看，建筑形象与周围起伏的山体十分和谐。建筑墙体局部采用素面混凝土与玻璃，折叠起伏的屋面被金属波纹板从上至下地包裹起来。建筑的尺度消解在这些不规则的几何体和波纹板的肌理中，从建筑的外表完全无法看出内部空间的变化。这个建筑具有"非建筑"的形象，建筑表现为抽象的形式游戏，成为"非逻辑、非秩序、反常规的异质性要素的并置与混合"。另外，在位于城郊的校园环境中，中央步行街提供了一种类似城市商业街的空间体验，使过往的师生感受到一种丰富、变化的城市文化，同时，为学生之间、师生之间创造了偶然性碰面的机会。它是莫菲西斯"线性序列轴线""建筑对生活中复杂性与偶然性回应"思想表达的延续。

再看莫菲西斯建筑师事务所设计的上海巨人集团总部（图2.82），这座建筑包含了三个完全不同的功能区域。基地横跨城市主要道路，建筑和景观在上层流动，车辆则在下方流动。不同层面的动态形成了城市公园的效果。如果单独看三个建筑中的某一个，确实是采用了解构后的拼接方式将其连接起来。但在整体上却由"公园"将它们组合成一个有机的建筑群。在这里解构只是总体设计中的一种技巧罢了，于是非逻辑、非秩序被包含在更大框架的"逻辑"里。

与伯纳德·屈米1983年设计的巴黎拉维莱特公园的解构主义手法相比，莫菲西斯设计的钻石牧场高中有本质的区别：前者是形式机械地解构和叠加，后者却是将建筑群有机地分解为沿着轴线分布的一系列各具特色的小建筑组合；这种看似"非逻辑、非秩序、反常规的异质性要素的并置与混合"实际上创造了一种新的"有逻辑、有秩序"的建筑模式，或者可以将其称为"有秩序解构主义"或"有机解构主义"，在这里解构主义的设计思想被异化了。

日本石川县金泽的21世纪现代艺术博物馆（图2.129）是SANAA组合设计于1999—2006年的作品。博物馆的主要建筑特色就是正圆形的平面图形，里面分布着19个大小不同的立方体的箱子，立方体的箱子都有一定的比例，平面尺寸有三种基本类型：1∶1、黄金分割比、1∶2，而箱子的高度为四种基本型：4.5、6、9、12 m。看似随意的立方体箱子，而实际上有着严格的规范，传统博物馆空间被解体，取而代之的也是一种有秩序的解构，有的建筑评论家称之为"日本式的解构主义"，在建筑的外部这样的解构是看不清楚的。

最后，简单谈一下荷兰派建筑师，他们以雷姆·库哈斯为代表,包括诺特林·里丁克（Neutelings

Riedijk）、UN 工作室的凡·贝克尔（Van Berkel）、MVRDV 建筑设计事务所、Mecanoo 建筑设计事务所等。他们的一个共同特点就是有一个"不平坦空间"的指导思想，于是他们的许多设计都将"悬挑"作为建筑的特征，最典型的要数中央电视台新大楼（图 2.173）和阿姆斯特丹的老人公寓（图 3.6）。

对建筑空间的讨论无法离开其在现实维度中几个基本方向的界面，如侧面、顶面和底面。地心引力的客观存在使建筑在上下两个方向的界面——顶面和底面与其他方向的界面在存在形态的可选择性上有巨大的差别。现代主义运动初期的荷兰风格派将方盒子般的建筑空间分解为六个方向的壁板，其中的一个重要的目的是通过将不同方向的空间界面抽象为存在形态相似的"面"，使建筑空间不同方向的界面相对匀质化、同一化。

荷兰风格派所采用的壁板由直线和平面构成，回避了将建筑的不同界面同一化的最大障碍——地心引力。而在当代对于建筑空间的探讨早已突破了荷兰风格派的直线和平面的可能性的情况下，建筑空间不同方向的界面再次远离了同一化。其中底面作为建筑空间中与人最直接、最频繁接触的界面，在形态选择上却最受限制——平坦几乎成了对建筑空间底面很难逾越的要求。于是产生了"不平坦空间"的理论，估计最初形成这个理论大概与非欧几里得几何（Non-Euclidean Geometry）有关，在非欧几里得几何中，度量在空间的三个方向上是一致的，因而空间是均匀的；而在黎曼几何（Riemannian Geometry）里，空间三个方向的度规是不一致的，于是空间变得不均匀了。这个理论帮助爱因斯坦建立了相对论，引力成为空间弯曲的原因。显然，由于地球引力的影响，任何建筑空间都不可能是均匀的。可能库哈斯们就是从这里得到的启示，把"不平坦空间"理论用到建筑设计中去，既然建筑空间是不平坦的，于是可以设计出"任意的"不平坦建筑。这样像"老人公寓"、中央电视台新大楼等建筑形式便相继出现了。与盖里的建筑作品相比，这些建筑还算是比较"规矩"的，但问题是"悬挑"的做法在技术和材料上来说是一种浪费；另一方面，从艺术角度上这些建筑并没有能够真正引起人们强烈"视觉冲击"的地方。老人公寓中伸出的屋子，走路引起的即使是微微的颤抖都会让人们感到不愉快。这个建筑尽管只"解构"了很小的一部分，却带来了不小的麻烦。所以荷兰建筑师们按"不平坦空间"理论所设计的建筑，尽管在上个世纪末和本世纪初曾经风靡一时，但目前已经开始异化了。

在上节中，还介绍了几个建筑，它们没有解构主义的异变，仅仅是利用设计中的小小变化，就给人们带来了惊喜。图 2.70.1 是彼得·卒姆托于 2000 年对科隆柯伦巴艺术博物馆的改造。博物馆建造在第二次世界大战中被炸毁的哥特式圣柯伦巴教堂的旧址上，博物馆将残留的砖墙都留下来作为博物馆的基础；特别让人意想不到的是建筑师用像筛网一样的砖墙来采光，朦胧的光线照在过去教堂的残垣上面，让人们产生一种崇高虔诚的感觉，使人似乎又回到了 19 世纪的教堂里面。这个建筑远看没有一点特殊，却让人们在参观时产生了精神的升华。

再举一例，图 2.21 是法国建筑师鲁迪·里乔蒂设计的马赛欧洲与地中海文明博物馆，它于 2013 年建成，是世界上第一座介绍地中海文明的博物馆。博物馆建造得十分简单，就是一个方方正正的玻璃盒子，南墙面、西墙面和屋顶用带有阿拉伯风格的雕花格子网遮阳。它正好位于 19 世纪建造的马赛天主教堂和 12 世纪的建造的圣让堡 (Fort Saint-Jean) 要塞之间，一座狭窄的天桥将博物馆和要塞连接起来。相差几百年的几个建筑相处在马赛的地中海边，显得十分自然，一点儿都没有突兀之感。这也从一个侧面反映出一些建筑师已经理性地回到了现实的设计思想中。

第 2 节的 302 个新世纪的新建筑，给笔者留下的感觉是复杂的：建筑形式五花八门，让人目不暇接、瞠目结舌，例如图 2.112 的里昂橙色立方那种所谓"肺泡"一样的表皮，或者图 2.223 的斯科尔科沃莫斯科管理学院那种不可思议的建筑形式和图案。今天，有了 3D CAD 的计算机辅助设计工具，有了各式各样新材料，只要建筑师能够想象得到的形象，都可以实现。从这个意义上说，除了"重力"这个永远无法克服的"障碍"外，建筑师的思想真可以"天马行空"了！

其实，随着实践和时间的推移，过去那段疯狂的解构主义正在逐渐发生变化，建筑师们在激动过去后，又回归到理性。就拿丹尼尔·李伯斯金来说，图 2.229.1 所示建成于 2011 年的瑞士伯尔尼西城休闲购物中心与图 1.7 所示的加拿大安大略博物馆扩建所表现出的"向天空冲去"的设计风格相比，的确"柔和"了许多。2012 年，李伯斯金在中国的一次讲话以"建筑是一种语言"来说明建筑设计的几大要素：首先建筑是建筑师用手经过许多次的绘制，这里说的"手"实际上是指"脑"；其次，每一个建筑都有自己的故事，讲述着所在地的历史和文脉；建筑又是一种互动，包括人与人、现代与过去；同时建筑又在变化，并最后需要重建。这一段讲话把建筑的个性与它的社会性结合起来了！正如图 2.32 说明中所提及的，在福克萨斯看来，具备各种不同功能的建筑宛如一个个音符，在城市空间内共同谱写成壮阔的交响乐。但城市本身却是复杂多变的，所以，"建筑还必须和当地的文化、城市特色、交通规划等要素相结合，然后再将这些多元化的信息转化到建筑形态中来"。如果一个建筑无法具备这样的功能，不管它有多么时尚，总会在下一次的城市改建规划中消失！

在这一节最后说一件事，2015 年的普利策建筑奖于 3 月 8 日办法给德国建筑师弗雷·奥托（Frei Otto）。普利策建筑奖的评审团这样评价弗雷·奥托："弗雷·奥托的一生中创造了很多非常有创意的、令人惊奇和前所未有的空间和结构。他也让人们开拓了眼界，他给世人以深远的影响；不是留下让人参考复制的形式，而是通过他的研究和发现，带给人们通往新路径的方法。""他对建筑界的贡献不仅仅在于他的技能和才华，还有他的慷慨。他富有远见、不断探索、毫不吝啬地分享他的知识和创意，他团结协作，致力于资源节约利用。基于此，2015 年普利策建筑奖办法给弗雷·奥托。"

弗雷·奥托的代表作品是 1972 年设计的慕尼黑奥林匹克竞赛场的悬吊式遮阳蓬（他是当

代轻体悬吊结构的开拓者），其他主要作品有：1967 年蒙特利尔世博会德国馆、1980 年沙特阿拉伯利雅得外交俱乐部帐篷等。

普利策建筑奖由来自世界各地的知名建筑师和学者组成评审团，评出一个个人或组合，以表彰其在建筑设计中所表现出的才智、洞察力和献身精神。今年在 500 名入选的建筑师中选中了弗雷·奥托有些让人意外。近 20 年来，许多建筑师都有靓丽的作品，为什么选中了一位耄耋老人？

笔者从这件事中体会到普利策建筑奖评委们的严肃性。多元化的建筑设计虽然大大地解放了建筑师们的创作空间，但创新不是简单的重复，在未来的岁月里，它将会变得越来越艰难，无论对于建筑师们还是评委们都一样。

图 3.1　美国洛杉矶华特·迪士尼音乐厅 | 弗里克·盖里，2000

华特·迪士尼音乐厅（Walt Disney Concert Hall）位于美国加州洛杉矶，是洛杉矶音乐中心的第四座建物，主厅可容纳 2265 席。迪士尼音乐厅是洛城交响乐团与合唱团的本部，其独特的外观，使其成为洛杉矶市中心南方大道上的重要地标。迪士尼音乐厅落成于 2003 年 10 月 23 日，造型具有解构主义建筑的重要特征和强烈的盖里扭曲金属片状屋顶风格。

图 3.2　美国麻省理工学院史塔特中心 | 弗兰克·盖里，2003

波士顿环球报专栏作家罗伯特·坎贝尔 2004 年 4 月 25 日写道："史塔特中心看上去总是没有完成，还好似就要倒塌了，有可怕的倾斜角度，墙在摇动，并随机地随着曲线和角度碰撞。各种不同材料堆积在一起：砖、镜面不锈钢、拉丝铝、鲜艳的涂料、金属波纹。一切都是即兴拼凑的，仿佛要在最后时刻被抛弃。"这就是问题所在。史塔特中心（Stata Center）的出现是对自由大胆的比喻，其中有不少创造性的研究。该中心被视为"最热门的建筑"。

图 3.3　美国麻省理工学院学生宿舍西蒙斯大厦 | 斯蒂芬·霍尔，2004

这栋墙上有许多孔洞的麻省理工学院（MIT）学生宿舍西蒙斯（Simmons）大厦，据说是建筑师斯蒂芬·霍尔某天早晨洗澡时从海绵得来的灵感。海绵上有许多孔洞把水吸了进去再释放出来，形体又恢复原状。MIT学生宿舍吸的可不是水而是光，白昼将自然光引进，夜里室内的光得以外射，夜以继日，形体不曾改变，也无一分损耗，但它却滋养着每一位使用者和过往行人。

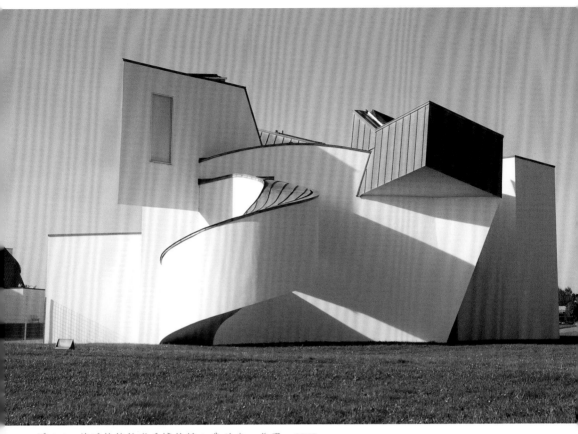

图 3.4　德国维特拉家具博物馆 | 弗兰克·盖里，1989

德国维特拉家具博物馆（Vitra Furniture Museum）是最早的具体的"解构主义"建筑的典范。维特拉家具博物馆从远处看就像是置于自然风景中的一个经过艺术家精心制作的雕塑，人们从各个角度都可以欣赏到它优雅的姿态。盖里以其独特的设计手法，用几何形体和自然光线塑造了一个新颖独特、充满动感、复杂多变、相互穿插而又呼吸扭曲的"建筑雕塑"。

图 3.5　德国维特拉消防站 | 扎哈·哈迪德，1993

这是哈迪德的第一个解构主义作品。消防站由钢筋混凝土建造，建筑的各个面或是弯曲、倾斜，或是分裂，用概念上的力量将它们组合在一起，并使之在景观和建筑之间形成联系。建筑在运动上被认为是僵硬的，但为了能创造一种正常的美学效果，提升它的活力，在具有张力的状态下使建筑变得不稳定。混凝土"碎片"和外墙相互交错，形成了一个狭窄、水平的外轮廓。水平的立面相互交叉加深了它们的不稳定性，而其中的另一部分又延伸到了车库。建筑处在一种不安的状态下，混凝土的立面表达了一种厚重、不透明的质感，它限制了人们想要穿透建筑内部的视线，除非将立面从建筑上刨除。这是一个典型的"功能服从形式"的建筑作品。

图 3.6　阿姆斯特丹老人公寓 | MVRDV 事务所，1997

当 MVRDV 完成基本设计时，发现现有的方案超出高度限制的要求，其投影影响了西侧住宅的采光，所以老人公寓（WoZoCo）的西侧需要局部降低，而这样做只能提供87套住宅，因此将另外13套住宅悬挂在北面。但以荷兰的一般住屋要求来说，向北的住宅单元很难被公众所接受，因为向北的单元长年没有阳光直接射入屋中，最后受限于法规，老人公寓上下两层共四个单元悬挂在北面，才使得老人公寓有如此独特的外形。至于南面的典型单元，虽然每层的平面都一样，但 MVRDV 拒绝以复制的方式将每一层的平面带到其他各层，MVRDV 巧妙地使用露台和窗口的位置，为每层的外观带来不同的变化，南面的露台和北面的悬挂公寓住宅令老人公寓从平凡中变出不平凡。

2010 年美国《时代》周刊评出全球十大"危建"，除了比萨斜塔外，中国的悬空寺和荷兰的老人公寓也榜上有名。我们不知道老人公寓的结构安全系数，但如此大的悬挑确实过于冒险。荷兰建筑师以其"新颖"著名，例如中央电视台新大楼。世界正面临着"温室效应"的冲击，十年后的气候会如何变化，目前谁也说不清，所以用"危建"来标榜新颖是不可取的。

MVRDV 的名称以三个主持人威尼·马思（Winy Maas，生于1959）、雅各布·凡·瑞杰斯（Jacob van Rijs，生于1964）和娜塔莉·德·沃瑞斯（Nathalie de Vries，生于1965）姓氏中的第一个字母组合而成。事务所现在已经超过 100 人，在世界各地都有项目。

4 欧洲几个著名小区的规划与建设

本节通过介绍欧洲几个著名的区域规划和发展给大家做一个借鉴,希望设计师们能够从中得到启发。

人类生存的基本条件之一是居住，于是有了房屋，房屋多了便有了村落，进而产生了城市。城市里面的房子多了，就有比较，哪个房子造得更美，形成了感觉上的要求；所以，建筑主要包括两个方面的基本概念：功能和艺术。为了让城市建造得更美好，历史上建筑师们和政治家一起规定了一些"原则"。例如1933年所制定的《雅典宪章》，提出了现代城市应该解决好居住、工作、休闲和交通四大功能。第二次世界大战之后，世界经济经过30年的复兴，人口和城市建设问题再一次摆在面前。尽管《雅典宪章》仍然在支配着城市规划的制定，但它确实已经落后于时代的发展和要求。1977年，城市规划的制定者们汇聚在智利的利马制定了更为具体的《马丘比丘宪章》，对城市建设和设计等11项重大问题做了更为具体和细致的说明和规定。20世纪80年代，随着"信息化"的快速崛起，工业化的"第三次高潮"的到来，在系统论、信息论、控制论、协同论、耗散结构论和突变论等诸多领域有了新的发展，也给城市规划带来了冲击。1999年6月23日，国际现代建筑协会第20届世界建筑师大会在北京召开，大会一致通过了由吴良镛教授起草的《北京宪章》。《北京宪章》首先总结了20世纪的时代特征——大发展和大破坏；接着提出了建筑学面临的问题，包括大自然的报复、混乱的城市化、技术的"双刃剑"及建筑魂的失落，提出了我们面临的共同选择——可持续发展；最后宪章提出了一个新的、2l世纪的建筑学体系——广义建筑学，从地区、文化、科技、经济、艺术、政策法规、业务、教育、方法论等不同侧面思考这一问题。这个宪章被称为21世纪城市规划设计的指导原则。吴良镛教授也因此获得2011年度的国家最高科学技术奖。

城市规划早已成为建筑系的一门必修课了。20世纪对城市规划设计产生巨大影响的例子莫过于科斯塔和尼迈耶设计的巴西利亚的总体规划[1]。巴西利亚规划设计于1960年，到1987年就进入了联合国教科文组织《世界文化遗产》名录，这在世界建筑史上是绝无仅有的，也从一个侧面反映了城市规划的重要性。

过去，一些著名的建筑师事务所主要做建筑设计，例如荷兰的大都会建筑师事务所（OMA）、MVRDV、West 8等，现在有一部分建筑师转向城市规划设计的研究。对于一个城市来说，规划设计属于总体层面，建筑设计属于个体层面，因此建筑设计要服从于规划设计。

改革开放以后，中国逐步放开了对人口流动的控制，大量农民工流向了城市，同时加快了城市化的进程。但是中国城市化的滞后给中国经济、社会的持续、快速、健康发展带来了一系列的矛盾。在中国城市化过程中今后还会遇到不少困难，例如土地的合理利用、新建小区的设计、旧小区的改造、居住和美观的矛盾、如何贯彻"可持续发展"的要求等等，问题还很多。过去中国从事规划设计的建筑师，都由政府直接管辖的，大多数情况是服从安排，创新性设计不多。本节只是想通过介绍欧洲几个著名的区域规划和发展给大家做一个借鉴，希望设计师们能够从中得到启发。

[1]刘古岷.现当代教堂建筑艺术欣赏［M］.南京：东南大学出版社，2011：303.

4.1　阿尔梅勒的总体规划与发展

　　阿尔梅勒位于荷兰首都阿姆斯特丹东约 20 km 的地方，是荷兰弗莱福兰省的一座城市，属于首都阿姆斯特丹的都会圈内，两座城市以艾湖（Ijmeer）相隔。20 世纪 60 年代，荷兰人口剧增，荷兰政府认为，像阿姆斯特丹这样的大城市必须拥有卫星城。这就是阿尔梅勒的起源——作为阿姆斯特丹的卫星城。阿尔梅勒作为建筑试验田的日子很快到来了：首先是填海造田，1968 年夏天排干了水，1972 年总体规划上交，1974 年开始建设，1975 年便迎来了首批居民。1976 年阿勒梅勒只有 5 万人口时，就蕴酿着城市的发展计划。为适应飞速的建设，以托恩·库哈斯（Teun Koolhaas，雷姆·库哈斯的堂兄）为代表的阿尔梅勒最早的一批创建人想出了一个非常灵活的多城市区域计划，包括五个同类的核心区，每一块核心区都有一条主干道、市政厅、商务区、公共设施和公共空间，自给自足。这种灵活的方案使得未来的规划者可以重复打造这座城市。城市的 1/3 被用于工业，1/3 是住宅，另外 1/3 是公园和开放的空间。阿尔梅勒人度过了一段乌托邦式的岁月：即使在郊区也是零犯罪。这种乌托邦式的生活很快让阿尔梅勒的第一代青少年感到厌倦了，这片土地只有少得可怜的夜总会、酒吧和咖啡店。娱乐的缺乏十分令人沮丧，甚至很多人认为阿尔梅勒根本就不是一座城市。

　　扭转局面的是荷兰建筑师雷姆·库哈斯和他的建筑事务所。OMA 在 1994 年赢得了阿尔梅勒中心的设计比赛。"与其说库哈斯是大众流行的选择，不如说是政治上的选择。"前阿尔梅勒建筑与城市规划中心主任芭芭拉·尼沃库普（Barbara Nieuwkoop）这样说道，"库哈斯在国际上的号召力使他可以给这座充满建筑野心的城市带来建筑师的全明星阵容。" 库哈斯使阿尔梅勒在荷兰国内外的建筑师圈子里成为一个颇具声望的项目。除了总体规划以外，库哈斯自己还设计了 Utopolis 电影院，世界知名的建筑师妹岛和世、MVRDV 和威尔·阿尔索普（Will Alsop）等也在阿尔梅勒设计了剧院，雷内·凡·祖克（Rene van Zuuk）和克劳斯 + 卡恩（Claus & Kaan）等设计了公寓大楼，吉贡 + 盖伊（Gigon & Guyer）和本森 + 克洛威尔（Benthen & Crouwel）等设计了商业场馆……他们给阿尔梅勒的居民提供了无比的自豪感。

　　已经完成的许多建筑物和现在正在建设的几个建筑，如 3 座（Block 3），显示了规划的合理性。2008 年 7 月，大卫·齐普菲尔德在 RIBAJ 的采访时指出："你不能指望所有人开始完全改变建筑类型，他们不能阅读建筑之间的张力在于传统和现代之间的反差；如果你只对传统感兴趣，你不会去任何地方；同样的道理，如果你只对新的观念有兴趣，你也不会去任何地方。

许多新城镇的问题，如米尔顿·凯恩斯[1]（Milton Keynes）或坎伯诺尔德[2]（Cumbernauld），过去的记忆被删除了，但新的张力尚未出现。"

来到城市中心，只有亲眼目睹之后，才能够有目的地阅读它。如果你来到这里没带地图，并试图以自己的方式到处转转。于是，在市中心来回转悠后，试图通过自己的感受来评估"总体规划"。让人吃惊的第一件事是老城中心的转型居然十分从容平和，当然已经是相对较新的面貌了。它的规模和密度是和谐的，大部分的总体规划对行人非常友好：无论是空间的上升和下降，扩大和缩小，全部免除了车辆的威胁。这种微妙而繁多的空间给许多个别的建筑组合提供了一种柔软的动态支撑。

OMA自称为"休克疗法"的计划目的在于让阿尔梅勒用一种"量子跃进"式的方法重获生机，所谓的"量子跃进"，其实就是迅速加大城市的软实力。OMA的发展计划从功能性强大的市郊大型购物中心衍生而来，将中央广场非零售楼宇沿着水边分布在西部，很有吸引力，而更重要的一点是，空间形形色色且符合人的尺度。即使是动物园，也是在文化上与别的建筑有关联的建筑物。

克里斯蒂安·德·包赞巴克（de Portzamparc）将五彩斑斓的建筑群与中央建筑物联系在一起，并没有让人压抑的感觉。显而易见，其他建筑物使用了多种材料和风格，但它们并没有拥挤与不和谐的感觉。由于这个地区地面向水面倾斜，地面和水的边界尚存一些空间，也许在未来几年内这些空间也会被使用。只是SANAA的阿尔梅勒戏剧和艺术中心宽阔的体量挡住了人们对水面的视线，这样的安置使人有些不快。

就整体而言，这是一个成功的新的城市中心规划，对建筑师而言，这肯定是一个需要面对的挑战。相比早期（东部）零碎的零售区，OMA的城市重建是极具吸引力的规划。

OMA对于城市中心规划做了如下说明：

在短短的不到20年时间里，阿尔梅勒的人口已经超过10万。全市显示出巨大的潜力和活力，显示了建筑的创新和新试验计划的承诺。阿尔梅勒很快就会达到饱和体量，这将需要重新制定它的新规划，10年后人口将接近中等城市，城市将有可能产生巨大的飞跃，从一个独特的集聚小区，逐渐扩大到几个独立的小区，城市发展有可能达到一个更高的层级。这一增长将为城市中心提供一些基本的基础设施，如文化核心区（博物馆、图书馆、剧院）、大型零售区等。

[1] 米尔顿·凯恩斯，位于英格兰中部，伦敦与伯明翰之间，东南距伦敦80 km。为英国经济重镇，还是英国新城镇建设的成功典范。环绕城镇的是茂密的森林，10多个人工湖点缀其间，风景秀美。米尔顿·凯恩斯属于第三代新城的典型。

[2] 坎伯诺尔德，是1955年指定建设的城市，位于苏格兰格拉斯哥市东北约23 km的长条山地上。建设的目的是想吸引格拉斯哥的工业和人口。这个新城集中而紧凑，居住密度较高。规划结构摒弃了以邻里区为单位的做法，试图建设一个整体化而结构紧凑的新城市。布局上，它努力使新城大多数人住在靠近新城中心的地方。坎伯诺尔德是第二代新城的代表。

为了纪念阿尔梅勒的飞跃，OMA 决定新方案针对两个区域，即市政厅广场和沿着维尔湖[1]的林荫大道、车站和曼德拉公园之间的两个区域，来制定城市和商业中心的新方案。这对于明确划定阿尔梅勒的新地位至关重要。它将有可能创造一个新的、有可识别形式的阿尔梅勒，与现有的、低密度的元素（专业零售商、小规模的办事处）形成鲜明的对比。

新方案最大限度地利用其位置，建立一个 13 万 m^2 复杂的北部车站区；用林荫大道将分散复杂的购物点划分，让商业规划从整体规划中分离开来，给文化和休闲活动留下空间。这给同类建筑的集中提供了机会，创造一条对角线，分离了两个购物区。中心东部的一个条形区域将被保留，在稍后阶段将直接制订新的扩展计划，这里是一个有吸引力的地点。

总体规划决定，在前一阶段，中心的商业计划由私人发展机构进行开发。新方案中商业面积 67600 m^2，休闲面积 9000 m^2，有 890 套住房，建造 3300 个停车位，该方案还包括新的图书馆、酒店、流行音乐大厅和剧院。对拟议的城市街区和混合组合方案的商业概念进行了模型比较，沿着维尔湖的大道用于重要的海滨休闲区、夜生活区和文化区。

对复杂的办公功能区制定了进一步的细节，与城市中心的情况相类似，由一个倾斜的平面让人进入办公楼，每栋楼的底座为复印中心、会议室、就业机构、商店等，通过水平连接的"桥梁"与塔楼紧挨着，这个区域允许配置更大的建筑物。

OMA 的规划里显示了几个重要的特点：第一，如前所述，新区和老区无论在体量还是风格上彼此十分和谐，可以把新区看成是老区的自然延伸；第二，规划体现了新城和维尔湖之间的关系，如果从维尔湖看去，阿尔默勒应该有一道明确的天际线，于是沿着湖边，建起了几座高楼；第三，OMA 的规划最主要的"核心"就是尽快地建成商业和文化中心，以便让居民感到生活很充实。笔者之所以介绍荷兰小城阿尔梅勒的新发展规划，是希望能够给我国中小城市的发展规划做一个参考。城市的发展规划应该顾及它的历史、现状和未来，注重设施的配套、布局的可持续发展，直到城市发展到相当的规模，有了实际的需要，再建一座几百米的"标志性"高楼大厦也不迟。

OMA 所制定的规划到 2013 年基本完成，图 4.1.0–1 中所标出的红色区域，就是目前已经完成的新区。然而发展仍在继续，MVRDV 最近为阿尔梅勒城设计的 2022 年荷兰 Floriade 世界园艺博览会的候选方案，设计超越临时展馆的概念，呈现的是一种持续的梦幻城市，它将是城市的绿色延伸，设计以阿尔梅勒 Oosterwold 的 DIY 城市规划方案及阿尔梅勒 2030 整体规划为基础，试图打造一个具有雄心的可持续城市。这个梦幻城市项目将包含：45 hm^2 的城市主要扩展区，包含观景塔楼、绿色住宅展览（22000 m^2/115 个住宅）、酒店（30000 m^2）、大学（10000 m^2）、会议中心（12000 m^2）、众多不同的展馆（25000 m^2）、小温室（4000 m^2）、

[1] Weerwater，维尔湖是阿尔梅勒南面的小湖，前文的艾湖是指阿姆斯特丹和阿尔梅勒之间的巨大的喇叭形水域。

护理中心（3000 m²）、儿童展馆、码头、森林、露天剧院、露营地和其他设施（25000 m²）。

　　MVRDV 的战略目标是在阿尔梅勒新增 6 万套住房、10 万个就业岗位和自然保护区等。这一计划将把阿尔默勒改造成荷兰第 15 大城市，并吸引 35 万居民。其增长过程将持续到 2030 年，并改善城市的生态、社会和经济可持续性。其时，阿尔梅勒将成为荷兰第四大城市，它将和阿姆斯特丹通过铁路连成一片，成为荷兰的双子城，这一项目将有助于荷兰竞争申办 2028 年奥运会。

　　与 MVRDV 一起合作的还有 West 8 和 McDonough 事务所等，他们将修建一系列城市和自然保护区的小岛，改善艾湖的水质。

图 4.1.0-1　阿尔梅勒新区平面图

说明：这张平面图与目前实际的建筑布局稍有差异

1 阿尔梅勒戏剧和艺术中心（Almere Arts Centre & Theatre）

2 双塔（Twin Towers）

3 波浪楼（Wave Building）

4 变形 S 楼（Silverline Building）

5 阿尔梅勒娱乐中心（Almere Entertainment Centre）

6 Utopolis 电影院

7 HEMA 百货店

8 阿尔梅勒图书馆（Almere Library Building）

9 弗莱佛医院（Flevoziekenhuis）

10 TARRA 塔

11 零售店（Retail Building）

12 德芳斯办公大楼（La Defense Office）

13 城堡综合游乐场（Citadel）

图 4.1.4　变形 S 楼 | 克劳斯 + 卡恩建筑事务所，2001

图 4.1.0-2　阿尔梅勒新区鸟瞰图

图 4.1.1　阿尔梅勒戏剧和艺术中心 | SANNA，2007

图 4.1.2　双塔 | 希建筑师事务所，2005

图 4.1.3　波浪楼 | 雷内·凡·祖克，2005

图 4.1.5-1 阿尔梅勒娱乐中心 图 4.1.5-2 阿尔梅勒娱乐中心 图 4.1.6 Utopolis 电 影 院 ｜
｜威尔·阿尔索普，2003 另一侧 OMA，2004—2008

图 4.1.7 HEMA 图 4.1.8 阿尔梅勒图书馆 ｜ 迈耶 + 图 4.1.9 弗莱佛医院 ｜ Wiegerinck
百货店 ｜ 吉贡 + 范·斯库特，2003—2009 建筑事务所，2008
盖伊，2007

图 4.1.10 TARRA 图 4.1.11 零售店 ｜ OMA，2007 图 4.1.12 德芳斯办公大楼 ｜ 联合工作
塔 ｜ MVRDV，2002 室，1999—2004

图 4.1.13-1 城堡综合游乐场 图 4.1.13-2 城堡 图 4.1.14 阿尔梅勒的车站广
｜克里斯蒂安·德·包赞巴克 场和附近的高楼
+ 库哈斯，2006

4.2 卢森堡基希贝格新区的发展

1995—2007 年，12 年内卢森堡两度当选"欧洲文化首都"。在此期间，卢森堡的人文景观经历了诸多变化，这一切还要追溯到 43 年前在巴黎的一次欧洲几位部长的会议。1952 年 7 月 23 日早上 3 点钟，在巴黎的一个会议室里，法、德、意、荷、比、卢等国的几位部长对《巴黎条约》中的欧洲煤钢共同体相关事宜，经过长时间的讨论后，都疲倦不堪。就在此时，卢森堡大公国外交部长约瑟夫·比彻忽然大声说："我建议，这项工作立即在卢森堡开始，它会给我们时间去思考的"，接着部长们都松了口气。于是欧洲煤钢共同体就在基希贝格这个小镇上有了它的席位。

卢森堡政府很快决定开发基希贝格高地，构想大胆的女大公夏洛特桥（Grand Duchess Charlotte Bridge，总长度为 355 m，高 74 m，钢结构的重量为 4785 t）项目的建造迅速将大片郁郁葱葱的草原（360 hm²，相当于首都面积的 1/7）转化为纯粹的现代化区域。宽阔的肯尼迪大道（N51）横穿基希贝格高地，大道的两侧遍布住宅开发地、宾馆、餐厅、电影院、商场、银行、办公楼、学校等设施，还包括运动场所，如奥林匹克游泳池和库克国家体育中心。后来，这里还建造了许许多多著名的文化设施。

1958 年卢森堡市首先建造了欧洲投资银行，它由英国著名建筑师丹尼斯·拉斯顿（Denys Lasdun）设计。卢森堡市的第一座 22 层的摩天大楼，当时称为阿尔西德加斯派瑞大厦，建于 1960—1965 年，欧洲煤钢共同体和欧洲经济共同体的董事会就设在该大厦内。1967 年当事国又具体地将欧洲部长理事会和欧洲共同体委员会（简称欧洲委员会）的总部设在布鲁塞尔，而卢森堡的基希贝格则成为欧洲议会和欧洲共同体法院的所在地；随着欧洲其他国家的加入，欧洲共同体和欧洲议会不断扩大，欧洲议会迁到了斯特拉斯堡，现在基希贝格主要是欧洲法院和审计局的所在地了。

20 世纪 90 年代，基希贝格启动了新的城镇改造规划，主要包括：高速公路改造（1993—2012）；罗马威格公园和欧洲植物园（1993—1999）；欧洲学院中央公园和卢森堡国家体育与文化中心项目（第一阶段 1995—1999，第二阶段 2000—2006）；新医院周边花园（1997—2002）以及克劳斯格亨德森公园的沙丘和水上乐园项目（1994—1999）等。这些规划都得到了很好的实施。

2004—2008 年，法国建筑师多米尼克·佩罗（Dominique Perrault）设计了两座平行的高楼和一个巨大的矩形建筑（它的外圈是悬空的）以及一排和老法院格调一致的长条形建筑，将法院连成一片。审计局仍在原处，在它的后方又加了一个办公楼。基希贝格现在有 10 多家银行，已经成为一个新的金融中心。

现在基希贝格最入眼的倒是西班牙建筑师里卡多·博菲尔（Ricardo Bofill）2006 年设计的竖立在肯尼迪大道两侧的拉波特大厦，它们起到了一个平衡作用，肯尼迪左侧的法院建筑群和右侧的爱乐音乐厅、让大公现代艺术博物馆、阿尔西德加斯派瑞大厦和会议中心以及现在成为国家图书馆的罗伯特·舒曼大厦这片文化区通过拉波特大厦使城市的布局显得更加协调。

2007年，卢森堡被评为"欧洲文化首都"，除去卢森堡古老的文化外，基希贝格的两个新建筑大大地增加了这座城市的文化品位。它们就是由贝聿铭设计的让大公现代艺术博物馆和克里斯蒂安·德·包赞巴克设计的爱乐音乐厅。

贝聿铭的卢森堡新的现代艺术博物馆的艺术风格从来没有遭到非议，但是这座优雅的几何形状的博物馆项目已经进行了17年，保守的公爵领地国还是没有接受它。起初是博物馆选址问题，直到1997年才定下在图根堡(Fort Thungen)修建，博物馆和大公要塞博物馆互相交错在一起。贝聿铭当时对这处地点非常满意，他说"我想让古老的石头说话，重新焕发活力，而让这些石头产生活力的唯一方法就是人类的光顾。"1999年施工开始，但博物馆的麻烦没有完，博物馆的石料问题浮出水面。贝聿铭坚持用蜜色的法国石料，但招致了4年的法律纷争，项目一再推延。贝聿铭说："原先的想法是推陈出新，但后来变成保留一切，在原本设计为背面的地方开了一个入口。"19世纪的要塞废墟得到了保护，从某种角度看，博物馆的外部本身就像一座城堡。顶部有一座棱角分明的100 ft高的玻璃塔，使得主楼层充满光线。这个新老建筑的对比和融合给人们展现了一个历史的画卷。

克里斯蒂安·德·包赞巴克构思了爱乐音乐厅这幢类似美式橄榄球形的建筑，在其外围密布了832根钢柱，构成了柱廊式的屏风外立面，并支起了一片树叶形屋顶。在建筑物的正面，建筑师扩大了立柱间的距离，使之成为与肯尼迪大道平行的音乐厅入口。两个壳状的金属复合板矗立在主体结构两侧。其中一个正切曲线外壳，用于指导来客从地下停车场进入内庭；另一个向上的外壳，则是室内音乐厅的顶棚。音乐厅长宽分别为126 m和109 m。基希贝格是土地十分紧张的地区，当时政府只划出一小块地方供音乐厅使用，原先想在音乐厅四周种树的愿望也无法实现，包赞巴克这才想起用柱子来代替树木，当然这里的双排柱远比梵蒂冈圣彼得大教堂的双排柱要纤细得多。音乐厅外围的832根纤细的钢柱就好似竖琴的琴弦一样，使建筑显得高贵而优雅。当光线穿过柱间，其间微妙的光影变化，就像一支无声而奇妙的小提琴曲，会让人沉静在无穷的浮想之中。音乐厅已成为卢森堡基希贝格欧洲广场的一个标志性建筑。

基希贝格原先就是一块荒地，它的建设是从解决"政治问题"开始的，但卢森堡成为"欧洲文化首都"绝不是因为基希贝格那些大块的"政治"建筑。基希贝格对"欧洲文化首都"的贡献主要体现在两个方面：一方面合理的城市密度使这里的建筑体量、布局给人一种美感，新城和老城之间的反差强烈地反映出卢森堡的历史内涵；更主要的一方面在于城市的"软件"，即文化内涵。在这一方面，除去上面介绍的两个建筑外，奥林匹克游泳池和罗杰·塔利伯特(Roger Taillibert)设计的库克国家体育中心那"蝴蝶"状飞翔的屋顶，也会让人遐想万千。此外这里的绿化、道路及交通都设计得十分到位，1994—1999年完成的克劳斯格亨德森公园的沙丘与水上乐园项目，使新城有了供人娱乐的处所。基希贝格现在已经从"政治"城市变成了旅游胜地了。

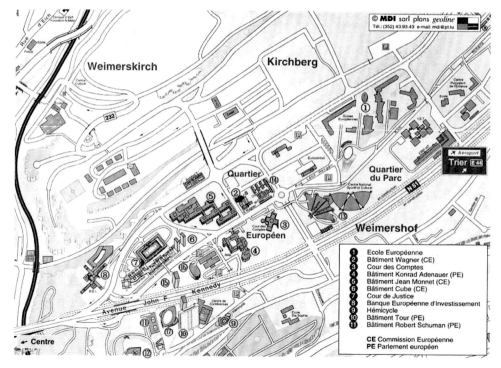

图 4.2.0-1　基希贝格平面图

说明：① 图中肯尼迪大道从下方穿过欧盟建筑区。② CE 表示欧洲委员会，即欧盟；PE 表示欧洲议会。③ 该图约绘于 2008 年左右，如欧洲投资银行新建筑，图中没有标出。

1 学校（Ecole Eutopeenne）
2 瓦格纳大楼（Bâtiment Wagner）
3 欧洲审计法院（Cour des Comptes）
4 康拉德·阿登纳大厦（Bâtiment Konrad Adenauer）
5 让·莫奈大厦（Bâtiment Jean Monnet）
6 立方体大厦（Bâtiment Cube）
7 欧洲共同体法院（European Cour de Justice）
8 欧洲投资银行（Banque Européenne d'investissement）
9 山顶宾馆（Centre de Conférence Kirchberg-Hémicycle）
10 阿尔西德加斯派瑞大厦（Alcide De Gasperi Building）
11 罗伯特·舒曼大厦（Robert Schuman Building）
12 让大公现代艺术博物馆（Musée d'Art Moderne Grand-Duc Jean）
13 库克国家体育中心（Coque National Sports Centre）
14 商会（Chamber of Commerce）
15 拉波特大厦（La Porte Building）
16 索菲特饭店（Hotel Sofitel）
17 基希贝格爱乐音乐厅（The Luxembourc3 Phiharmonia）

图 4.2.0-2 基希贝格全景

图 4.2.0-3 基希贝格远眺

图 4.2.0-4 卢森堡老城和基希贝格新区

图 4.2.1 欧洲审计法院，1975

图 4.2.2 康拉德·阿登纳大厦，1988

图 4.2.3 让·莫奈大厦 | RKW 建筑事务所，1974—1988

图 4.2.4 立方体大厦 | 多米尼克·佩罗，2004—2008

图 4.2.5-1 欧洲共同体法院 | 多米尼克·佩罗，2004—2008

图 4.2.5-2 欧洲共同体法院下部建筑

图 4.2.5-3 欧洲共同体法院早期建筑，2008 年三者已经连成一体

图 4.2.6-1 欧洲投资银行 | 丹尼斯·拉斯顿（Denys Lasdun），1958—1960

图 4.2.6-2 欧洲投资银行，新老两座建筑，基本靠在一起

图 4.2.6-3 欧洲投资银行新总部 | 英恩霍文建筑事务所，2005—2008

图 4.2.7 山顶宾馆，1979—1981

图 4.2.8-1 阿尔西德加斯派瑞大厦，1960—1965

图 4.2.8-2　阿尔西德加斯派瑞大厦下方的会议中心 | C.希迈尔（C. Schemel）等，2007

图 4.2.9　罗伯特·舒曼大厦 | 加斯通·威垂＋米歇尔·穆萨乐，1970—1973

图 4.2.10-1　让大公现代艺术博物馆 | 贝聿铭，1992—2006

图 4.2.10-2　让大公现代艺术博物馆前面的著名古迹图根堡

图 4.2.11-1　库克国家体育中心 | 罗杰·塔利伯特（Roger Taillibert），2002

图 4.2.11-2　库克国家体育中心鸟瞰

图 4.2.12　商会 | 克劳德·瓦斯科尼（Claude Vasconi），2003

图 4.2.13　拉波特大厦 | 里卡多·博菲尔，2006

图 4.2.14　索菲特饭店，2011

图 4.2.15-1　基希贝格爱乐音乐厅 | 克里斯蒂安·德·包赞巴克，2002—2005

图 4.2.15-2　爱乐音乐厅俯视，屋顶像一片树叶

图 4.2.16　女大公夏洛特桥 | 埃贡·约克斯（Egon Jux），1957—1966

355

图 4.2.17　梅利亚饭店 | 吉姆·克莱门斯（Jim Clemens），2009

图 4.2.18　联合抵押银行 | 理查德·迈耶＋合伙人，1994

图 4.2.19　德国商业银行 | 赫尔曼＋瓦伦蒂尼＋伙伴（Hermann & Valentiny and Partners），2005 年

4.3　巴黎拉德芳斯 CBD 的发展

拉德芳斯（法语：La Défense）是巴黎都会区首要的中心商务区，位于巴黎西北塞纳河畔，东距凯旋门 5 km。其涵盖的市镇包括库尔贝瓦以及皮托和南泰尔的一部分。作为欧洲最完善的商务区，拉德芳斯是法国经济繁荣的象征。它拥有巴黎都会区中最多的摩天大厦，办公场地约 300 万 m^2，各类企业 1500 家。建区 50 年以来，拉德芳斯不再局限于商务领域的开拓，而是将工作、居住、休闲三者融合，环境优先的拉德芳斯也正在成为一个宜居区域。而 85% 的员工依靠公交上下班，亦证明了欧洲第一商务区交通方面的便利条件。

拉德芳斯原是巴黎西郊一片僻静的无名高地，在 1870—1871 年的普法战争中，法军败北，巴黎沦陷，一小队法军退守这里的无名高地并顽强抵抗到弹尽粮绝，全部以身殉国。后人在高地上竖起一组雕像，题名"拉德芳斯"，意为"防卫"，以纪念在普法战争中为保卫巴黎而阵亡的将士。

20 世纪 50 年代法国仍然处于战后恢复期，重建部长欧仁·克劳·佩蒂特（Eugène Claudius Petit）征询并要求三位知名建筑师提出一个开发拉德芳斯地区的计划，作为 1958 年世界博览会之用，尽管世界博览会没有开成，但这是拉德芳斯建设的最早方案。

在拉德芳斯地区的边缘拥有一块三角形的土地，拟率先开发，联盟的董事长很自然地要求这三位建筑师设计一幢大展览馆，并且能配合未来整个地区的发展。这就是国家工业科技中心（CNIT）。这是一座造型非常独特的建筑，像一个倒扣着的贝壳；巨大的拱肋一个靠着另一个，中间的宽度稍大些；这样，六组变截面半拱肋从三个方向逐渐向中央合拢，构成一个巨大的上凸的拱形三角空间。建筑的底跨为 218 m，弦高 46 m，拱肋为双层钢筋混凝土。CNIT 的诞生展现了法国现代工业技术的复兴。1958 年开始，政府成立了拉德芳斯公共规划机构（EPAD）专门负责此地的开发，授权 EPAD 在此后 30 年间兴建法国迫切需要的商务办公区。组成人员包括建筑师、规划师、测量员、律师、工程师、商业家和管理人员，一共 260 人。经过几年的全面调研，他们提出了长期的规划。当时拟定的规划用地 75 hm²，分 A、B 两区。A 区即图 4.3.0-1 中粗线围合的区域，东西长 1300 m，用地 160 hm²。综合区以贸易为主，包括居住和办公建筑。约有 30 ~ 50 栋的高层办公楼，可居住 2 万人，工作人员达 10 万。B 区范围更大，有大片的公园，规划比较松散。A 区中央有一块长 900 m 的步行广场，用 48 hm² 的钢筋混凝土板将地下交通系统全部覆盖起来。

1960 年 EPAD 开始草拟拉德芳斯的都市化计划，1964 年获得通过。其基本精神是根据勒·柯布西耶（Le Corbusier）的理念，即创造一个人车分离的环境，人行广场在地上，道路网在地下。为了维持地区建筑的一致性，所有在拉德芳斯地区内的办公大楼的基地尺寸是 24 m × 42 m，高度为 100 m。换句话说，每幢大楼高约 30 层，每一层楼地板面积为 1000 m²，整区总计楼地板面积约为 85 万 m²。每幢建筑物只要遵循上述规定，其造型可以自由变化。即今天所谓的第一代建筑物，每栋大厦的楼地板面积约 22000 m²，结构设计必须确保所有办公空间都能直接得到自然光照射。1967 年第一代摩天大楼开始出现，包括 Nobel 大楼（现已改名为 Roussel-Hoescht 大楼）和 Aquitaine 大楼（现已改名为 AIG 大楼）。但是住宅建筑则限制不得超过 10 层楼，平面多为方形，建在摩天大楼前方以接受更多的阳光。

1969 年由于经济快速成长，对办公空间的需求大增，1964 年的规划面积很快就不够使用了，迫使 EPAD 修改将建筑基地面积增加一倍来完成新的规划，其中将办公空间总楼地板面积修改为 150 万 m²，高度限制放宽到 200 m，基地面积也酌量放大。70 年代拉德芳斯地区出现若干超高的办公大楼，包括 GAN、菲亚特（FIAT，现为 Framatome）及 Assur。住宅建筑也开始向高层发展，包括 Défense-2000，楼高达 47 层。

1970 年 2 月地铁将拉德芳斯与凯旋门区联结起来，两地运行时间不到 5 min，因此地铁站四周建成了几个小型的购物中心，以满足此地区 12000 多名上班族的需要，并且从法国国家铁路公司（SNCF）的地铁车站有多线公交车通往基地中央的许多大楼。这一阶段拉德芳斯的发展十分迅速，以至于 1971 年蓬皮杜总统访问上塞纳省（Hauts-de-Seine）时，曾说："拉德芳斯真的需要兴建这么大的办公空间吗？我不能确定，但是一旦设计并兴建，我们就要勇往直前不可半途而废。"

1972 年新规划公布，第二代的大楼开始兴建，包括楼地板面积 65000 m² 的 Frankin 公司、68000 m² 的 Assur、85000 m² 的 GAN、10 万 m² 的菲亚特（FIAT）公司等，环境部同时种植了 600 棵树，来改善这里的环境。

1973 年的全球石油危机、经济萧条，使社会大众对高楼办公室需求大幅下降。1974 到 1978 年间拉德芳斯地区面临空前的危机，以至于当时政府也不得不进行干预。1973 年拉德芳斯特区内办公大楼的闲置面积高达 60 万 m²（相当于有 10 座大楼在闲置着），办公空间市场已严重饱和，整个大巴黎地区就超过 200 万 m² 的空置率。拉德芳斯区进入空前的黑暗期。1975 到 1977 年间，EPAD 未能售出任何一栋楼房的建筑权；另一方面，这一段时期租赁市场也不稳定，一直到 1978 年才逐渐好转。

1978 年 10 月 16 日，总理雷蒙·巴尔（Raymond Barre）在举行跨部会议之后，同意提出若干措施以拯救 EPAD 的未来，包括首先批准 EPAD 兴建 35 万 m² 的办公空间，继续兴建 A14 号公路，同意贷款改善环境，并且将环境部迁到拉德芳斯区办公，以实际行动表示支持。1981 年该地区有 4 个购物中心开张，总楼地板面积达 10 万 m²，包括百货公司、超级市场及商店等，使拉德芳斯的购物商店面积比过去增加一倍。

1982 年由 EPAD 主办的 Tête-Defence（直译为德方斯的头）竞标，结果一位丹麦建筑师在 424 位竞争者中获得首奖及设计权。1983 年 5 月 25 日密特朗总统发布竞标结果时，得奖建筑师约翰·奥托·冯·施普雷克尔森（Johann Otto von Spreckelsen）正安静地在北欧斯堪的那维亚岛上垂钓，当被接受访问时，他表示自己也没有料到这样简单的立方体竟然会被选上，作为全世界闻名的拉德芳斯地区的建筑地标——"新凯旋门"就这样产生了。

拉德芳斯特区的成功很快地就展现出来，因为想在巴黎西侧这块新开发区建立新总部的需求大量增加，正巧这一时期是办公空间市场的黄金时代，造成拉德芳斯特区出现许多巨大建筑规划，每一规划都包含好几幢建筑物，且属于单一业主。拉德芳斯特区此时成为第三波国际公司总部的所在地，包括 1983 年的 IBM 欧洲总部、全录公司总部、ELF 总部。新功能的建筑也陆续出现，旅馆有 Sofitel、Novotel、Ibis 等，CNIT 与 Informart 的更新、Imax 娱乐中心的圆顶等等显示出这一时期的发展规模。

作为纪念法国大革命二百周年献礼，1989 年 7 月 14 日新凯旋门完工，它好像是一扇通往巴黎城的永远敞开的大门。大门中间用拉伸膜制作的遮阳顶，如一片浮云从拱门中间飘过。紧接着七国高峰会议在此举行，全球媒体电视都争相报导，新凯旋门就此一举成名。虽然这不是最初兴建的目的，新凯旋门每日吸引成千上万的观光客，一年之后让·米歇尔·雅尔[1] 借用新凯旋门为舞台举行盛大的表演，在新旧凯旋门之间的广场居然吸引了 200 万名群众。1988 年更新 CNIT 也改变原有面貌，将原来的展览场改为会议中心，配合资讯科技、办公室与商业，为整个地区提供更完善的服务。1992 年法国中央政府决定延长 EPAD 的任务期限到 2007 年。

如今拉德芳斯地区成为欧洲最具影响力的商务中心，区内 250 万 m² 的商务办公楼地板面积分属 1600 家以上的公司所拥有，工作人数超过 15 万。这里是巴黎地区的决策中心，世界经济的重要舞台，法国最主要的 20 家公司中有 14 家的总部设在这里，50 家最主要的跨国公司中有 15 家设在此区内，还包括相关的银行、保险公司、石油公司等，占了拉德芳斯特区内

---

[1]让·米歇尔·雅尔（Jean Michel Jarre），1948 年 8 月 24 日在里昂出生，意大利作曲家，音乐制作人及演员。他是先锋电子，环境和新时代流派的代表人物。

大部分楼地板面积。而这些大公司几乎都通过资讯分配及电子科技的发展而进驻，几乎都是EMC[2]成员，而其客户常常就在其四周。

有了巴黎公共运输系统（Paris Public Transport System，简称RATP）、法国铁路（France Railways，简称SNCF），使得EPAD结合地方政府，共同努力协助拉德芳斯特区顺利地跨入21世纪。这样多样的运输服务使得每天输送35万人次的通勤者既方便又满意。无怪乎超过八成的人来拉德芳斯区都利用公共运输系统。

21世纪第一个10年过去了，拉德芳斯已经成为世界三大CBD中心之一，法国兴业银行2007年也在原先双子楼（图4.3.22）附近请普利策奖获得者克里斯蒂安·德·包赞巴克设计了一座新大厦（图4.3.22-1）。为了要确保拉德芳斯特区在欧洲商务空间市场的竞争中不败的地位，一些建筑不但在外形上争奇斗艳，内部也不断创新。最近由三位普利策建筑奖的获得者所设计的三座大厦将在此后几年内相继在拉德芳斯竖起。这三位建筑师就是著名的诺曼·福斯特、汤姆·梅恩和让·努维尔。

从卢浮宫沿着香榭丽舍大道，经过凯旋门，一直来到了拉德芳斯的新凯旋门，这条大道浓缩了巴黎几百年的历史。将来还会沿着新凯旋门继续向前发展，永不停步。

拉德芳斯特区内除了CNIT及新凯旋门吸引了无数观光客外，同时也赞赏EPAD所设计的公共空间艺术，有如一座现代雕塑的露天博物馆。多年来60多件展示作品都出自著名艺术家之手，包括米罗（Miro）、伽尔佩（Calper）、阿甘（Agam）、恺撒（Cesar）等。从西班牙艺术家尤安·米罗的雕塑《与杏花游戏的情侣》（图4.3.53）、雕塑家恺撒（Pouce de César）的《大拇指》（图4.3.49）、路易·欧内斯特·巴拉斯的《保卫巴黎》（图4.3.48）、考尔德的《红蜘蛛》（图4.3.50）等雕塑中，读者可以体会到拉德芳斯文化品位之一斑。

法国艺术史家普拉岱尔认为，考尔德的作品《红蜘蛛》成了对现代活动的那些象征性场所的新功能主义美学理想的一种平衡。因此，新的巴黎商业区中就出现了这样一个亮闪闪的平衡体，锋芒毕露，宽大的拱形，就像教堂建筑中的扶拱一样分割出空间，并以游戏的方式，想象出一只蜘蛛的侧影。

《大拇指》是雕塑家恺撒的作品，12 m高，位于新凯旋门北侧向里、CNIT西门前的小树林边，大多数游人走不到这个地方，但它确实也是拉德芳斯的名片之一。《大拇指》又称《恺撒的大拇指》，这一语双关，恺撒是作者，以自己的手指为模特，超级写实；也指古罗马的恺撒大帝。阿根廷艺术家塔基斯（TAKIS）是活动艺术和视幻艺术的代表之一，他为拉德芳斯创作的《光》（图4.3.51）位于拉德芳斯的最前端，在水池里安装了几十只螺旋金属柱，螺旋的形式产生动感，像在不停地旋转，又如同光的波动。这些金属柱体的顶端安装着可以闪烁各色的光源，作品融合了艺术、科学、技术和社会的因素，可谓是拉德芳斯意义的缩影。

[2] EMC是European Marketing Confederation的缩写，可译为欧洲营销联盟。

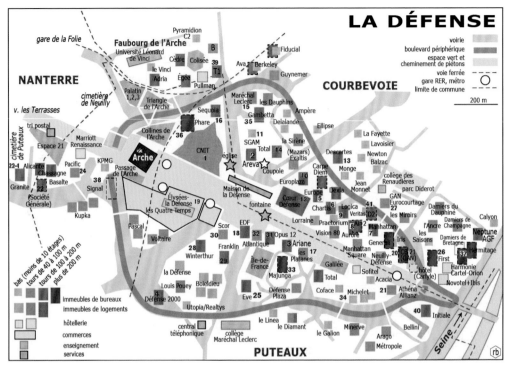

图 4.3.0-1　拉德芳斯平面图

图 4.3.0-2　拉德芳斯全景（在新凯旋门上拍摄）

1 巴黎国家工业与技术陈列馆（CNIT）

2 阿海珐大厦（Tour Areva, Roger Saubot+Francois Jullien），高 144 m

3 阿丽亚娜大厦（Tour Ariane, Robert Zammit+Jean de Mailly），高 152 m

4 德芳斯大厦（Tour Défense, Proux+Demones+ Srot），高 134 m

5 欧洲之旅大厦（Tour Europe），99 m

6 AIG 大厦（Tour AIG, Luc Arsène−Henry+ Bernard Schoeller+ Xavier Arsène−Henry），高 99m

7 曼哈顿大厦（Tour Manhattan, Michel Herbert+Michel Proux），高 110 m

8 欧福酒店（Tour Aurore）

9 罗西伽大厦（Tour Logica CB16, Arsac+Cassagnes+ Gravereaux+ Saubot），高 117 m

10 欧洲广场大厦（Tour Europlaza, Jean−Pierre Dagbert+Michel Stenzel+ Pierre Dufau），高 135 m

11 法兴大厦（SG Tour Sgam, Saubot+ Jullien+Skidmore），高 9 层

12 高德芳斯大厦（Tour Coeur Defense, Jean−Paul Viguier），高 161 m

13 笛卡尔大厦（Tour Descartes, Jean Willerval+Fernando Urquijo+Giorgio Macola），高 130 m

14 托特大厦（Tour Total, WZMH Architects+ Roger Saubot），高 190m

15 马久东勒克雷尔住宅（Résidence Maréchal Leclerc, Badani et Roux−Dorlut）

16 红杉大厦 SFR（Tour Séquoia, Nicolas Ayoub+ Michel Andrault+Pierre Parat），高 119 m

17 莱斯普拉坦斯住宅（Résidence Les Platanes, Rophé ）

18 EDF（PB6）大厦（Tour EDF（PB6）, Pei Cobb Freed + Partners+Roger Saubot et Jean Rouit），高 165 m

19 爱丽舍大厦（Elysées La Défense, Cabinet Saubot−Jullien+Whitson Overcash），高 47m

20 甘大厦（Tour Gan 又称 CB21, Harrison + Abramovitz+ J. P. Bisseuil），高 187 m

21 雅典娜大厦 AGF（Tour AGF−Athena, Jean Willerval），高 100 m

22 法国兴业银行（Tour Société Générale, Michel Andrault+Pierre Parat+ Nicolas Ayoub），高 167 m

22−1 新兴业银行大楼（Granite Tower），高 184 m

23 拉德芳斯凯旋门（Grande Arche, Johann Otto von Spreckelsen），高 110 m

24 太平洋大厦（Tour Pacific），高 90m

25 埃福大厦（Tour Ève, Hourlier+ Gury），高 109 m

26 第一塔（Tour First, 也称 CB31, KPF et SRA Architectes），高 231 m

27 GAN 大厦（Tour GAN Eurocourtage, Jean Willerval），高 97 m

28 丰泰大厦（Tour Winterthur, Delb+Chesnau+ Verola+ Lalande），高 119 m

29 富兰克林大厦（Tour Franklin, Delb+Chesnau+ Verola+Lalande），高 120 m

30 SCOR 大厦（Tour SCOR, Jean Balladur），高 54 m

31 Opus 12 大厦（ Tour Opus 12, Valode et Pistre），高 100 m

32 大西洋大厦（Tour Atlantique, Delb+ Chesneau+ Verola et Lalande），高 95 m

33 马哈赞加大厦（Tour Majunga, Jean−Paul Viguier），高 195 m（天线）

34 米什莱大厦（Tour Total Michelet, Jean Willerval），高 117 m

35 宫毕塔大厦（Tour Gambetta, Badani+ Roux−Dorlut + Mestoudijan），高 104 m

36 灯塔（Tour Phare），高 297 m

37 冬宫广场（Hermitage Plaza），高 330 m

38 信号塔（Tour Signal），高 301 m

39 T1 塔（Tour T1, Valode + Pistre Architects），高 169 m

40 起始塔（Tour Initiale, Jean de Mailly + Jacques Depussé），高 109 m

41 商提塔楼（Chantier Tour, Anthony Béchu+ Tom Sheehan），高 171 m

图 4.3.1　巴黎国家工业与技术陈列馆 | 卡米洛特＋梅利＋泽尔夫斯，1958—1959

图 4.3.2　阿海珐大厦 | 罗杰·苏布＋弗朗索瓦·于连，1974

图 4.3.3　阿丽亚娜大厦 | 罗伯特·扎米特＋让·德马伊，1973—1975

图 4.3.4　德芳斯大厦 | 普·迪马恩·索特，2000

图 4.3.5　欧洲之旅大厦，1969

图 4.3.6　AIG 大厦 | 吕克·阿瑟－亨利＋伯纳德·舍勒＋泽维尔·阿尔塞纳－亨利，1967

图 4.3.7　曼哈顿大厦 | 米歇尔·赫伯特＋米歇尔·普，1975

图 4.3.8　欧福酒店，1970

图 4.3.9　罗西伽大厦 | 阿萨克＋伽沙泥＋噶哈弗霍＋苏布，1970

图 4.3.10　欧洲广场大厦 | 让－皮埃尔·达各贝特＋米歇尔·斯滕策尔＋皮埃尔·句夫，1972

图 4.3.11　法兴大厦 | 苏布＋于连＋斯基德莫尔，1979

图 4.3.12　高德芳斯大厦 | 让－保罗·维基，2001

图 4.3.13 笛卡尔大厦 | 让·威廉法尔 + 费尔南多·沃科尤 + 乔治·马科拉, 1988

图 4.3.14 托特大厦 | WZMH 建筑事务所 + 罗杰·舒布, 1984—1985

图 4.3.15 马久东勒克雷尔住宅 | 巴达尼 + 胡 - 东阿吕, 1974

图 4.3.16 红杉大厦 SFR | 尼古拉斯·阿尤布 + 米歇尔·阿杜 + 皮埃尔·帕拉特, 1990

图 4.3.17 莱斯普拉坦斯住宅 | 沃菲, 1984

图 4.3.18 EDF (PB6) 大厦 | 贝聿铭及伙伴 + 罗杰·沙波特和让·诺伊特, 1997—2001

图 4.3.19 爱丽舍大厦 | 凯比耐特·舒布 - 于连 + 惠特森·欧夫卡什, 1982

图 4.3.20 甘大厦 | 哈里森 + 阿布拉莫维茨 +J.P.毕塞耶, 1972—1974

图 4.3.21 雅典娜大厦 AGF | 让·威廉法尔, 1984

图 4.3.22 法国兴业银行 | 米歇尔·昂托 + 皮埃尔·巴哈特 + 尼古拉斯·阿尤布, 1995

图 4.3.22-1 新兴业银行大厦 | 克里斯蒂安·德·包赞巴克, 2008

图 4.3.23 拉德芳斯凯旋门 | 约翰·奥托·冯·施普雷克尔森, 1985—1990

图 4.3.24 太平洋大厦 | 黑川纪章，1992

图 4.3.25 埃福大厦 | 沃福里 + 格里，1975

图 4.3.26 第一塔 | KPF+SRA 事务所，重建于 2007—2011

图 4.3.27 GAN 大厦 | 让·威廉法尔，1996—1998

图 4.3.28 丰泰大厦 | 戴伯 + 谢努 + 维罗拉 + 拉朗德，1973

图 4.3.29 富兰克林大厦 | 戴伯 + 谢努 + 维罗拉 + 拉朗德，1972

图 4.3.30 SCOR 大厦 | 让·巴拉迪尔，1983

图 4.3.31 Opus 12 大厦 | 瓦罗迪 + 皮斯特尔，1973

图 4.3.32 大西洋大厦 | 戴伯 + 西努 + 维罗拉和拉朗德，1970

图 4.3.33 马哈赞加大厦 | 让-保罗·维基，2011—2013

图 4.3.34 米什莱大厦 | 让·威廉法尔，1985

图 4.3.35 宫毕塔大厦 | 巴达尼 + 胡-杜阿吕 + 密斯图迪冉纳，1975

图 4.3.36　灯塔
| 莫菲西斯建筑
事务所/汤姆·梅
恩，2013—2017

图 4.3.37　冬宫广
场 | 诺曼·福斯
特，2013—2018

图 4.3.38　　信号塔|
让·努维尔，2008—2014

图 4.3.39　T1塔 | 瓦洛得＋皮
斯特尔建筑事务所，2005—2008

图 4.3.40　　起
始塔 | 让·马尼·柏许＋汤姆·希阿纳，
伊·雅克·德
比希，1966

图 4.3.41　商提塔楼 | 安东
2011—2014

图 4.3.42　从埃菲
尔铁塔方向看拉德
芳斯的天际线

图 4.3.43　从卢浮宫看拉德
芳斯天际线:卢浮宫、凯旋门、
拉德芳斯凯旋门在一条直线
上

图 4.3.44　从拉德芳斯凯
旋门朝市内凯旋门看去的
场景

图 4.3.45　从第一楼向
新凯旋门看去的场景

图 4.3.46　新凯旋门右侧
的 IMAX 影院，2001

图 4.3.47　雕塑
《保卫巴黎》|路
易·欧内斯特·巴
莉　亚（Louis-
Ernest Barrias），
1883 年

图 4.3.48 雕塑《大拇指》｜恺撒，1994

图 4.3.49 雕塑《红蜘蛛》｜考尔德，1975

图 4.3.50 雕塑《光》｜塔基斯（TAKIS）
在水池里安装了几十只螺旋金属柱，螺旋的形式产生动感，像在不停地旋转，又如同光的波动。

图 4.3.51 雕塑《不朽的头颅》｜伊戈尔·米格拉伊（Igor Mitoraj），1997

图 4.3.52 雕塑《与杏花游戏的情侣》｜尤安·米罗（Joan Miro），1976

参考文献

［1］罗小未.外国近现代建筑史［M］.北京：中国建筑工业出版社，2004.

［2］王受之.世界现代建筑史［M］.北京：中国建筑工业出版社，1999.

［3］Francis DK Ching, et al.A Global History of Architecture［M］.New York:John Wiley & Sons Inc，2007.

［4］（英）丹尼斯·夏普.20世纪世界建筑——精彩的视觉建筑史［M］.北京：中国建筑工业出版社，2003.

［5］K弗兰姆普敦.20世纪建筑精品集锦1900—1999［M］.北京：中国建筑工业出版社，1999.

［6］吴焕加.外国现代建筑20讲［M］.北京：生活·读书·新知三联书店，2007.

［7］世界建筑大师优秀作品集锦［M］.北京：中国建筑工业出版社，2001.

［8］陈文捷.世界建筑艺术史［M］.长沙：湖南美术出版社，2004.

［9］刘先觉.现代建筑理论［M］.北京：中国建筑工业出版社，1999.

［10］支文军，朱广宇.马里奥·博塔［M］.大连：大连理工大学出版社，2003.

［11］张钦楠.特色取胜——建筑理论的探讨［M］.北京：机械工业出版社，2005.

［12］肯尼斯·弗兰姆普敦.现代建筑：一部批判的历史［M］.张钦楠，译.北京：生活·读书·新知三联书店，2004.

［13］Catherine Croft.Concrete Architecture［M］.London：King Publishing Ltd，2004.

［14］隈研吾.负建筑［M］.济南：山东人民出版社，2008.

［15］勒·柯布西耶：建筑大师MOOK丛书［M］.武汉：华中科技大学出版社，2007.

［16］蓝天组：建筑大师MOOK丛书［M］.武汉：华中科技大学出版社，2007.

［17］（巴西）约瑟夫·M博特.奥斯卡·尼迈耶［M］.张建华，译.沈阳：辽宁科学技术出版社，2005.

［18］(英)凯斯特·兰坦伯里，罗伯特·贝文，基兰·朗.国际著名建筑大师建筑思想代表作品［M］.邓庆坦，谢希玲，译.济南：山东科学技术出版社，2006.

［19］（荷）亚历山大·佐尼斯.圣地亚哥·卡拉特拉瓦：运动的诗篇［M］.张育南，古红樱，译.北京：中国建筑工业出版社，2005.

［20］（美）斯基德莫尔.SOM首席设计师艾德里安·史密斯作品集［M］.张建华，译.沈阳：辽宁科学技术出版社，2003.

［21］吴耀东，等.保罗·安德鲁的建筑世界［M］.北京：中国建筑工业出版社，2004.

［22］（美）理查德·韦斯顿.20世纪住宅建筑［M］.孙红英，译.大连：大连理工大学出版社，2003.

［23］蒋伯宁.现代建筑技术的艺术表现［M］.南宁：广西科学技术出版社，2006.

［24］《大师系列》丛书编辑部.妹岛和世＋西泽立卫的作品与思想［M］.北京：中国电力出版社，2005.

［25］Almere Masterplan Images：Rem Koolhaas Holland［EB/OL］.http://www.e-architect.co.uk/holland/almere-masterplan-oma.

［26］扎哈·哈迪德：没有曲线就没有未来［EB/OL］.(2007-04-13).http://www.atrain.cn/news/2007-04-13/ZaHa-HaDiDe-MeiWeiQuXianJiuMeiWeiWeiLai-3o2d05415.html.

［27］New Museum Architects Ryue Nishizawa, Kazuyo Sejima Win Pritzker Prize［EB/OL］.http://www.fastcompany.com/1599496/sanaa-ryue-nishizawa-and-kazuyo-sejima-win-the-pritzker-prize.

［28］ Latz+Partner(DE).卢森堡基希贝格高原城镇改造［EB/OL］.http://www.docin.com/p-362326283.html.

［29］漩涡中的瑞姆·库哈斯［EB/OL］.［2006-05-12］.http://sdwqy168.blog.163.com/blog/static/2433262200641 2020180.

［30］法国巴黎拉德芳斯发展历程［EB/OL］.http://wenku.baidu.com/link?url=-VZoAKNfGLY_PFy_Lc3VSA2FsppVySJKoaxSmF5wOrKIUGDwpH__bU_Z7Kutdj5yJLJRFGIJM0REXXqfDy-lIjvtXXxfRyaOzlSmvlh9WCG.

［31］ Adrian Forty: Just Another Material?［EB/OL］.http://wenku.baidu.com/view/8c02f9175f0e7cd184253616.html.

［32］阿尔梅勒［EB/OL］.http://baike.baidu.com/link?url=j0p7UZXgLXYRCth_zrnyvNkJoiRtDxg6yuwJ021pnSWkmhX7mcMJj5WdvkU6p_ZmDvGpLowMjUwMN_KwkMJzPa.

［33］妹岛和世和她的"白色暧昧"二［EB/OL］.http://blog.sina.com.cn/s/blog_67b6a8e00100ixuk.html.

［34］当代西方美学建筑新思维［EB/OL］.http://wenku.baidu.com/view/851ccf4ffe4733687e21aa06.html.

［35］ 刘崇霄.当SANAA与安藤忠雄在埃森相遇［EB/OL］.http://blog.sina.com.cn/s/blog_5d5a11ea0100nnry.html.

［36］彼得·戴维森：以"上帝"的图形表现建筑［EB/OL］.http://www.sohochina.com/news/soho_news.aspx?id=16386.

［37］魏皓严.技术的"棉花糖"——索布鲁赫·胡顿建筑师事务所设计的柏林光学中心［J］.室内设计，2008（01）.

［38］（瑞）肯尼斯·鲍威尔.理查德·罗杰斯：未来建筑［M］.耿智，梁艳君，刘宜，等，译.大连：大连理工大学出版社，2007.

［39］王又佳.彼得·艾森曼建筑话语中的新的美学原则［J］.新建筑，2007.

［40］陈丽.意大利MAXXI国立二十一世纪艺术博物馆 罗马.时代建筑，2011（01）.

［41］丁小真.技术美学 威尔士国民议会施耐德大楼［J］.室内设计与装修，2007（11）.

［42］徐好好，郑莉，张红霞，李旸.德国沃尔夫斯堡PHAENO科学中心［J］.新建筑，2006（05）.

［43］石华，曹洁.解读圣地亚哥·卡拉特拉瓦［J］.建筑师，2005（01）.

［44］项菲菲.汤姆·梅恩只在乎建筑［J］.中华建筑报，2008-01-26.

［45］方振宁.妹岛和世与西泽立卫共同呈现——圆的秩序与解构［EB/OL］.（2006-01-26）.http://blog.sina.com.cn/s/blog_4ef4c3280100m9wr.html.

［46］Sanjay Gangal Ume School of Architecture in Ume, Sweden by Henning Larsen Architects［EB/OL］.（2011-03-11）.http://www10.aeccafe.com/blogs/arch-showcase/2011/03/11/umea-school-of-architecture-in-umea-sweden-by-henning-larsen-architects.

［47］ Gehry Partners.LLP Novartis Campus Basel, Switzerland［EB/OL］.http://www.arcspace.com/architects/gehry/novarits/novartis.html.

［48］ National Library, Minsk, Belarus［EB/OL］.http://www.mondoarc.com/projects/Architectural/228299/national_library_minsk_belarus.html.

［49］ Architecture Office Building La Cite Des Affaires by Manuelle Gautrand Architecture［EB/OL］.http://www.arnewde.com/architecture-design/architecture-office-building-la-cite-des-affaires-by-manuelle-gautrand-architecture.

［50］MVRDV建筑事务所设计阿尔梅勒2022 Floriade展城市候选方案［EB/OL］.（2012-07-06）.

http://bbs.zhulong.com/detail7923386_1_1.html.

［51］ The Salvador Dali Museum by HOK［EB/OL］.http://www.contemporist.com/2011/01/19/the-salvador-dali-museum-by-hok.

［52］Shinkansen / ShinMinamata Station［EB/OL］.http://www.makoto-architect.com/three_st/shin01_2e.html.

［53］广州国际金融中心［EB/OL］.http://baike.baidu.com/view/2159029.htm#sub2159029.

［54］Stedelijk Museum Amsterdam［EB/OL］.http://en.wikipedia.org/wiki/Stedelijk_Museum_Amsterdam.

［55］ Part8：新世界——扎哈·哈迪德与广州歌剧院［EB/OL］.（2010-05-24）.http://wenku.baidu.com/view/b9f2e5bff121dd36a32d82d3.html.

［56］刘古岷.现当代教堂建筑艺术赏析［M］.南京：东南大学出版社，2011.

［57］刘古岷，陈小兵.现代建筑艺术欣赏［M］.南京：东南大学出版社，2011.

［58］沈玉麟.外国城市建设史［M］.北京：中国建筑工业出版社，1989.

［59］EEA + Tax Office / UNStudio［EB/OL］.http://www.archdaily.com/130671/eea-tax-office-unstudio.

［60］Salewa Headquarters / Cino Zucchi Architetti and Park Associati［EB/OL］.（2011-11-01）.http://www.archdaily.com/179959/salewa-headquarters-cino-zucchi-architetti-with-park-associati.

［61］Hotel ME Barcelona / Dominique Perrault Architecture［EB/OL］.（2012-04-26）.http://www.archdaily.com/229413/hotel-me-barcelona-dominique-perrault-architecture.

［62］PALON / Holzer Kobler Architekturen［EB/OL］.（2013-07-18）.http://www.archdaily.com/402456/palaon-holzer-kobler-architekturen.

［63］ In Progress: Hotel IJDock / Bakers Architecten［EB/OL］.（2012-12-19）.http://www.archdaily.com/307943/in-progress-hotel-ijdock-bakers-architecten.

［64］ In Progress: The New School University Center / SOM［EB/OL］.（2013-01-09）.http://www.archdaily.com/316156/in-progress-the-new-school-university-center-som.

［65］Harpa-Reykjavik Concert Hall and Conference Centre［EB/OL］.http://www.henninglarsen.com/projects/0600-0699/0676-harpa—concert-hall-and-conference-centre.aspx.

［66］Statoil Regional and International Offices / a-lab［EB/OL］.（2013-04-15）.http://www.archdaily.com/359599/statoil-regional-and-international-offices-a-lab.

［67］Unicredit Tiriac Bank HQ / Westfourth Architecture［EB/OL］.（2012-08-10）.http://www.archdaily.com/261774/unicredit-tiriac-bank-hq-westfourth-architecture.

［68］University of Indonesia Central Library / Denton Corker Marshall［EB/OL］.（2012-03-29）.http://www.archdaily.com/221155/university-of-indonesia-central-library-denton-corker-marshall.

［69］刘涤宇.不平坦建筑空间［J］.文化，2004（07）.

［70］ Unicredit Tiriac Bank HQ / Westfourth Architecture［EB/OL］.（2012-08-10）.http://www.archdaily.com/261774/unicredit-tiriac-bank-hq-westfourth-architecture/

说明：本书写作过程中大约查阅了1000多份书籍、杂志、网络上的资料，特别是网络资料。由于网络资料的离散性太大，所以无法在此一一标出。上面说明的参考文献都是主要的资料，对于由几篇或更多的外文资料组合的文献，这里就没有标出。